高等教育建筑类专业系列教材

建 筑 结 构
概 念 及 体 系

主编　何子奇

重庆大学出版社

内容提要

本书旨在强化建筑结构的基本概念与工程案例介绍,内容体系较完整,由"建筑结构基本理论""多高层建筑结构体系及工程实例"和"大跨度空间结构体系及工程实例"3篇组成,较全面系统地对建筑结构基本概念、构件及结构形式和近年来发展起来的新技术特点、受力行为、构造要点、施工技术、经济效果和适用范围做了介绍,并附有国内外新近典型工程结构实例分析。本书不详细介绍具体的计算方法,但通过本书为读者介绍各种结构形式的力学原理和基本概念,掌握结构构件和结构选型知识,掌握多高层建筑和大跨空间结构体系的力学原理、工作方法和选择的原则,了解结构体系变化的新进展,开阔眼界和思路,从而学会将建筑方案构思与结构选型有机地结合,增强读者的结构应用能力和对建筑空间的创新能力。

本书适用于高等教育建筑学、城市规划、建筑装饰、建筑材料、工程管理、工程造价、房地产经营管理等专业相关人员使用,也可作为土木工程相关专业人员参考书籍。

图书在版编目(CIP)数据

建筑结构概念及体系/何子奇主编. --重庆:重庆大学出版社,2021.12
高等教育建筑类专业系列教材
ISBN 978-7-5689-3106-9

Ⅰ.①建… Ⅱ.①何… Ⅲ.①建筑工程—高等学校—教材 Ⅳ.①TU3

中国版本图书馆 CIP 数据核字(2021)第 250810 号

高等教育建筑类专业系列教材
建筑结构概念及体系
JIANZHU JIEGOU GAINIAN JI TIJI
主 编 何子奇
策划编辑:林青山

责任编辑:林青山 版式设计:夏 雪
责任校对:关德强 责任印制:赵 晟

*

重庆大学出版社出版发行
出版人:饶帮华
社址:重庆市沙坪坝区大学城西路 21 号
邮编:401331
电话:(023)88617190 88617185(中小学)
传真:(023)88617186 88617166
网址:http://www.cqup.com.cn
邮箱:fxk@cqup.com.cn(营销中心)
全国新华书店经销
重庆升光电力印务有限公司印刷

*

开本:889mm×1194mm 1/16 印张:17 字数:523 千 插页:8 开 1 页
2022 年 2 月第 1 版 2022 年 2 月第 1 次印刷
印数:1—2 000
ISBN 978-7-5689-3106-9 定价:49.00 元

前　言

　　由于现代科学技术的发展,建筑设计人员和工程结构设计人员的能力发挥是相互关联的,建筑物应是建筑师和结构工程师创造性合作的产物。建筑师的设计思想着眼于总体,而不是个别因素,尤其是在方案设计阶段,因为这时建筑师必须构思一个整体的空间形式,目标是保证建筑功能性和象征性要求协调一致,然后才可能指导接下来的工作和合作设计者,通过具体设计和细部去完善该方案。然而由于学科分化演化,结构工程师教育的专门化模式促使他们向相反的方向考虑问题,常常由细节开始,而对总体方案缺乏足够的关心。这形成了双方在问题认识层面的隔阂,可能限制了建筑师和结构工程师在各个设计阶段的创造性合作。一个时期以来,许多有创见的建筑师和结构工程师已认识到这种隔阂对他们的限制作用,这两个领域的许多教育工作者也同意这个观点。许多建筑和工程教育工作者都认为,必须找到一种教育方法,使建筑和结构专业的人员学会在总体设计内容中将技术知识概念化,建立整体与细部的概念性联系,就可使两种专业人员在同一水平上去认识和解决在广泛的方案层面的空间设计和结构的矛盾,能够容易地就建筑概念中比较基本的结构内容互相交换意见,从而通过这种自然融洽的技术交流提高创造性合作的能力。

　　"建筑结构概念及体系"是一门宏观建筑结构课程,由"建筑结构基本理论""多高层建筑结构体系及工程实例"和"大跨度空间结构体系及工程实例"3篇组成。本书较全面系统地对建筑结构构件及形式和近年来发展起来的新技术特点、受力行为、构造要点、施工技术、经济效果和适用范围做了介绍,并附有国内外新近典型工程结构实例进行分析。本书不详细介绍具体的计算方法,但通过介绍各种结构形式的力学原理和基本概念,读者可以较快地掌握结构构件和结构选型知识,掌握多高层建筑和大跨空间结构体系的力学原理、工作方法和选择的原则,了解结构体系变化的新进展,开阔眼界和思路,从而学会将建筑方案构思与结构选型有机地结合,增强结构应用能力和对建筑空间的创新能力。建筑结构体系具有多样性、灵活性和构思的巧妙性,这是几千年来人类智慧的结晶,也是近代科学快速发展的成果,本书通过引导读者从不同角度分析问题,以达到活跃思路,激发创新意识,提高工程实践的创造能力的目的。通过建筑结构体系选择的综合性学习,增强读者考虑问题和解决问题的全面性,避免片面、局部地看问题,从而提高其宏观把握事物的能力。本书适用于建筑学、城市规划、建筑装饰、建筑材料、工程管理、工程造价、房地产经营管理等专业相关人员使用,也可作为土木工程相关专业人员参考书籍。

　　本书内容大量参考了国内外著名专家学者的专著与研究论文以及工程实例,在此对相关作者表示衷心的感谢。在本书的编写过程中,重庆大学研究生彭赛清、曹浩远、张印时空、简艳敏、钟紫勤、李启秀、杨光、周华峰等参与了部分内容的编写、插图和文字处理工作,在此一并表示诚挚的感谢。重庆大学出版社的有关同志在组织教材编写、书稿编辑和校对过程中付出了大量工作,在此一并致谢。

本书得到国家自然科学基金项目(51508051)和重庆大学教学改革研究项目(2018Y43)的资助。

本书内容编写的综合性要求很高,限于作者的理论水平和工程经验,加之时间仓促,调研分析和资料收集工作可能不够全面充分,尽管做了很大努力,但书中仍难免有肤浅和疏漏之处,恳请各方面专家和读者批评指正。

编　者

2021 年 8 月

附:本书编写参考的规范和标准

1.《高层民用建筑钢结构技术规程》(JGJ 99—2015);

2.《门式刚架轻型房屋钢结构技术规范》(GB 51022—2015);

3.《高层建筑混凝土结构技术规程》(JGJ 3—2010);

4.《钢结构设计标准》(GB 50017—2017);

5.《中国地震动参数区划图》(GB 18306—2015);

6.《空间网格结构技术规程》(JGJ 7—2010);

7.《砌体结构设计规范》(GB 50003—2011);

8.《混凝土结构设计规范》(GB 50010—2010,2015 年版);

9.《建筑抗震设计规范》(GB 50011—2010);

10.《建筑工程抗震设防分类标准》(GB 50223—2008);

11.《民用建筑设计通则》(GB 50352—2019);

12.《建筑结构可靠性设计统一标准》(GB 50068—2018);

13.《建筑结构荷载规范》(GB 50009—2012);

14.《建筑地基基础设计规范》(GB 50007—2011);

15.《建筑地基处理技术规范》(JGJ 79—2012);

16.《木结构设计标准》(GB 50005—2017)。

目　录

第 1 篇　建筑结构基本理论

第 3 篇　大跨度空间结构体系及工程实例

第1章 绪论

德国建筑师柯特·西格尔（Curt Siegel）说："必须先有一定的技术知识，才能理解技术造型。单凭直觉是不够的。同样，对受技术影响的建筑造型，没有技术的指引，也不会完全理解。要想了解建筑造型的世界，就必须具备技术知识，这标志着冷静的理智闯进了美学的领域。如果想深入探讨具有决定性技术趋向的现代建筑的造型问题时，必须清楚地认识到这一观点。"

在建筑学中，艺术和技术在过去曾长期是一个统一体，随着现代科学技术的迅速发展，各专业的分工越来越细，各门学科都有各自的研究范围和重点，这对学科的发展是十分重要的。然而，建筑设计过程中过细的分工往往导致人们从各自的专业着眼，而不能充分地从总体上全面地考虑问题。建筑师对建筑的认识大多是从造型开始的，从外部造型到内部空间，通过功能的梳理，再深入到细部的艺术设计。结构工程师学习设计的过程则有点像搭积木的过程。他们在学校里首先学习的是数学和力学方面的课程，通过这些课程提升他们的严密分析和逻辑推理能力。然后开始基本理论的学习，诸如建筑材料、钢筋混凝土结构、钢结构、地基基础等课程。在此基础上，他们开始尝试完成一些基本构件的设计工作，如连续梁的设计、钢屋架的设计等。最后系统学习相关的结构理论，包括工程结构抗震、高层结构设计、大跨度空间结构设计等。在最后的毕业设计中，完成一幢简单结构的设计工作或者一幢复杂结构的部分设计工作。因此，结构工程师在学校里比较系统地掌握了从局部构件到整体结构的理论分析方法、计算方法和结构设计的初步能力。然而在职业生涯的开始阶段，他们遇到的第一个问题是如何将复杂的建筑方案简化为结构模型，其中包括：确定结构形式，确定构件的支承条件，判断荷载取值。跨过上述过程，才能顺利地将学校所学知识"翻译"到现实中来，这个时候才真正开始进入结构设计中。从上述过程可以看出，结构工程师对于建筑的认识，是从局部到整体的过程，他们更加关注整体结构的内在逻辑。学习过程的不同与认识角度的区别，使得建筑师和结构工程师会从不同的角度去看待一个建筑。尽管如此，他们最终的设计成果仍然是统一的，统一于建筑设计的每一个细节中。因此，建筑师和结构工程师要分别从各自的视角做一个变换，去学习和理解对方的观点及思维模式。

建筑结构选型课程的任务，是对建筑结构的基本概念、结构形式组成、基本力学特点、结构体系适用范围以及技术经济分析、施工要求等方面的内容进行分析和研究。实际上，这些问题恰恰是建筑师在建筑方案设计阶段应必须考虑并解决的问题。作为一名建筑师，只有对以上内容有了充分的了解和掌握，并且能够在建筑设计中灵活运用，才能建立起分析问题、解决问题的能力，从而具备胜任工作的能力，成长为一名优秀的建筑师。

1.1　建筑创作与结构形式的关系

　　人们为了满足各种生活及生产活动的要求,建造了许许多多的建筑。人类在发展和进步的过程中,在不同的历史时期,不同国家、地区、民族,其建筑的形象往往具有显著的差异性,这种差异性主要体现在建筑造型和结构形式两方面。而这种差异性最主要是由可采用的建筑材料、技术发展水平和文化传承理念所决定的。建筑材料、结构形式、施工技术、造价投资及观念文化直接影响建筑设计。在古代,建筑材料仅有木材与砖石,限制了建筑的高度和跨度。随着拱这种结构形式被人们所掌握,建筑跨度得到极大提高,如石拱桥、拱顶教堂。其后随着冶炼技术的发展,钢材的出现及其性能的提升,电梯技术的应用,逐渐出现了大量的高层和高耸建筑物,如法国埃菲尔铁塔、美国帝国大厦等。水泥及混凝土的出现、钢材性能的不断提升、新的科学技术的发展、新的建筑材料的出现催生了新的结构形式,伴随理论计算方法的不断进步,建筑结构形式发生了巨大变革。例如预应力混凝土薄壳、钢筋混凝土筒体、钢-混凝土组合及混合结构、大跨度钢网壳、索及膜结构等,著名工程案例不胜枚举。

1.2　结构选型的意义

　　著名建筑大师贝聿铭在回答"建筑教育的重点"这一问题时,提到了这样3个原则:①结构或构造等工程科学是与建筑有密切关系的,理应彻底了解,不过建筑师本身并不一定要计算,但一定要懂得怎样算,因为先会算才知道从中间求变化;②其他与工程并重的,以及对建筑材料特质的理解与应用(如木材、石材、混凝土、钢材、玻璃等,甚至如何做、如何改良)都是很重要的;③最重要的是对我国民族历史、传统文化、社会民俗等必须透彻了解,中国有许多宝贵的好东西值得保存,也就是说要将我们固有的好文化整理保存并渗揉在建筑里。

　　结构概念是建筑物赖以生存的基础,建筑师只有掌握它,并在建筑设计的初期就自觉地运用,在建筑方案中从整体上把握结构的概念,掌握结构体系的选择及布置,才能设计出真正优秀的建筑。众多的优秀建筑共同印证了一个道理:只有当建筑的空间造型与结构体系和谐统一时,才能造就不朽的建筑作品。

1.3　结构选型的基本原则

　　结构选型是一个综合性的科学问题。一个结构形式的最佳选择,往往需要进行调查研究和综合分析,结合具体建设条件考虑,才能做出最终的选型。不仅要考虑建筑的功能用途、结构的安全合理、施工的技术条件,也要考虑造价的经济成本和艺术的造型美观等。所以,结构选型问题,既是建筑艺术与工程技术的综合,又是建筑、结构、施工、设备、预算等专业工种的配合,特别是建筑与结构的配合。只有符合结构逻辑的建筑才有真实的表现力和实践性。以建筑构思和结构构思的有机融合去实现建筑个性的艺术表现,对于建筑师来说尤其重要。结构选型课题的性质要求学习者从建筑师的角度去考虑问题,教师在课题中无须引用任何烦琐的计算,而是引导他们从形象的基本概念去理解问题。

▶ 1.3.1　功能要求对结构选型的影响

　　建筑物的功能要求是建筑设计中应考虑的首要因素,功能要求包括使用空间要求、使用要求以及美观要求,考虑结构选型时应满足这些功能要求。

使用空间要求即建筑物的三维尺度、体量大小和空间组合关系都应根据业主对建筑物客观空间环境的要求来加以确定。例如,体育场馆等公共建筑设计中首先要考虑运动项目的需要确定场地的最小尺寸,然后根据观众座位数量、视线要求和设备布置等最后确定出建筑跨度、长度和高度。工业建筑则应考虑车间的使用性质、工艺流程、工艺设备、垂直及水平运输要求,以及采光通风功能要求初步确定出建筑物的跨度、开间及最低高度。建筑结构所覆盖的空间除了使用空间,还包括非使用空间和结构体系所占用空间等。当结构所覆盖的空间与建筑物使用空间尽可能接近时,可以提高空间的使用效率,节省围护结构的初始投资费用以及后期运营维护费用。因此,所选择的结构形式的剖面应与建筑物使用空间的要求相适应,尽可能减小结构体系本身所占用的空间高度。

建筑物的使用要求应与结构的合理几何形体相结合。在结构选型时应注意和善于利用结构几何形体对声学效果的影响,从而保证使用时声学条件有较好的清晰度和丰满度,避免声场不均匀、回声等不利因素。考虑采光照明、遮阳、通风、屋面排水等要求时,尽可能采用合理的结构几何图形。

不同的使用功能要求不同的建筑空间,处理好建筑功能和建筑空间的关系,并选择合理的结构体系,就自然形成建筑的外形。建筑师应该在这个基础上,根据建筑构图原理,进行艺术加工,发现建筑结构自身具有美学价值的因素,并利用它来构成艺术形象,这样就可以使建筑最终达到实用、经济和美观的目的。结构是构成建筑艺术形象的重要因素,结构本身富有美学表现力。为了达到安全与坚固的目的,各种结构体系都是由构件按照一定的规律组成的。这种规律性本身就具有装饰效果,建筑师可以利用这种装饰效果发挥艺术表现力,经过合理的艺术加工自然地显示结构,把结构形式与建筑的空间艺术形象融合起来,使两者成为有机的统一体。奈尔维设计的佛罗伦萨运动场大看台和罗马小体育宫是其中的典范。建筑物的外形还需要注意与场地周边自然环境、建筑物相协调统一,相得益彰,符合区域规划和总体环境风貌特征。

▶ 1.3.2 建筑材料对结构选型的影响

结构形式有很多,如梁(板)、拱、刚架、悬索、薄壳等。组成结构的建筑材料有砖石、木材、钢材、混凝土等。结构的合理性首先表现在组成结构形式的材料,其强度能不能充分发挥作用。随着工程力学和建筑材料的发展,结构形式也在不断发展,人们总是想用最少的材料获得最大的效果。在确定结构形式时应该注意以下原则。

①选择能充分发挥材料性能的结构形式,在设计中力求使结构形式与内力图一致。如在拱结构中,当其轴线合理时可以使全截面受压,因此可以利用抗压强度高的砖石、混凝土等材料建造较大跨度的建筑物;而悬索结构是轴心受拉结构,可利用高强钢丝、钢绞线建造大跨度的建筑。除了要符合力学原理,选择合理的结构形式,使结构处于无弯矩或减小弯矩作用峰值的状态,还可以达到受力合理、节约材料的目的,如利用结构的多跨连续性,采用刚架和悬臂梁结构,可以使梁的弯矩峰值比同等跨度简支梁的弯矩峰值大大减小,从而提高结构承载能力或扩大结构跨度。

②建筑结构材料是形成建筑结构的物质基础,结构选型应合理地选用材料,充分发挥材料性能。木结构、砖石结构、钢结构,以及钢筋混凝土结构等因各自材料特征不同而具备不同的独特规律。例如,砖石结构抗压强度高,但抗弯、抗剪、抗拉强度低,且脆性大,往往无警告阶段即破坏。钢筋混凝土结构有较强的抗弯、抗剪强度,且延性优于砖石结构,但仍属脆性材料,自重也较大。钢结构抗拉强度高、自重轻,但需注意当长细比较大时,在轴向压力作用下杆件容易发生失稳情况。因此选用材料的原则是充分发挥各自的长处,避免和克服其短处。对建筑结构材料的基本要求是轻质高强,具有一定的可塑性和易加工性,对高层建筑结构和大跨度空间结构尤其如此。

随着科学技术的发展,新材料的诞生带来新的结构形式,从而促进了建筑形式的巨大变革。19 世纪末期,钢材和钢筋混凝土材料的推广引发了建筑结构革命,出现了高层结构和大跨度结构的新结构形式。近年来高强混凝土、轻骨料混凝土、高强高性能钢材、钢-混凝土组合、钢纤维复合材料乃至玄武岩纤维混凝土等建筑材料的快速革新提供了建筑结构形式变革的诸多可能性。新材料的不断运用演化出新的结构形式,而新的结构形式不断实践,人们逐渐更深入地认识了客观物质世界的规律并上升为理论,结构理论的发展使人们提高了结构设计水平,从而又反过来为解决复杂的结构设计与优选提供了有利条件。

▶ 1.3.3　施工技术水平对结构选型的影响

奈尔维说:"除非新的结构思想是建立在切实有效的施工基础上的,否则它们是无用的。"建筑施工的生产技术水平及生产手段对建筑结构形式有很大影响。在手工劳动的时代只能用小型砖石块体建造墙柱拱,或采用木骨架的结构形式。近代大工业生产出现后,在钢铁工业及机械工业得到大发展的基础上,大型起重机械设备及各种建筑机械相继问世才使高层建筑及大跨度建筑的各种结构形式成为现实。

施工技术是实现先进结构形式的保障,结构选型要考虑实际现有施工条件或可实现的施工技术措施,施工技术条件不具备或结构方案不适应现有技术能力将给工程建设带来困难。

▶ 1.3.4　经济因素对结构选型的影响

任何国家或个人的工程建设实践都必须充分考虑提高投资的经济效益。我国长期以来确定了"适用、经济、绿色、美观"的建设方针,因此,结构选型时进行经济性比较是十分重要的。衡量结构方案的经济性是进行综合经济分析,就是要综合地考虑结构全寿命期的各种成本、材料与人力资源的消耗,以及投资回报与建设速度的关系等,具体体现在以下3点。

①不但要考虑某个结构方案付诸实施时的一次性投资费用,还要考虑其全寿命期的费用。

②不仅考虑以货币指标核算结构的建造成本外,还要从节省材料消耗和节约劳动力等各项指标来衡量。

③某些生产性建筑若能早日投产交付使用,可以较快地回收投资资金,更能得到较好的经济效益。因此,在比较结构方案时还应综合考虑一次性初始投资和建设速度之间的关系。

▶ 1.3.5　观念文化对结构选型的影响

不同国家、地区和民族往往其建筑风格也大不相同,受历史文化传统和区域自然环境特征的影响,建筑风格通常具有明显的时代特征和文化传承性。人们对建筑风格的认识具有较为深刻的观念性,建筑造型应反映社会生活、精神面貌和历史特征,建筑师在进行结构选型时要充分考虑历史传统、文化观念、民族风格等因素。建筑物反映了每个时代的政治、经济、文化和科学背景,一些有特殊要求的建筑物,诸如纪念性建筑物、地标性建筑物、宗教建筑等,需要表达丰富的历史文化、民族或宗教等信息,这些因素需要建筑师进行结构选型时要充分考虑。

1.4　结构选型案例

1)悉尼歌剧院

澳大利亚的标志性建筑——悉尼歌剧院(见图1.1)耸立在新南威尔士州首府悉尼市贝尼朗岬角上(Bennelong Point),自从建筑师耶尔恩•乌特松(Jorn Utzon)用自然流畅的线条勾勒出她宛如天鹅般高雅的外形后,悉尼歌剧院便成为了澳大利亚乃至世界上最著名的歌剧院之一。悉尼歌剧院三面环海,南端与市内植物园和政府大厦遥遥相望。建筑造型新颖奇特,雄伟瑰丽,外形犹如一组扬帆出海的船队,也像一枚枚屹立在海滩上的洁白大贝壳,最高的一块高达 67 m,又如一簇簇盛开的花朵,在蓝天、碧海、绿树的衬映下,婀娜多姿,轻盈皎洁,与周围海上景色浑然一体,富有诗意。2003 年 4 月,悉尼歌剧院设计大师乌特松先生获 2003 年普利策建筑学奖(Pritzker Architecture Prize)。2007 年悉尼歌剧院被收录为世界文化遗产。

悉尼歌剧院建筑总面积 88 258 m²,整个建筑占地 1.84 公顷,长 183 m,宽 118 m,高 67 m,歌剧院的主体建在巨型花岗岩基座之上。歌剧厅连同休息厅并排而立,各由四块壳顶覆盖,其中三块面海,一块背海而立。门前是桃红色花岗岩台阶,宽达 90 m。休息室在壳体的开口中,2 000 多块宽 4 m,高 2.5 m 的玻璃镶成大片的玻璃墙,使休息厅中的视野非常开阔,整个海湾的秀丽风光一览无遗。两块小壳顶之下是一个大型的公共餐厅。

图 1.1 悉尼歌剧院

整个悉尼歌剧院分为 3 个部分:歌剧厅、音乐厅和贝尼朗餐厅。其外观为三组巨大的壳片,耸立在一南北长 186 m,东西最宽处为 97 m 的现浇钢筋混凝土结构的基座上。第一组壳片在地段西侧,四对壳片成串排列,三对朝北,一对朝南,内部是音乐厅。第二组在地段东侧,与第一组大致平行,形式相同而规模略小,内部是歌剧厅。第三组在它们的西南方,规模最小,由两对壳片组成,里面是餐厅。其他房间都巧妙地布置在基座内。

音乐厅是悉尼歌剧院最大的厅堂,可容纳 2 679 名观众,通常用于举办交响乐、室内乐、歌剧、舞蹈、合唱、流行乐、爵士乐等多种表演。设计的初衷是把这里建造成为歌剧院,后来设计发生改动,已经完工的歌剧舞台甚至被推倒重建。音乐厅内有一个大管风琴,是由罗纳德·沙普(Ronald Sharp)于 1979 年制成的。它被认为是全世界最大的机械木链杆风琴,由 10 500 根风管组成。

歌剧厅较音乐厅小,由于当初是将较大的主厅设计为歌剧院,小厅被认为不太适合大型的歌剧演出,因其舞台相对较小而且给乐队的空间有限,不便于大型乐队演奏,曾因改造扩建而耗时多年。拥有 1 547 个座位,主要用于歌剧、芭蕾舞和舞蹈表演。内部陈设新颖、华丽、考究,为了避免在演出时墙壁反光,墙壁一律用暗光的夹板镶成,地板和天花板用本地出产的黄杨木和桦木制成,弹簧椅蒙上红色光滑的皮套。采用这样的设计,演出时可以有圆润的音响效果。舞台面积 440 m²,机械设施完备,有转台和升降台。舞台配有两幅法国织造的毛料华丽幕布。一幅图案用红、黄、粉红 3 色构成,犹如道道霞光普照大地,称为"日幕";另一幅用深蓝色、绿色、棕色组成,好像一弯新月隐挂云端,称为"月幕"。舞台灯光有 200 回路,由计算机控制。还装有闭路电视,使舞台监督对台上、台下情况一目了然。室内的天花板与墙壁都用考究的木料镶嵌,音乐厅与歌剧厅的音响效果都很不错。

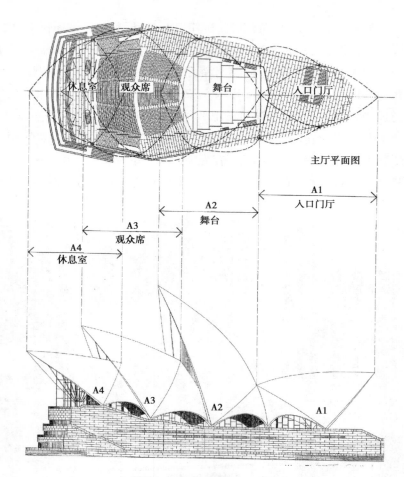

图 1.2　悉尼歌剧院功能分区

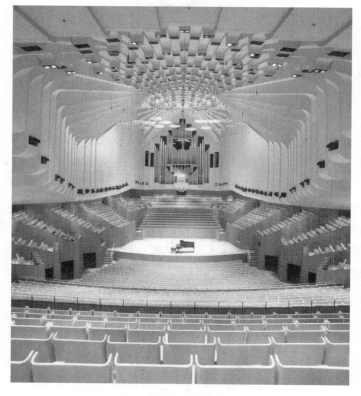

图 1.3　悉尼歌剧院内部装饰

剧院还包含各种活动场所,壳体开口处旁边另立的两块倾斜的小壳顶,形成一个大型的公共餐厅,名为贝尼朗餐厅,每天晚上接纳 6 000 人以上。其他各种活动场所设在底层基座之上。剧院有 400 余座位的音乐室、话剧厅、电影厅、大型陈列厅和接待厅、5 个排练厅、65 个化妆室、图书馆、展览馆、演员食堂、咖啡馆、酒吧间等大小厅室 900 多间,可以同时容纳 7 000 多人,每天开放 16 个小时。

工程遇到的第一个难题是施工的难度太高。悉尼歌剧院那 10 块有人总比作是风帆的巨大的白色壳顶,若从构造施工角度看,是几乎不可能建造出来的。所以它们实际上不是壳体,而是由 2 194 块混凝土预制件用钢缆拉紧拼成的,每一块都有 15 多吨重,外表覆盖着 105 万块白色或奶油色瑞典瓷砖,并经过特殊处理,因此不怕海风的侵袭而变色。工程技术人员光计算怎样建造 10 个大"海贝",以确保其不会崩塌就用了整整 5 年时间。歌剧院的独特设计,表现了巨大的反传统的勇气,自然也对传统的建筑施工提出了挑战,工程的预算十分惊人。

图 1.4　悉尼歌剧院现场施工

图 1.5　悉尼歌剧院主入口处

图 1.6　悉尼歌剧院三铰拱肋

　　悉尼歌剧院的外形似壳体实则不是,建筑创作时没有考虑到结构形式,经多位结构工程师计算,这组壳体根本无法实现。通过改变内涵的结构形式,最终采用由许多大小不同的三铰拱并列拼接而成"壳体",两者受力状态完全不同。三铰拱为钢筋混凝土预制构件,截面是 Y 形与 T 形,挺立的拱肋由大至小,顺序成对排列,拼凑成"壳体"曲面,待就位成型后,用后张法施加预应力,使之成为整体。拱肋上铺预制扇形混凝土板,板上贴白瓷面砖。由三铰拱形成的"壳体",外表面呈球面三角形,其凹面形成招风的口袋。拱在反向招风荷载作用下其受力状态与一般拱在重力荷载作用下情况完全相反,拱内应力为拉力而不是压力,必须利用拱的自重和施加预应力才能抵消拱内拉力。拱在上述风荷载作用下所引起整个"壳体"的倾覆问题,则需要靠"壳体"和基础自重,以及在拱脚采取抗拉措施解决。

　　悉尼歌剧院于 1957 年选中方案,1959 年动工,直到 1973 年完工,中间因结构不合理而引起的施工困难和经费超支,曾使工程两次停工。几经周折,经过多届政府,历时 14 年终于竣工。预算造价 350 万英镑,实际造价 5 000 万英镑,超过 10 多倍。可见建筑师的设计方案不管多么出类拔萃,如果不和结构工程师密切配合,都将会造成经济浪费和施工困难。但对于悉尼歌剧院这种传世之作,被誉为"难得的艺术珍品"的不朽建筑,克服结构和施工困难、造价成倍增加而造就建筑的风貌,成为一个城市乃至一个国家的标志性建筑物,现在看来还是值得的。但对一般建筑而言,这种代价太大,不值得提倡。

2）罗马小体育宫

　　1824 年波特兰水泥发明,1853 年钢筋混凝土第一次应用于结构工程,直到 20 世纪初,钢筋混凝土的设计理论仍尚不成熟。奈尔维凭借着敏锐的直觉,在没有严密计算条件的情况下,创造出了形态优美的钢筋混凝土作品,赋予了混凝土生命。在他作品的影响下,并且借着第二次世界大战战后重建的机会,混凝土成了主流的结构工程材料。之后,奈尔维将钢丝网水泥模板技术改造为预制装配式混凝土技术。他充分发挥了混凝土材料在大跨度结构中的潜力,同时也表达了建筑的美和建造方法的巧妙。用这个方法做成薄壁曲面构件应用于混凝土薄壳、折板壳中,成为他作品的一个代表性元素。奈尔维被称为"混凝土诗人",曾执掌哈佛大学诺顿教席(The Charles Eliot Norton Professorship),荣获 1964 年 AIA 建筑金奖和英国皇家建筑学会金奖,是 20 世纪最杰出的建筑师和结构工程师之一。

图1.7 罗马小体育宫

图1.8 罗马小体育宫赛场与看台

图1.9 罗马小体育宫 Y 形斜撑

图 1.10　罗马小体育宫装配式菱形屋面板

罗马小体育宫(Palazzetto Dello Sport of Rome)为 1960 年在罗马举行的奥林匹克运动会修建的练习馆,兼作篮球、网球、拳击等比赛场馆用,建成于 1957 年。可容 6 000 名观众,加活动看台能容 8 000 名观众。小体育宫平面为直径 60 m 的圆形,屋顶是一球形穹顶,在结构上与看台分开。穹顶的上部开一小圆洞,底下悬挂天桥,布置照明灯具,洞上再覆盖一小圆盖。就视觉而言,略显低小。穹顶宛如一张反扣的荷叶,由沿圆周均匀分布的 36 个"Y"形斜撑承托,把荷载传到埋在地下的一圈地梁上,这一朴素而优美的穹顶代表了当时空间结构技术的最高水平,迄今一直被认为是薄壳结构的代表性作品。斜撑中部有一圈白色的钢筋混凝土"腰带",是附属用房的屋顶,兼作连系梁。穹顶下缘由各支点间均分,向上拱起,避免了不利的弯距。从建筑效果上看,既使轮廓丰富,又可防止因错觉产生的下陷感。小体育宫的外形比例匀称,小圆盖、穹顶、Y形支撑、"腰带"等各部分划分得宜。小圆盖下的玻璃窗与穹顶下的带形窗遥相呼应,又与屋顶、附属用房形成虚实对比。"腰带"在深深的背景上浮现出来,既丰富了层次,又产生尺度感。Y形斜撑完全暴露在外,混凝土表面不加装饰,显得强劲有力,表现出体育所特有的技巧和力量,使建筑获得强烈的个性。它是一个建筑设计、结构设计和施工技术巧妙结合的优秀艺术品。穹顶由 1 620 块用钢丝网水泥预制的菱形槽板拼装而成,板间布置钢筋现浇成肋,上面再浇一层混凝土,形成整体兼作防水层。预制槽板的大小是根据建筑尺度、结构要求和施工机具的起吊能力决定的。条条拱肋交错形成精美的图案,如盛开的秋菊,素雅高洁。球顶边缘的支点很小,Y形斜撑上部又逐渐收细,颜色浅淡,再加上对应各支点间悬挂在穹顶上的深色吊灯的对比作用,使穹顶好像悬浮在空中,如此独特的意境令人赞叹。小体育宫整个大厅的尺寸处理得也很好。穹顶中心的尺寸最小,越往边缘,尺寸越大,与支架相接处的构件尺寸最大。最外边的 3 个一组的构件,顺着拱肋走向,把力集中到支点上。它们的轮廓与 Y 形斜撑上部形成的菱形,又与预制槽板的菱形相似,不过它们是通透的,不显沉重。这种相似形状的有韵律的重复和虚实对比手法,使整个穹顶分外轻盈和谐。

3)芝加哥西尔斯大厦

法兹勒·汗(Fazlur Khan)是第一个发现以"筒体"和"束筒"结构体系设计建造摩天大楼可大大减少结构构件尺寸、材料用量及结构自重的人。他设计的高层建筑物不像帝国大厦那样由混凝土和位于结构内部中心的钢框架支撑体系作为结构主抗侧力系统,而是由其结构外围的框架或支撑体系作为结构主抗侧力系统,大大提高了结构抗侧力体系的效率。

　　法兹勒·汗作为当代建筑史上最为杰出的结构工程师之一,在他的职业生涯中,他开创性地提出了"成束筒体结构体系"并将这一体系成功地应用到西尔斯大厦(Sears Tower)这一项目中,具有极其重要的划时代意义。这是因为成束筒体结构体系这一半个世纪之前被创造出来的结构体系,在结构经济合理的前提下,大幅度地提高了高层建筑的极限高度。西尔斯大厦作为应用这一体系的典型成功案例之一,除其结构体系本身已成为超高层建筑中的一个经典案例被广为借鉴外,其结构经济性能指标,施工安装速度,施工安装工艺直至今日仍对高层建筑设计施工具有重要的参考意义。

　　西尔斯大厦最初是以 Sears,Roebuck and Company 的名字而命名的。1969 年,西尔斯公司(Sears)成为美国最大的零售商,并希望更新其过时的总部。由于当年该公司财力雄厚,因此可以为开发建造一座令人印象深刻的现代建筑提供财务支持。同时,该项目得到了当时芝加哥市长理查德·戴利(Richard Daley)的大力支持。戴利还对当时的市政规划限高条例进行了修订,大幅提高了建筑物的高度限值。修订后的条例将最大建筑高度更改为土地面积的 16 倍。这一切都为西尔斯大厦的诞生创造了有利条件。但直至在 Skidmore,Owings & Merrill 建筑设计事务所(以下简称"SOM")参与项目设计之后,这座建筑才完成了最终的建筑形式。

　　西尔斯公司对公司的发展前景预测和当时的业务实践进行了研究,得出的结论是,他们当时和未来对新建筑的空间需求分别为 200 万 ft^2 和 400 万 ft^2[①],每个楼层商店的建筑面积为 11 万 ft^2。西尔斯当时设想的塔楼是一个 40 层高的立方体。但是 SOM 通过研究发现,把建筑面积为 11 万 ft^2 的单个楼层改为两层每层 5.5 万 ft^2 设计可以大量节省员工和顾客用于交通的时间,进而提高楼层商业使用效率。但这将使建筑物的高度由原先设想的 40 层变成 80 层。西尔斯公司表示不反对,但前提是 SOM 可以做到项目设计建设经济合理并在预算的经费内实现,这在当时几乎无法实现。

图 1.11　芝加哥西尔斯大厦

　　正当 SOM 内部的建筑师们为这个巨大的挑战和机遇一筹莫展之际,其结构合伙人法兹勒·汗(当时为承担这个项目结构设计的首席结构工程师),创造性地提出了采用成束筒体方案作为西尔斯大厦的结构体

①　注:1 ft^2≈0.093 m^2

系。与当时普遍采用的结构体系相比,这种将几个框架筒体"捆绑"在一起组成一个大的成束筒体极大地提高了建筑物整体强度和刚度,特别是抗侧向作用力,比如抗侧向风力的能力。经测算,与当时普通的框架核心筒结构体系相比,采用这种结构体系还可以为西尔斯公司节省 1 000 万美元。因此,在这样一个大环境下,这项创新的成束筒体结构体系才得以诞生。

应用于这座 443 m(至主屋面高度)高的建筑中,成束筒体结构体系除了给西尔斯大厦以高效的结构整体强度和刚度外,建筑师还从束筒的结构形式中汲取了视觉和物理上的力学美。该建筑平面图由 9 个小正方形网格组成,每个正方形边长 75 英尺①,以 3×3 的网格布置。每个正方形每侧柱列有 5 个柱,柱间隔 15 英尺,相邻的正方形网格共享柱列。当每个小正方形网格中的柱列沿建筑物向上延伸时,平面图中的每个正方形网格都各自形成一个筒体,这一个个筒体可以从建筑物的外形上清晰可见。

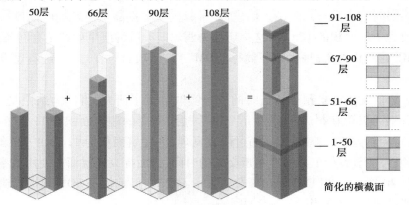

图 1.12 西尔斯大厦束筒布置

这些密柱小筒体自身的柱间通过截面较高的钢框架梁连接形成一个独立的深梁框架筒体,筒体与筒体之间的柱列和框架共享,这 9 个小筒体又两两相连形成了一个九宫格状的成束筒体,各小筒体内部不再设柱,每层楼盖均采用大跨度的钢桁架梁楼面梁和压型钢板组合楼板体系构成。同时,在沿着楼层高度方向,各小筒体间又通过设置在不同楼层位置的跨层大型钢桁架将这些筒体两两相连,以减少筒体在侧向风力作用下的剪力滞后效应,重新均衡各筒体边列柱的轴向力。

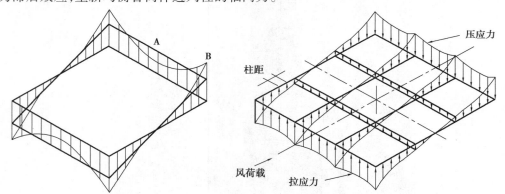

图 1.13 西尔斯大厦剪力滞特点

这些连接各小筒体的跨层大型钢桁架也同时充当在各小筒体顶部,即建筑截面变化处的加强层,作为建筑结构抗侧力体系中的主要水平连接器,极大地提高了结构整体抗侧力性能和结构体系整体性。同时由于这些跨层钢桁架楼层也充当建筑物的机械设备层,在立面上显示为黑色水平带,因此被形象地称为"带状桁架"层。将这些带状桁架层设置在设备层也为带状桁架的构件截面争取到了足够大的截面尺寸。尽管覆盖桁架的百叶窗掩盖了带状桁架的结构细节,但这些带状桁架层在建筑物整体外部视觉上仍然十分清晰。

---

① 注:1 ft≈0.305 m

整体来看,各束筒在各楼层通过深梁密柱的框架体系连结在一起,每隔一定的高度又通过带状桁架作为纽带绑定在一起。这些纽带使建筑物具有更高的刚度和更强的整体性。各个成束筒和带状桁架之间在水平作用下相互作用使建筑物达到了其设计极限高度,同时充分地利用和发挥了结构构件承载力。

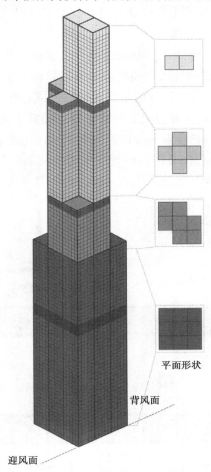

平面形状

背风面

迎风面

图 1.14　西尔斯大厦带状桁架加强

这些带状桁架除了确保结构抗侧刚度,还有一个重要作用,即减小建筑物倾斜和基础不均匀沉降。由于成束筒体内各筒体的高度不同,结构体系的重力荷载无法沿着建筑物的高度方向均匀分布于竖向承重钢柱中。这些带状桁架可以将来自上部的结构重量,重新均匀地分配到下方的筒体中。这对于塔楼高区的重力荷载的转换尤为重要。由于成束筒体内各筒体的高度不同,整个结构所承受的重力荷载围绕建筑平面的中心轴是不对称且偏置的,因此如果没有带状桁架对重力进行再平衡重分配的话,结构所承受的重力荷载会使得建筑物一侧的柱承受的轴力大于另一侧的柱,进而在柱中产生不均衡轴向压缩变形,导致建筑物地基础产生不均匀沉降。带状转换桁架的存在有助于减轻会导致建筑物倾斜的柱中差异轴向变形及由此引发的基础不均匀沉降的影响,最大程度地减小了建筑物在重力荷载作用下的倾斜和基础的不均匀沉降。

成束筒体结构体系最重要的优点之一是在为结构提供足够的侧向刚度的同时,具有极为经济的钢材使用效率即较低的单位面积用钢量。据测算,西尔斯大厦按楼层面积计算单位用钢量约为 160 kg/m^2,远低于当时比它高度低得多的高层钢结构建筑的单位面积用钢量。譬如,尽管西尔斯大厦比在它之前建成的约翰汉考克中心(John Hancock Center,也为法兹勒所设计)高得多,但两者的单位面积用钢量却相当。这也充分体现了成束筒体结构体系经济高效的结构合理性。

西尔斯大厦的设计和施工初期阶段进展相当顺利。随着设计的发展,尽管法兹勒是 SOM 的合伙人,但他无法将全部时间花在该项目上,在他的监督下,由哈尔·艾扬格(Hal Iyengar)领导的由不超过 8 名设计工程师组成的设计项目团队仅仅耗时 3 个月即完成全部项目的施工图设计,比预算的 8 个月提前了一半还多。

设计项目团队加班加点,并在计算机辅助建模分析设计的帮助下按时完成设计。设计完成后立即按计划从基础开始施工。尽管法兹勒当时已经估计出采用成束筒体结构体系的结构本身将为西尔斯公司节省大量资金,但随着项目的进展,当时项目预算经费中的1.75亿美元项融资经费利率越来越高,因此在施工过程中法兹勒所领导的SOM结构设计团队继续为客户降低成本。为了及时、经济地完成项目,该项目采用了几种在当时是创新的施工技术,以加快施工进度。

首先,由于项目施工工期紧迫,钢构件工厂预拼装是大厦建造过程中采用的最重要原则之一。由工厂预拼装而成的被命名为"圣诞树"的钢构件树状预拼装单元可将施工安装现场的焊接量减少95%。这些单元是由两层高的柱和在每层高处和柱焊接连接的半长框架梁组成。在工厂完成焊接后再运至现场安装,在施工现场,这些预拼装的树状柱单元仅需要将梁之间的螺栓连接板连接和柱接头的腹板螺栓连接即可完成单元的施工安装,非常快速高效(这一措施在现今的高层钢结构施工安装中已成为标准的主流工艺措施,但在当时还是很新的工艺)。由于现场焊接是钢结构施工中最为耗时且昂贵的施工工序,因此大量钢构件的工厂预拼装现场螺栓连接的施工安装方案为西尔斯大厦公司节省了大量资金的同时,也大大简化了施工过程,提高了施工速度。

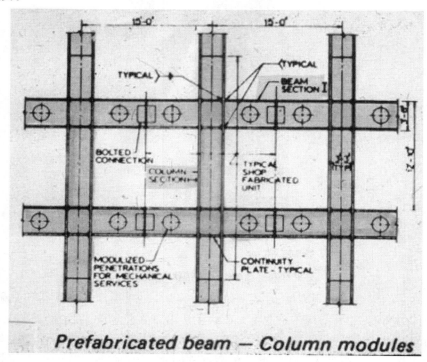

图1.15　西尔斯大厦装配式梁柱模块

另外,通过使用4个标准的S2型井架吊,最大限度地简化了钢结构现场安装过程。这些井架吊用于将重达45 t的模块化预拼装单元提升直至第90层。在第90层添加了最后一个井架吊以进行屋顶施工。在整个施工过程中,每完成4个楼层(两层的预制钢结构单元)的安装后,井架吊就被移动到相应的上方楼层。通过利用这种有效的机械设备,西尔斯大厦实现了每月完成安装8层楼(即平均三天半一层)的施工安装速度。整个塔楼的钢结构施工安装仅耗时15个月即完成。而且,由于设计师和承包商经验丰富且通力合作,在施工过程中成功避免了与超高层钢结构设计及施工相关的绝大多数可能存在的问题(如施工误差,节点碰撞等),整个塔楼在施工建造的过程中基本上没有发生任何事故。这也成为了现代超高层钢结构项目施工的一个教科书式的典范。

随着科技及经济的发展,工程师们可以设计建造更高、更复杂的建筑结构,但从结构本身的经济性及力学合理性相结合的角度来说,自法兹勒及其所创造的成束筒体结构体系之后,还没有哪一位结构工程师及哪一种结构体系可以与法兹勒和其所创造的成束筒体结构体系相提并论。

图 1.16　西尔斯大厦现场施工

4）伦敦滑铁卢国际车站

英国伦敦滑铁卢国际车站（Waterloo International Terminal）设计于 20 世纪 80 年代末，于 1994 年 11 月 14 日建成开放，一直是欧洲之星（Eurostar）国际铁路服务的伦敦终点站。对普通大众来说，这只不过是一个大型火车站，但对于建筑和结构工程从业人员来讲，由建筑师尼古拉斯·格雷姆肖（Nicholas Grimshaw）和结构工程师托尼·亨特（Tony Hunt）为这座火车站所设计的车站钢结构顶棚在现代建筑和结构工程领域具有相当突出的行业知名度和重要地位，是一个应用结构弯矩图发展出建筑形态的典型工程案例。

图 1.17　伦敦滑铁卢国际车站

(a)

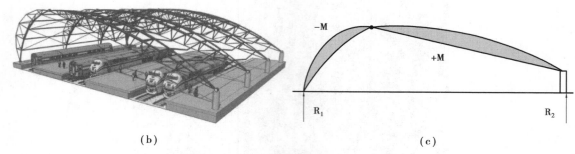

(b)　　　　　　　　　　　　　　　　(c)

图 1.18　伦敦滑铁卢国际车站三铰拱及受力特点

　　由于受场地几何形状的限制,结构和屋盖系统的设计方案非常复杂。车站共有 5 条轨道,受列车通行要求控制,轨道上方的净高要达到一定高度,这是设计的前提条件。由于运营要求最左侧一条轨道非常靠近屋架系统的边界位置,这使得拱形屋架的左侧支座部位拱架必须更加"竖直"才能满足运行所需的最小净高要求。同时业主计划在右上方建造另一个建筑,整个屋面限高 15 m,右侧屋盖要尽可能降低高度。此外,火车的进站、出站会使下部结构产生竖向变形,加速、刹车会对下部结构产生水平推力,这些因素都会对屋盖产生不利作用。

　　建筑师在设计顶棚屋盖时所设想的一个主要原则就是这个屋盖既可以将建筑物的内部空间围合,实现其遮风挡雨的建筑实用功能,又希望屋盖系统具有充足的自然采光,尤其是西侧对着伦敦市中心和泰晤士河方向的一侧。建筑师设想将这一侧的屋面系统设计成轻盈透明的玻璃幕墙系统。这样,西侧的屋盖实现了采光观景的建筑美学功能;而顶部及东侧的大部分屋盖主要为较重的不透光保温的屋盖系统,可以实现建筑的实用功能并尽可能地节能。但是上述建筑方案会使整个屋盖结构体系受到不对称的恒载作用。

　　综合考虑上述因素,为了减少下部结构不均匀变形对上部屋盖的影响,结构工程师采用了三铰拱的结构形式。三铰拱是静定结构,支座变形不影响内力。火车站屋盖的形式确定为一侧陡然升起,一侧较为平缓的三铰拱架。采用了不对称的单跨跨越建筑物整个宽度的三铰拱结构体系,在构建三铰拱两拱肢的空间形态时,考虑到拱架受载特征,按照结构在主要荷载作用下沿主屋架所受的弯矩分布特征,创造性地提出了三角形渐变梭形杆件截面的三铰拱体系。东侧的受拉杆置于主弦杆的下侧,而西侧的受拉杆置于主弦杆的上侧,使得三铰拱具有最符合力学受力特征的几何形态。这种非对称三铰拱在重力荷载作用下,两侧分别产生上、下两个不同方向的弯矩,张弦拉杆设置的位置与体系在恒载作用下的弯矩图基本一致,弯矩图就是拉索的形态。整个屋顶的造型既与内部的使用功能高度统一,又实现了材料的优化布置,同时借助非对称的结构形态活跃了建筑造型。该案例说明,结构基本理论的灵活应用也是建筑艺术表现力的重要创新源泉。

第1篇
建筑结构基本理论

著名建筑师及结构师奈尔维在《结构在建筑中的地位》一书中说："现在建筑设计所要求的新的结构方案,使得建筑师必须要理解结构构思,而且应达到这样一个深度和广度:使其能把这种基于物理学、数学和经验资料之上而产生的观念,转化为一种非同一般的综合能力,转化为一种直觉和与之同时产生的敏感能力。"

第 **2** 章

建筑结构用材料

2.1　材料强度标准值、材料强度设计值

材料强度标准值,是按极限状态设计时采用的材料强度的基本代表值。材料强度标准值的取值原则是,在符合规定的材料强度实测值的总体中,标准强度应具有不小于95%的保证率,即按概率分布的0.05分位数确定。

材料强度设计值即材料强度标准值除以各自的材料分项系数得到的值。建筑工程中,混凝土材料分项系数 $\gamma_c=1.4$;热轧钢筋(包括 HPB300、HRB400、RRB400 和 HRB500 级钢筋)材料分项系数 $\gamma_s=1.1$;预应力钢筋 $\gamma_s=1.2$。

2.2　砌块、砂浆

▶　2.2.1　砌体、块体及砂浆种类

砌体是由块体和砂浆经人工砌筑而成的一类整体建筑材料。砌体分无筋砌体(砖砌体、砌块砌体和石砌体)和配筋砌体(横向配筋砌体和组合砌体)两类。

块体是砌体的主要组成部分,通常占砌体总体积的78%以上。块体分为天然石材和人工材料两大类。人工生产的块体有烧结普通砖、烧结多孔砖、蒸压灰砂砖、蒸压粉煤灰砖、混凝土小型砌块等。

砂浆是用砂和适量无机胶结材料(水泥、石灰、石膏、黏土等)加水搅拌而成的,主要有白灰砂浆、水泥砂浆、水泥白灰混合砂浆等。

由上可知,砌体具有多品种的特点,而且它的强度很低。砌体的抗压强度虽较高但比混凝土要低得多,其抗拉强度更低,因而在建筑物中适宜于将砌体做成墙、柱、过梁、拱等受压构件。由于墙体是建筑物的主要元素,因此砌体作为墙体材料除具有承重作用,多兼有建筑隔断、隔声、隔热、装饰等使用和美学功能。由

于砌体强度低,砌体构件的截面一般都较大。砌体是我国基本建设工程中采用得最多的材料之一,它的主要优点是造价低廉,施工简便,可采用地方材料,可节约水泥、钢材和木材,且具有较好的保温、隔热和耐火性能;主要缺点是自重大、用料多、砌筑工作量大。砌体在力学性能和施工方面有以下两点特征。

①砌体由两种材料——块体和砂浆黏结叠合而成,它的力学性能(应力-应变关系、弹性模量、破坏特征等)受块体和砂浆两种材料性能的影响,且两种材料在受力、变形过程中是互相制约的。

②砌体的砌筑基本上是由瓦工在施工现场用手工进行的,其质量受瓦工技术水平、熟练程度和施工现场气候、环境因素的影响较大。

▶ 2.2.2 砌块及砂浆的强度等级

烧结普通砖、烧结多孔砖的强度等级分为 5 级:MU30,MU25,MU20,MU15 和 MU10。

蒸压灰砂砖和蒸压粉煤灰砖的强度等级分为 3 级:MU25,MU20 和 MU15。

混凝土普通砖、混凝土多孔砖的强度等级分为 4 级:MU30,MU25,MU20 和 MU15。

混凝土砌块、轻集料混凝土砌块的强度等级分为 5 级:MU20,MU15,MU10,MU7.5 和 MU5。

石材的强度等级分为 7 级:MU100,MU80,MU60,MU50,MU40,MU30 和 MU20。

普通砂浆的强度等级分为 5 级:M15,M10,M7.5,M5 和 M2.5。

不同类型砌体结构的强度等级列于表 2.1—表 2.4。

表 2.1　烧结普通砖和烧结多孔砖砌体的抗压强度设计值

单位:MPa

砖强度等级	砂浆强度等级					砂浆强度
	M15	M10	M7.5	M5	M2.5	0
MU30	3.94	3.27	2.93	2.59	2.26	1.15
MU25	3.60	2.98	2.68	2.37	2.06	1.05
MU20	3.22	2.67	2.39	2.12	1.84	0.94
MU15	2.79	2.31	2.07	1.83	1.60	0.82
MU10	—	1.89	1.69	1.50	1.30	0.67

表 2.2　蒸压灰砂砖和蒸压粉煤灰砖砌体的抗压强度设计值

单位:MPa

砖强度等级	砂浆强度等级				砂浆强度
	M15	M10	M7.5	M5	0
MU25	3.60	2.98	2.68	2.37	1.05
MU20	3.22	2.67	2.39	2.12	0.94
MU15	2.79	2.31	2.07	1.83	0.82
MU10	—	1.89	1.69	1.50	0.67

表 2.3　单排孔混凝土和轻骨料混凝土砌块砌体的抗压强度设计值

单位:MPa

砌块强度等级	砂浆强度等级					砂浆强度
	Mb20	Mb15	Mb10	Mb7.5	Mb5	0
MU20	6.30	5.68	4.95	4.44	3.94	2.33

续表

砌块强度等级	砂浆强度等级					砂浆强度
	Mb20	Mb15	Mb10	Mb7.5	Mb5	0
MU15	—	4.61	4.02	3.61	3.20	1.89
MU10	—	—	2.79	2.50	2.22	1.31
MU7.5	—	—	—	1.93	1.71	1.01
MU5	—	—	—	—	1.19	0.70

注:①对错孔砌筑的砌体,应按表中数值乘以0.8;
　　②对独立柱或厚度为双排组砌的砌块砌体,应按表中数值乘以0.7;
　　③对T形截面砌体,应按表中数值乘以0.85;
　　④表中轻骨料混凝土砌块为煤矸石和水泥煤渣混凝土砌块。

表2.4　轻骨料混凝土砌块砌体的抗压强度设计值

单位:MPa

砌块强度等级	砂浆强度等级			砂浆强度
	Mb10	Mb7.5	Mb5	0
MU10	3.08	2.76	2.45	1.44
MU7.5	—	2.13	1.88	1.12
MU5	—	—	1.31	0.78

注:①表中的砌块为火山渣、浮石和陶粒轻骨料混凝土砌块;
　　②对厚度方向为双排组砌的轻骨料混凝土砌块砌体的抗压强度设计值,应按表中数值乘以0.8。

　　在不方便查找手册时,对混凝土结构可取混凝土强度等级号的1/2,例如C50取25 MPa,未定混凝土强度等级时可按15~20 MPa估算,并考虑轴压比限值;对于砌体,可按2~3 MPa估算,钢材按200~300 MPa估算。

2.3　木材

▶ 2.3.1　木材种类

　　木材是人类使用最早的建筑材料之一。中国使用木材的历史悠久,且在技术上还有独到之处,如保存至今已达千年之久的山西佛光寺正殿、山西应县木塔等都集中反映了我国古代建筑工程中应用木材的高超水平。木材具有很多优点:轻质高强;有良好的弹性和塑性,能承受冲击和振动等作用;容易加工;在干燥环境或长期置于水中均有良好的耐久性。因而木材与水泥、钢材并列为土木工程中的三大材料。木材也有如下缺点:如构造不均匀,各向异性,易吸湿吸水从而导致形状、尺寸、强度等物理和化学性能变化;长期处于干湿交替环境中,其耐久性变差;易燃、易腐、天然疵病较多等。但随着现代加工工艺的进步,木材将会在建筑设计中发挥新的作用。

　　木材的树种很多,从树叶的外观形状可将木材分为针叶树木和阔叶树木两大类。针叶树的叶呈针状,树干直而高大,纹理顺直,木质较软,故又称软木材。软木材较易加工,表观密度和胀缩变形较小,强度较高,耐腐蚀性强,建筑工程上常用作承重结构材料,如杉木、红松、白松、黄花松等。阔叶树的叶宽大,树干通直部分较短,材质坚硬,故又称硬杂木材。硬杂木材一般较重,加工较难,胀缩变形较大,易翘曲、开裂,不宜作承重结构材料。多用于内部装饰和家具,如榆木、水曲柳、柞木等。

按承重程度的选材标准,木材分为三等。受拉及拉弯构件应用一等材;受弯及压弯构件应用二等材;受压构件应用三等材。

► 2.3.2　木材的强度等级

针叶树种木材适用的强度等级:TC11,TC13,TC15,TC17。

阔叶树种木材适用的强度等级:TB11,TB13,TB15,TB17,TB20。

表 2.5　针叶树种木材适用的强度等级

强度等级	组别	适用树种
TC17	A	柏木　长叶松　湿地松　粗皮落叶松
	B	东北落叶松　欧洲赤松　欧洲落叶松
TC15	A	铁杉　油杉　太平洋海岸黄柏　花旗松—落叶松　西部铁杉　南方松
	B	鱼鳞云杉　西南云杉　南亚松
TC13	A	油松　西伯利亚落叶松　云南松　马尾松　扭叶松　北美落叶松　海岸松　日本扁柏　日本落叶松
	B	红皮云杉　丽江云杉　樟子松　红松　西加云杉　欧洲云杉　北美山地云杉　北美短叶松
TC11	A	西北云杉　西伯利亚云杉　西黄松　云杉—松—冷杉　铁—冷杉　加拿大铁杉　杉木
	B	冷杉　速生杉木　速生马尾松　新西兰辐射松　日本柳杉

表 2.6　阔叶树种木材适用的强度等级

强度等级	适用树种
TB20	青冈　槠木　甘巴豆　冰片香　重黄娑罗双　重坡垒　龙脑香　绿心樟　紫心木　孪叶苏木　双龙瓣豆
TB17	栎木　腺瘤豆　筒状非洲楝　蟹木楝　深红默罗藤黄木
TB15	锥栗　桦木　黄娑罗双　异翅香　水曲柳　红尼克樟
TB13	深红娑罗双　浅红娑罗双　白娑罗双　海棠木
TB11	大叶椴　心形椴

表 2.7　方木、原木等木材的强度设计值和弹性模量

强度等级	组别	抗弯 f_m	顺纹抗压及承压 f_c	顺纹抗拉 f_t	顺纹抗剪 f_v	横纹承压 $f_{c,90}$			弹性模量 E
						全表面	局部表面和齿面	拉力螺栓垫板下	
TC17	A	17	16	10	1.7	2.3	3.5	4.6	10 000
	B		15	9.5	1.6				
TC15	A	15	13	9.0	1.6	2.1	3.1	4.2	10 000
	B		12	9.0	1.5				

续表

强度等级	组别	抗弯 f_m	顺纹抗压及承压 f_c	顺纹抗拉 f_t	顺纹抗剪 f_v	横纹承压 $f_{c,90}$			弹性模量 E
						全表面	局部表面和齿面	拉力螺栓垫板下	
TC13	A	13	12	8.5	1.5	1.9	2.9	3.8	10 000
	B		10	8.0	1.4				9 000
TC11	A	11	10	7.5	1.4	1.8	2.7	3.6	9 000
	B		10	7.0	1.2				
TB20	—	20	18	12	2.8	4.2	6.3	8.4	12 000
TB17	—	17	16	11	2.4	3.8	5.7	7.6	11 000
TB15	—	15	14	10	2.0	3.1	4.7	6.2	10 000
TB13	—	13	12	9.0	2.4	2.4	3.6	4.8	8 000
TB11	—	11	10	8.0	1.3	2.1	3.2	4.1	7 000

注:计算木结构端部的拉力螺栓垫板时,木材横纹承压强度设计值应按"局部表面和齿面"一栏数值取用。

2.4 钢筋混凝土

▶ 2.4.1 混凝土

混凝土是浇筑在模板中凝结成型的,可按受力要求配置钢筋形成钢筋混凝土构件。混凝土是水泥、水、粗细集料(石子、砂)的混合物,其中集料占混凝土体积的 70% ~75%,水灰比为 0.35 ~0.4。水的作用一是要与水泥完成水化反应;二是为了满足浇筑时流动性的需要。水化反应后多余的水增加了混凝土体内的孔隙率,引起混凝土收缩,形成体内固有的微裂缝,影响混凝土耐久性。为了改善混凝土的性能(如和易性、凝结性、耐冻性等),提高混凝土强度,往往还需添加外加剂(如减水剂、引气剂)和矿物细掺料(如硅灰),做成高性能混凝土。混凝土配合搅拌后经运输灌入模板,这时要避免离析(即水从水泥浆中分离出来迁移至构件表面),并在浇灌的同时用振捣器压实,然后至少养护 7 d,以减少水的损失和防止过快干燥。混凝土在浇灌完成后 7 d 大约可达到设计强度的 70%,14 d 可达到 85% ~90%,28 d 达到 100%。

1)混凝土主要的力学和工艺性能

①极限应力。即抗压和抗拉强度,是用标准试块(150 mm×150 mm×150 mm 立方体)在标准养护条件和试验方法下测得的应力值。

②极限压应变。一般认为极限压应变值达到 0.003 3 时混凝土即破坏。

③弹性模量。它是混凝土应力-应变曲线在原点处切线的斜率,它在应力小于 0.3 ~0.4 倍极限应力时是适用的。

④收缩。它是混凝土在不受外力情况下体积变化产生的变形,它随时间而增长。早期发展快,两周内约可完成总收缩量的 25%;当收缩变形遇到约束时,混凝土即开裂,这是混凝土发生裂缝的主要原因之一。

⑤和易性。即施工过程中混凝土易于浇筑和密实成型不发生离析现象的性能。和易性以坍落度试验的坍落高度表示。

我国现行《混凝土结构设计规范》规定,混凝土一般按强度等级区分,有从 C15 至 C80 共 14 个级别。混凝土强度标准值和设计值见表 2.8。

2)混凝土的选用原则

为保证结构安全可靠、经济耐久，选择混凝土时要综合考虑材料的力学性能、耐久性、施工性能和经济性等方面的问题，按照现行《混凝土结构设计规范》的要求选用：

①素混凝土结构的混凝土强度等级不应低于C15；钢筋混凝土结构的混凝土强度等级不应低于C20；当采用强度等级为400 MPa及以上的钢筋时，混凝土的强度等级不宜低于C25。

②预应力混凝土结构的混凝土强度等级不宜低于C40，且不应低于C30。

③承受重复荷载的钢筋混凝土构件，混凝土强度等级不得低于C30。

表2.8 混凝土强度标准值和设计值

强度	混凝土强度等级													
	C15	C20	C25	C30	C35	C40	C45	C50	C55	C60	C65	C70	C75	C80
标准值f_{ck}	10.0	13.4	16.7	20.1	23.4	26.8	29.6	32.4	35.5	38.5	41.5	44.5	47.4	50.2

强度	混凝土强度等级													
	C15	C20	C25	C30	C35	C40	C45	C50	C55	C60	C65	C70	C75	C80
设计值f_c	7.2	9.6	11.9	14.3	16.7	19.1	21.1	23.1	25.3	27.5	29.7	31.8	33.8	35.9

► 2.4.2 钢筋

钢筋在混凝土结构中起到提高承载能力，改善工作性能的作用。了解钢筋的品种及其力学性能是合理选用钢筋的基础，而合理选用钢筋是混凝土结构设计的前提。混凝土结构中使用的钢材不仅要求有较高的强度、良好的变形性能（塑性）和可焊性，而且还要与混凝土之间有良好的黏结性能，以保证钢筋与混凝土能很好地共同工作。

1)钢筋的品种及级别

混凝土结构中使用的钢筋按化学成分可分为碳素钢和普通低合金钢两大类；按生产工艺和强度可分为热轧钢筋、中高强钢丝、钢绞线和冷加工钢筋；按表面形状可分为光圆钢筋和带肋钢筋等。在一些大型的、重要的混凝土结构或构件中，也可将型钢埋置于混凝土中形成劲性钢筋混凝土。碳素钢除含有铁元素外，还含有少量的碳、锰、硅、磷、硫等元素。含碳量越高，钢材的强度越高，但变形性能和可焊性越差。其通常可分为低碳钢（含碳量小于0.25%）和高碳钢（含碳量为0.6%～1.4%）。碳素钢中加入少量的合金元素，如锰、硅、镍、钛、钒等，即为普通低合金钢，如20MnSi，20MnSiV，20MnSiNb，20MnTi等。

（1）热轧钢筋

热轧钢筋主要用于钢筋混凝土结构，也用于预应力混凝土结构作为非预应力钢筋使用。常用热轧钢筋按强度由低到高，分为HPB300，HRB400，HRBF400和RRB400，HRB500，HRBF500 6种，其符号和强度值见表2.9。HPB300钢筋为低碳钢，其余均为普通低合金钢。RRB400钢筋为余热处理钢筋，其屈服强度与HRB400钢筋的相同，但热稳定性能不如HRB400钢筋，焊接时在热影响区强度有所降低。HRBF系列的钢筋是指细晶粒热轧带肋钢筋。

除HPB300钢筋外形为光圆钢筋外，其余强度较高的钢筋均为表面带肋钢筋，带肋钢筋的表面肋形主要有月牙纹和等高肋（螺纹、人字纹）。

等高肋钢筋中，螺纹钢筋和人字纹钢筋的纵肋和横肋都相交，差别在于螺纹钢筋表面的肋形方向一致，而人字纹钢筋表面的肋形方向不一致，形成"人"字。月牙纹钢筋表面无纵肋，横肋在钢筋横截面上的投影呈月牙状。月牙纹钢筋与混凝土的黏结性能略低于等高肋钢筋，但仍能保证良好的黏结性能，锚固延性及抗疲劳性能等优于等高肋钢筋，因此成为目前主流生产的带肋钢筋。

表 2.9　普通钢筋强度标准值

牌号	符号	公称直径 $d(\text{mm})$	屈服强度标准值 f_{yk}	极限强度标准值 f_{stk}
HPB300	φ	6～14	300	420
HRB335	⏀	6～14	335	455
HRB400 HRBF400 RRB400	⏀ ⏀F ⏀R	6～50	400	540
HRB500 HRBF500	⏀ ⏀F	6～50	500	630

（2）预应力螺纹钢筋、钢丝和钢绞线

消除应力钢丝和钢绞线都是高强度钢筋,主要用于预应力混凝土结构。预应力螺纹钢筋也称精轧螺纹钢筋,主要采用热轧、轧后余热处理或热处理等工艺生产的预应力混凝土用螺纹钢筋,公称直径为 18～50 mm。消除应力钢丝分光面钢丝和螺旋肋钢丝两种。钢绞线是由多根高强度钢丝捻制在一起,经低温回火处理,清除内应力后制成,有 3 股和 7 股两种。钢丝和钢绞线不能采用焊接方式连接。钢筋外形如图 2.1 所示。

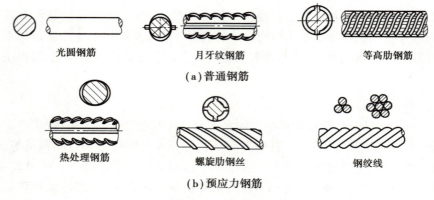

光圆钢筋　　月牙纹钢筋　　等高肋钢筋

（a）普通钢筋

热处理钢筋　　螺旋肋钢丝　　钢绞线

（b）预应力钢筋

图 2.1　钢筋的外形

2）钢筋的强度和变形

钢筋的力学性能指钢筋的强度和变形性能。钢筋的强度和变形性能可以由钢筋单向拉伸的应力-应变曲线来分析说明。钢筋的应力-应变曲线可以分为两类:一是有明显流幅的,即有明显屈服点和屈服台阶的;二是没有流幅的,即没有明显屈服点和屈服台阶的。热轧钢筋属于有明显流幅的钢筋,强度相对较低,但变形性能好;热处理钢筋、钢丝和钢绞线等属于无明显屈服点的钢筋,强度高,但变形性能差。

（1）有明显屈服点的钢筋单向拉伸的应力-应变曲线

有明显屈服点的钢筋单向拉伸的应力-应变曲线如图 2.2 所示。曲线由 3 个阶段组成:弹性阶段、屈服阶段和强化阶段。在 A 点以前的阶段称弹性阶段,A 点称比例极限点。在 A 点以前,钢筋的应力随应变成比例增长,即钢筋的应力-应变关系为线性关系;过 A 点后,应变增长速度大于应力增长速度,应力增长较小的幅度后达到 B' 点,钢筋开始屈服。随后应力稍有降低达到 B 点,钢筋进入流幅阶段,曲线接近水平线,应力不增加而应变持续增加。B' 和 B 点分别称为上屈服点和下屈服点。上屈服点 B' 不稳定,受加载速度、截面形式和表面光洁度等因素的影响;下屈服点 B 一般比较稳定,所以一般取下屈服点 B 对应的应力作为有明显流幅钢筋的屈服强度。经过流幅阶段达到 C 点后,钢筋的弹性会有部分恢复,钢筋的应力会有所增加,达

到最大点 D,应变大幅度增加,此阶段为强化阶段,最大点 D 对应的应力称为钢筋的极限强度。达到极限强度后继续加载,钢筋会出现"颈缩"现象;最后,在"颈缩"处 E 点钢筋被拉断。尽管热轧低碳钢和低合金钢钢筋都属于有明显流幅的钢筋,但不同强度等级的钢筋的屈服台阶的长度是不同的,强度越高,屈服台阶的长度越短,塑性越差。

（2）无明显屈服点钢筋单向拉伸的应力-应变曲线

无明显屈服点钢筋单向拉伸的应力-应变曲线如图 2.3 所示。其特点是没有明显的屈服点,钢筋被拉断前,钢筋的应变较小。对于无明显屈服点的钢筋,《混凝土结构设计规范》规定以极限抗拉强度的 85%（$0.85\sigma_b$）作为名义屈服点,用 $\sigma_{0.2}$ 表示。此点的残余应变为 0.002。

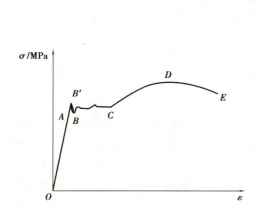

图 2.2　有明显屈服点的钢筋单向拉伸的应力-应变曲线

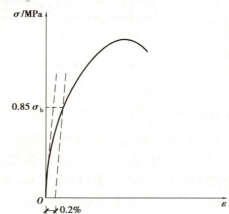

图 2.3　无明显屈服点的钢筋单向拉伸的应力-应变曲线

3）钢筋的力学性能指标

混凝土结构中所使用的钢筋既要有较高的强度以提高混凝土结构或构件的承载能力,又要有良好的塑性以改善混凝土结构或构件的变形性能。衡量钢筋强度的指标有屈服强度和极限强度,衡量钢筋变性性能的指标有最大力作用下的总伸长率和冷弯性能。

（1）屈服强度与极限强度

钢筋的屈服强度是混凝土结构构件设计的重要指标。钢筋的屈服强度是钢筋应力-应变曲线下屈服点对应的强度（有明显屈服点的钢筋）或名义屈服点对应的强度（无明显屈服点的钢筋）。达到屈服强度时钢筋的强度还有富余,是为了保证混凝土结构或构件正常使用状态下的工作性能和偶然作用下（如爆炸冲击）的变形性能。钢筋拉伸应力-应变曲线对应的最大应力为钢筋的极限强度。钢筋的屈服强度与极限强度的比值称为屈强比,可反映钢筋的强度储备,一般取 0.6~0.7。

（2）最大力作用下的总伸长率与冷弯性能

用最大力作用下的总伸长率——均匀延伸率 δ_{gt} 来反映钢筋的变形能力。如图 2.4（a）所示,均匀延伸率按式（2.1）确定,以%计:

$$\delta_{gt} = \frac{L - L_0}{L_0} + \frac{\sigma_b}{E_s} \tag{2.1}$$

式中　L_0——不包含颈缩区拉伸前的量测标距长度;

　　　L——拉伸断裂后不包含颈缩区的量测标距长度;

　　　σ_b——钢筋最大拉伸应力;

　　　E_s——钢筋的弹性模量。

由式（2.1）可见,均匀延伸率包括残余应变和弹性应变[见图 2.4（b）],它反映了钢筋达到最大强度时的变形能力。对于一般受力钢筋,均匀延伸率不小于 2.5%;对于需考虑塑性内力重分布的结构,均匀延伸率不小于 5%~6%;对于抗震结构,均匀延伸率不小于 9%。我国 HRB335 级钢筋的均匀延伸率为 16.89%,

HRB400 级钢筋的均匀延伸率为 16.51%。合格的钢筋经绕直径为 D 的弯芯弯曲到规定的角度后,钢筋应无裂纹、脱皮现象。钢筋塑性越好,直径 D 越小,冷弯角就越大,如图 2.5 所示,冷弯能检验钢筋的弯折加工性能,更能综合反映钢材性能的优劣。

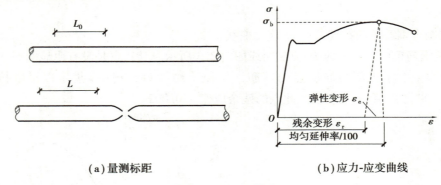

（a）量测标距 （b）应力-应变曲线

图 2.4 均匀延伸率

4）钢筋理想弹塑性应力-应变模型

对于没有缺陷和残余应力影响的试件,比例极限和屈服点比较接近,且屈服点前的应变很小(对低碳钢约为 0.15%)。为简化计算,通常假设屈服点以前的钢材为完全弹性的,屈服点以后的为完全塑性的。这样,就可把钢材视为理想的弹塑性体,其应力-应变曲线表现为双直线,如图 2.6 所示。其特点是钢筋屈服前(弹性阶段),应力-应变关系为斜线,斜率为钢筋的弹性模量;钢筋屈服后(塑性阶段),应力-应变关系为直线,即应力保持不变,应变继续增加。理想弹塑性模型的数学表达式为:

$$\begin{cases} \sigma_s = E_s \varepsilon_s & (\varepsilon_s \leq \varepsilon_y) \text{ 弹性阶段} \\ \sigma_s = f_y & (\varepsilon_s > \varepsilon_y) \text{ 塑性阶段} \end{cases} \tag{2.2}$$

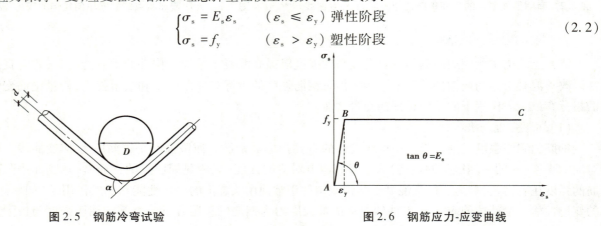

图 2.5 钢筋冷弯试验 图 2.6 钢筋应力-应变曲线

5）钢筋的松弛

钢筋受力后,在长度保持不变的情况下,应力随时间增长而降低的现象称为松弛。试验表明,有明显屈服台阶的软钢,在其弹性极限范围内长期受力或反复加卸载都不发生徐变或松弛现象。但高强钢筋和冷加工钢筋在应力水平较高时会发生塑性变形。这类钢材在非弹性变形范围内,在应力的长期作用下,即使在常温状态也将发生徐变或松弛。

6）钢筋的选用

《混凝土结构设计规范》规定按下述原则选用钢筋:

①纵向受力普通钢筋可采用 HRB400,HRB500,HRBF400,HRBF500 钢筋,也可采用 HPB300,HRB335,RRB400 钢筋;

②梁、柱纵向受力普通钢筋宜采用 HRB400,HRB500,HRBF400,HRBF500 钢筋;

③箍筋宜采用 HRB400,HRBF400,HRB335,HPB300,HRB500,HRBF500 钢筋。

④预应力混凝土结构中的预应力钢筋宜采用预应力钢绞线、钢丝和预应力螺纹钢筋。

上述原则是在我国提出的"四节一环保"要求的前提下确定的,提倡应用高强度、高性能钢筋,推广400 MPa、500 MPa级高强度热轧带肋钢筋作为纵向受力的主导钢筋,限制并逐步淘汰335 MPa级热轧带肋钢筋的应用。箍筋用于抗剪、抗扭及抗冲切设计时,其抗拉强度设计值受到限制,不宜采用强度高于400 MPa级的钢筋。当用于约束混凝土的间接配筋(如连续螺旋配箍或封闭焊接箍)时,其高强度可以得到充分发挥。采用500 MPa级钢筋具有一定的经济效益。

▶ 2.4.3 钢筋与混凝土的黏结性能

1)钢筋与混凝土黏结的作用

钢筋与混凝土能够在一起工作,除了两者的温度线膨胀系数相近,还有一个主要原因是钢筋和混凝土之间存在着黏结力。钢筋与混凝土黏结是保证钢筋和混凝土组成钢筋混凝土结构或构件并能共同工作的前提。如果钢筋和混凝土不能良好地黏结在一起,混凝土构件受力变形后,在小变形的情况下,钢筋和混凝土不能协调变形;在大变形的情况下,钢筋就不能很好地锚固在混凝土结构中。

钢筋与混凝土之间的黏结性能可以用两者界面上的黏结应力来说明。当钢筋与混凝土之间有相对变形(滑移)时,其界面上会产生沿钢筋轴线方向的相互作用力。通常把钢筋与混凝土接触面单位截面积上的剪应力称为黏结应力。黏结应力的测定通常采用拔出试验方法,将钢筋一端埋入混凝土中,在另一端施力将钢筋拔出,如图2.7所示。

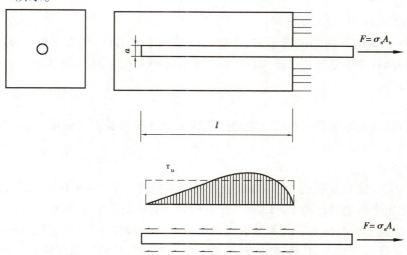

图2.7 直接拔出试验与应力分布示意图

如图2.8(a)所示,在钢筋上施加拉力,钢筋与混凝土之间的端部存在黏结力,将钢筋的部分拉力传递给混凝土使混凝土受拉,经过一定的传递长度后,黏结应力为零。当截面上的应变很小时,钢筋和混凝土的应变相等,构件上没有裂缝,钢筋和混凝土界面上的黏结应力为零;当混凝土构件上出现裂缝时,开裂截面之间存在局部黏结应力,因为开裂截面钢筋的应变大,未开裂截面钢筋的应变小,黏结应力使远离裂缝处钢筋的应变变小,混凝土的应变从零逐渐增大,使裂缝间的混凝土参与工作。

在混凝土结构设计中,钢筋伸入支座或在连续梁顶部负弯矩区段的钢筋截断时,应将钢筋延伸一定的长度,这就是钢筋的锚固长度。只有钢筋有足够的锚固长度,才能积累足够的黏结应力,使钢筋承受拉力。分布在锚固长度上的黏结应力称锚固黏结应力,如图2.8(b)所示。

2)黏结力的组成

钢筋与混凝土之间的黏结作用主要由3部分组成:化学胶着力、摩阻力和机械咬合力。化学胶着力是由水泥浆体在硬化前对钢筋氧化层的渗透、硬化过程中晶体的生长等产生的。化学胶着力一般较小,当混凝土和钢筋界面发生相对滑动时,化学胶着力消失。混凝土硬化会发生收缩,从而对其中的钢筋产生径向的

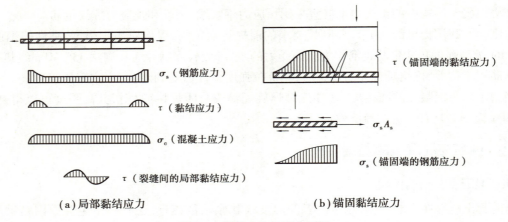

（a）局部黏结应力　　　　　　　　　　　　（b）锚固黏结应力

图2.8　黏结应力机理分析图

握裹力。在握裹力的作用下，当钢筋和混凝土之间有相对滑动或有滑动趋势时，钢筋与混凝土之间产生摩阻力。摩阻力的大小与钢筋表面的粗糙程度有关，越粗糙，摩阻力越大。机械咬合力由凹凸不平的钢筋表面与混凝土咬合嵌入产生。

光圆钢筋的黏结力主要由化学胶着力和摩阻力组成，相对较小。为了增加光圆钢筋与混凝土之间的锚固性能，减少滑移，光圆钢筋的端部要加弯钩或其他机械锚固措施。变形钢筋的机械咬合力要大大高于光面钢筋的机械咬合力。此外，钢筋表面的轻微锈蚀也会增加它与混凝土的黏结力。

3）影响钢筋和混凝土黏结性能的因素

影响钢筋与混凝土黏结性能的因素很多，主要有钢筋的表面形状、混凝土强度及其组成成分、浇筑位置、保护层厚度（结构构件中钢筋外边缘至构件表面用于保护钢筋的混凝土的厚度）、钢筋净间距、横向钢筋约束和横向压力作用等。

（1）混凝土等级

试验表明光圆钢筋及变形钢筋的黏结强度均随混凝土强度等级的提高而增大，大体上与混凝土的抗拉强度成正比关系。

（2）钢筋的表面形状

带肋钢筋的黏结强度比光面钢筋大得多，试验资料表明前者为 $2.5 \sim 6.0$ MPa，后者为 $1.5 \sim 3.5$ MPa，带肋钢筋的黏结强度比光面钢筋高出 $1 \sim 2$ 倍。带肋钢筋的肋条形式不同，其黏结强度也略有差异，在带肋钢筋中，月牙纹钢筋的黏结强度比人字纹和螺旋纹钢筋低 $10\% \sim 15\%$。带肋钢筋的肋高随钢筋直径的增大相对变矮，黏结强度下降。试验表明，新轧制或经除锈处理的钢筋，其黏结强度比具有轻度锈蚀钢筋的黏结强度要低。

（3）混凝土保护层厚度和钢筋间的净距

试验表明，混凝土保护层厚度对光面钢筋的黏结强度没有明显影响，但对带肋钢筋的影响却十分显著。若混凝土保护层太薄，带肋钢筋容易发生沿纵向钢筋方向的劈裂裂缝，并使黏结强度显著降低。当钢筋之间的净距不足时，钢筋外围混凝土会在钢筋位置水平面上产生贯穿整个构件宽的劈裂裂缝。当保护层厚度 $c/d > 5 \sim 6$（c 为混凝土保护层厚度，d 为钢筋直径）时，带肋钢筋不会发生强度较低的劈裂黏结破坏。同样，保持一定的钢筋间距，可以提高钢筋周围混凝土的抗劈裂能力，从而提高了钢筋与混凝土之间的黏结强度。

（4）横向配筋

设置螺旋筋或箍筋可以增强混凝土的侧向约束，延缓或阻止劈裂裂缝的发展，从而提高了黏结强度。因此，在使用较大直径钢筋的锚固区、搭接长度范围内，以及同排的并列钢筋根数较多时，应设置一定数量的附加箍筋，以防止混凝土保护层的劈裂崩落。试验表明箍筋对保护后期黏结强度、改善钢筋延性也有明显作用。

（5）侧向压应力

当钢筋受到侧向压应力时（如梁支承处的下部钢筋），由于摩阻力和咬合力增加，黏结强度增大，且带肋钢筋增大的黏结强度明显高于光面钢筋。但过大的侧压力将导致混凝土裂缝提前出现，反而降低黏结强度。

（6）混凝土浇筑位置

黏结强度与浇注混凝土时钢筋所处的相对位置有关。混凝土浇注后有下沉及泌水现象。对于处于水平位置的钢筋，位于其下方的混凝土由于水分、气泡的逸出及混凝土的下沉，并不与钢筋紧密接触，形成了间隙层，削弱了钢筋与混凝土的黏结作用，使水平位置钢筋比竖向钢筋的黏结强度显著降低。同样是水平钢筋，钢筋下方混凝土浇筑深度越大，黏结强度降低得也越多。

4）提高黏结强度的构造措施

①为了保证混凝土与钢筋之间有足够的黏结，必须满足钢筋最小间距和混凝土保护层最小厚度的要求。

②为了增加局部黏结作用和减小裂缝宽度，在同等钢筋面积的条件下，宜优先采用小直径的变形钢筋。光面钢筋黏结性能较差，应在钢筋末端设弯钩，增大其锚固黏结能力。

③对不同等级的混凝土和钢筋，为保证足够的黏结力，要保证最小搭接长度和锚固长度。

④横向钢筋的存在约束了径向裂缝的发展，使混凝土的黏结强度提高，在钢筋的搭接接头范围内应加密箍筋，增大该区段的黏结能力。

⑤在浇注大深度混凝土时，为防止在钢筋底面混凝土出现沉淀、收缩和泌水，形成疏松空隙层，削弱黏结，对高度较大的混凝土构件应分层浇注或二次浇捣。

2.5　钢结构

▶ 2.5.1　钢结构的材料

钢结构是由钢材制成的工程结构，通常由热轧型钢、钢板和冷加工成型的薄壁型钢等制成的梁、桁架、柱、板等构件组成，各部分之间用焊缝、螺栓和铆钉连接，有些钢结构还部分采用钢丝绳或钢丝束。钢结构与其他结构（如钢筋混凝土结构及砌体结构）相比具有如下特点：钢材的强度高，塑性、韧性好；材质均匀，与力学计算的假定比较符合；适用于机械化加工，工业化程度高，运输、安装方便，施工速度快；密闭性好；耐腐蚀性差；耐热但不耐火。

基于以上特点，钢结构适用于大跨度结构、重型厂房结构、受动力荷载影响的结构、可拆卸的结构、高耸结构和高层建筑、容器及其他构筑物等。

钢材的种类很多，用于钢结构的钢材主要有碳素结构钢、低合金结构钢、高强度钢丝和钢索材料。

（1）碳素结构钢

它是专用于结构的普通碳素钢，共分 Q195，Q215，Q235 和 Q275 四种牌号，Q 表示屈服强度，数字代表钢材厚度（直径）不大于 16 mm 时屈服强度的下限值（即标准强度），单位为 MPa。Q235 的含碳量和强度、塑性、可焊性等都较适中，是钢结构常用钢材的主要品种之一，碳素结构钢按抗冲击性能由低到高分为 A、B、C、D 四个质量等级，根据冶炼时脱氧程度的不同又分为镇静钢（Z）、沸腾钢（F）和特殊镇静钢（TZ）。

（2）低合金结构钢

它是在冶炼时添加适量的一种或几种合金元素，如锰、钒、钛、铝（总量低于 5%）等炼成的钢种。添加合金元素的目的是提高钢材强度、常温和低温冲击韧性、耐腐蚀性，同时不致使其塑性过分降低，但对焊接的工艺要求更高。低合金结构钢分为 Q345，Q390，Q420，Q460，Q500，Q550，Q620 和 Q690 八种。数字表示屈服强度的大小，单位为 MPa，质量等级由低到高分为 A、B、C、D、E 五级，按冶炼时的脱氧程度分镇静钢（A、B 级）和特殊镇静钢（C、D、E 级）。

（3）高强度钢丝和钢索材料

悬索结构和斜张拉结构的钢索、桅杆结构的钢丝绳等通常都采用由高强度钢丝组成的平行钢丝束、钢绞线和钢丝绳。高强度钢丝是由优质碳素钢经过多次冷拔而成，分为光面钢丝和镀锌钢丝两种类型。钢丝强度的主要指标是抗拉强度，其值在 1 570 ~ 1 700 MPa 内，而对屈服强度通常不做要求。根据国家有关标准，对钢丝的化学成分有严格要求，硫、磷的含量不得超过 0.03%，铜含量不超过 0.2%，同时铬、镍的含量也有控制要求。高强度钢丝的伸长率较小，最低为 4%。

表 2.10　钢材的设计强度指标

单位：N/mm²

钢材牌号		钢材厚度或直径/mm	强度设计值			屈服强度 f_y	抗拉强度 f_u
			抗拉、抗压、抗弯 f	抗剪 f_v	端面承压（侧平顶紧）f_{cc}		
碳素结构钢	Q235	≤16	215	125	320	235	370
		>16，≤40	205	120		225	
		>40，≤100	200	115		215	
低合金高强度结构钢	Q345	≤16	305	175	400	345	470
		>16，≤40	295	170		335	
		>40，≤63	290	165		325	
		>63，≤80	280	160		315	
		>80，≤100	270	155		305	
	Q390	≤16	345	200	415	390	490
		>16，≤40	330	190		370	
		>40，≤63	310	180		350	
		>63，≤100	295	170		330	
	Q420	≤16	375	215	440	420	520
		>16，≤40	355	205		400	
		>40，≤63	320	185		380	
		>63，≤100	305	175		360	
	Q460	≤16	410	235	470	460	550
		>16，≤40	390	225		440	
		>40，≤63	355	205		420	
		>63，≤100	340	195		400	

注：①表中直径指实心棒材直径，厚度系指计算点的钢材或钢管壁厚度，对轴心受拉和轴心受压构件系指截面中较厚板件的厚度；
　　②冷弯型材和冷弯钢管，其强度设计值应按现行有关国家标准的规定采用。

▶ 2.5.2　钢结构的连接

钢结构的连接通常有焊接连接、铆钉连接和螺栓连接 3 种形式，如图 2.9 所示。

1）焊接连接

焊接连接是现代钢结构主要的连接方式，它的优点是任何形状的结构都可用焊接连接，构造简单。焊

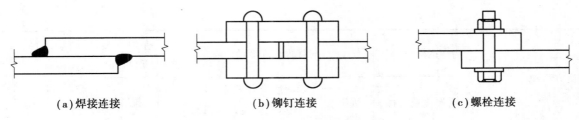

（a）焊接连接   （b）铆钉连接   （c）螺栓连接

图2.9 钢结构的连接方式

接连接一般不需要拼接材料，省钢省工。目前，土木工程中焊接结构占绝对优势。但是，焊缝质量易受材料和操作的影响，因此焊接对钢材材性要求较高。高强度钢的焊接更要依照严格的焊接程序进行，焊缝质量要通过多种途径的检验来保证。

表2.11 焊缝的强度指标

单位:N/mm²

焊接方法和焊条型号	构件钢材		对接焊缝强度设计值				角焊缝强度设计值	对接焊缝抗拉强度 f_u^w	角焊缝抗拉、抗压和抗剪强度 f_u^f
	牌号	厚度或直径/mm	抗压 f_c^w	焊缝质量为下列等级时，抗拉 f_t^w		抗剪 f_v^w	抗拉、抗压和抗剪 f_f^w		
				一级、二级	三级				
自动焊、半自动焊和E43型焊条手工焊	Q235	≤16	215	215	185	125	160	415	240
		>16，≤40	205	205	175	120			
		>40，≤100	200	200	170	115			
自动焊、半自动焊和E50、E55型焊条手工焊	Q345	≤16	305	305	260	175	200	480（E50）540（E55）	280（E50）315（E55）
		>16，≤40	295	295	250	170			
		>40，≤63	290	290	245	165			
		>63，≤80	280	280	240	160			
		>80，≤100	270	270	220	155			
	Q390	≤16	345	345	295	200	200（E50）220（E55）		
		>16，≤40	330	330	280	190			
		>40，≤63	310	310	265	180			
		>63，≤100	295	295	250	170			
自动焊、半自动焊和E55、E60型焊条手工焊	Q420	≤16	375	375	320	215	220（E55）240（E60）	540（E55）590（E60）	315（E55）340（E60）
		>16，≤40	355	355	300	205			
		>40，≤63	320	320	270	185			
		>63，≤100	305	305	260	175			
自动焊、半自动焊和E55、E60型焊条手工焊	Q460	≤16	410	410	350	235	220（E55）240（E60）	540（E55）590（E60）	315（E55）340（E60）
		>16，≤40	390	390	330	225			
		>40，≤63	355	355	300	205			
		>63，≤100	340	340	290	195			

续表

焊接方法和焊条型号	构件钢材		对接焊缝强度设计值				角焊缝强度设计值	对接焊缝抗拉强度 f_u^w	角焊缝抗拉、抗压和抗剪强度 f_u^f
	牌号	厚度或直径 /mm	抗压 f_c^w	焊缝质量为下列等级时,抗拉 f_t^w		抗剪 f_v^w	抗拉、抗压和抗剪 f_f^w		
				一级、二级	三级				
自动焊、半自动焊和 E50、E65 型焊条手工焊	Q345QJ	>16,≤35	310	310	265	180	200	480(E50) 540(E55)	280(E50) 315(E55)
		>35,≤50	290	290	245	170			
		>50,≤100	285	285	240	165			

注:表中厚度系指计算点的钢材厚度,对轴心受拉和轴心受压构件系指截面中较厚板件的厚度。

2)铆钉连接

铆钉连接需要先在构件上开孔,用加热的铆钉进行铆合,有时也可用常温的铆钉进行铆合,但需要较大的铆合力,现在很少采用。但是,铆钉连接传力可靠,韧性和塑性较好,质量易于检查,对经常受动力荷载作用、荷载较大和跨度较大的结构,有时仍然采用铆接结构。

表 2.12　铆钉连接的强度设计值

单位:N/mm²

铆钉钢号和构件钢材牌号		抗拉(钉头拉脱)f_t^r	抗剪 f_v^r		承压 f_c^r	
			Ⅰ类孔	Ⅱ类孔	Ⅰ类孔	Ⅱ类孔
铆钉	BL2 或 BL3	120	185	155	—	—
构件钢材牌号	Q235	—	—	—	450	365
	Q345	—	—	—	565	460
	Q390	—	—	—	590	480

注:①属于下列情况者为Ⅰ类孔:
　　a.在装配好的构件上按设计孔径钻成的孔;
　　b.在单个零件和构件上按设计孔径分别用钻模钻成的孔;
　　c.在单个零件上先钻成或冲成较小的孔径,然后在装配好的构件上再扩钻至设计孔径的孔。
②单个零件上一次冲成或不用钻模钻成设计孔径的孔属于Ⅱ类孔。

3)螺栓连接

螺栓连接采用的螺栓有普通螺栓和高强度螺栓之分。普通螺栓的优点是装卸便利,无须特殊设备。但在传递剪力时会有较大滑移,不利于结构受力,因此常用于不传递剪力的安装连接中。

高强度螺栓的预应力把被连接的部件夹紧,使部件的接触面间产生很大的摩擦力,外力通过摩擦力来传递。这种连接方式称为高强度螺栓摩擦型连接,它的优点是加工方便,对构件的削弱较小,可以拆换,同时能够承受动力荷载,耐疲劳,韧性和塑性好,包含了普通螺栓和铆钉的优点,目前已成为代替铆钉的优良连接。此外,高强度螺栓也可同普通螺栓一样,依靠螺杆和螺孔之间的承压来受力。这种连接也称为高强度螺栓承压型连接。

表 2.13　螺栓连接的强度指标

单位:N/mm²

螺栓的性能等级、锚栓和构件钢材的牌号		强度设计值										高强度螺栓的抗拉强度 f_u^b
		普通螺栓						锚栓	承压型连接或网架用高强度螺栓			
		C 级螺栓			A 级、B 级螺栓							
		抗拉 f_t^b	抗剪 f_v^b	承压 f_c^b	抗拉 f_t^b	抗剪 f_v^b	承压 f_c^b	抗拉 f_t^a	抗拉 f_t^b	抗剪 f_v^b	承压 f_c^b	
普通螺栓	4.6 级、4.8 级	170	140	—	—	—	—	—	—	—	—	—
	5.6 级	—	—	—	210	190	—	—	—	—	—	—
	8.8 级	—	—	—	400	320	—	—	—	—	—	—
锚栓	Q235	—	—	—	—	—	—	140	—	—	—	—
	Q345	—	—	—	—	—	—	180	—	—	—	—
	Q390	—	—	—	—	—	—	185	—	—	—	—
承压型连接高强度螺栓	8.8 级	—	—	—	—	—	—	—	400	250	—	830
	10.9 级	—	—	—	—	—	—	—	500	310	—	1 040
螺栓球节点用高强度螺栓	9.8 级	—	—	—	—	—	—	385	—	—	—	—
	10.9 级	—	—	—	—	—	—	430	—	—	—	—
构件钢材牌号	Q235	—	—	305	—	—	405	—	—	—	470	—
	Q345	—	—	385	—	—	510	—	—	—	590	—
	Q390	—	—	400	—	—	530	—	—	—	615	—
	Q420	—	—	425	—	—	560	—	—	—	655	—
	Q460	—	—	450	—	—	595	—	—	—	695	—
	Q3458J	—	—	400	—	—	530	—	—	—	615	—

注:①A 级螺栓用于 $d \leqslant 24$ mm 和 $L \leqslant 10d$ 或 $L \leqslant 150$ mm(按较小值)的螺栓;B 级螺栓用于 $d > 24$ mm 和 $L > 10d$ 或 $L > 150$ mm(按较小值)的螺栓;d 为公称直径,L 为螺栓公称长度;

②A、B 级螺栓孔的精度和孔壁表面粗糙度,C 级螺栓孔的允许偏差和孔壁表面粗糙度,均应符合现行国家标准《钢结构工程施工质量验收规范》的要求;

③用于螺栓球节点网架的高强度螺栓,M12 ~ M36 为 10.9 级,M39 ~ M64 为 9.8 级。

第 **3** 章

建筑结构基本构件受力状态和计算要求

3.1　轴心受拉构件

作用在构件上的纵向拉力与构件截面形心线重合的构件称为轴心受拉构件。在工程中,只有少数构件设计成混凝土轴心受拉构件,例如承受节点荷载的桁架受拉弦杆、圆形水池环向池壁等,如图3.1所示。

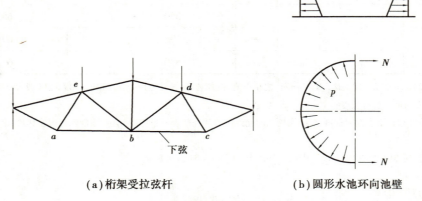

(a)桁架受拉弦杆　　　　(b)圆形水池环向池壁

图3.1　实际结构中的混凝土轴心受拉构件

▶　3.1.1　混凝土轴心受拉构件

1)混凝土轴心受拉构件破坏模式

试验表明,当采用逐级加载方式对混凝土轴心受拉构件进行试验时,构件从开始加载到破坏的受力过程可分为以下3个阶段:

(1)第Ⅰ阶段——开裂前($0 < N \leqslant N_{cr}$)

如图3.2(a)所示,构件在达到开裂荷载 N_{cr} 前,处于整体工作阶段,此时纵向钢筋和混凝土共同承受拉力,应力与应变大致成正比,拉力 N 与截面平均拉应变 ε_t 之间基本成线性关系。

（2）第Ⅱ阶段——混凝土开裂后至钢筋屈服前（$N_{cr}<N\leqslant N_u$）

在拉力 N 的作用下,首先在构件截面最薄弱处出现第一条裂缝,随着拉力的不断增加,陆续在一些截面上出现裂缝,逐渐形成图 3.2（b）所示的裂缝分布形式。此时,裂缝处的混凝土不再承受拉力,所有拉力均由纵向钢筋承担。

（3）第Ⅲ阶段——钢筋屈服到构件破坏（$N=N_u$）

如图 3.2（c）所示,纵向钢筋屈服后,拉力达到极限荷载 N_u 并保持不变的情况下,构件变形继续增加,混凝土开裂严重,已不再承受拉力,全部拉力由钢筋承受,直到最后发生破坏。

2）混凝土轴心受拉构件正截面承载力计算

考虑材料性能、几何尺寸等的随机性,确保构件抗力具备规定的可靠度,轴心受拉构件正截面承载能力极限状态设计表达式为:

$$N\leqslant N_u=f_yA_s \tag{3.1}$$

式中　N——轴向拉力设计值;

N_u——轴心受拉构件正截面承载力设计值;

f_y——钢筋抗拉强度设计值;

A_s——纵向受拉钢筋截面面积。

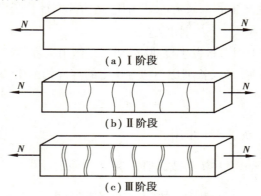

(a) Ⅰ阶段

(b) Ⅱ阶段

(c) Ⅲ阶段

图 3.2　混凝土轴心受拉构件破坏的 3 个阶段

3）混凝土轴心受拉构件的构造要求

（1）纵向受拉钢筋

混凝土轴心受拉构件一般采用正方形、矩形或其他对称截面。纵向受拉钢筋在混凝土截面中应沿截面周边均匀对称布置;为防止出现过宽的混凝土裂缝,宜优先选用直径较小的钢筋。为避免配筋过少导致脆性破坏,按混凝土截面面积 A_c 计算的全部受力钢筋配筋率应不小于最小配筋率,即 $\rho=\dfrac{A_s}{A_c}\geqslant\rho_{min}$,$\rho_{min}$ 取 0.4% 和 $90\dfrac{f_t}{f_y}\%$ 的较大值。

纵向受拉钢筋不得采用非焊接连接。不加焊的搭接连接,仅允许用在圆形池壁或管中,但接头位置应错开,且搭接长度应不小于 $1.2l_a$（l_a 为锚固长度）,也不小于 $300\ mm$。

（2）箍筋

箍筋的主要作用是固定纵筋在截面中的位置,与纵筋形成钢筋骨架;箍筋直径不宜小于 $6\ mm$,间距一般不宜大于 $200\ mm$,对屋架腹杆不宜大于 $150\ mm$。

▶ ### 3.1.2 钢构件轴心受拉

1）钢构件轴心受拉破坏模式

钢构件轴心受拉时的受力特点见2.4.2节。

2）钢构件轴心受拉的强度计算

当轴心受力构件选用塑性性能良好的钢材时，在静力荷载作用下，即使构件截面有局部削弱，截面上的应力也会由于材料塑性的充分发展而趋于均匀分布。因此，轴心受力构件的强度承载力不考虑应力集中的影响，而是以净截面平均应力达到钢材的屈服强度为极限。《钢结构设计标准》规定，轴心受力构件的强度按式(3.2)计算：

$$\sigma = \frac{N}{A_n} \leqslant f \tag{3.2}$$

式中　N——构件所承受的轴心拉力（或压力）设计值；

　　　A_n——构件的净截面面积；

　　　f——钢材的抗拉（或抗压）强度设计值。

3）刚度验算

轴心受拉构件的刚度通常用长细比 λ 来衡量，长细比是构件的计算长度 l_0 与构件截面回转半径 i 的比值，即 $\lambda = l_0/i$。λ 越小，构件刚度越大，反之，刚度越小。

λ 过大会使构件在使用过程中因自重发生挠曲，在动荷载作用下容易产生振动，在运输和安装过程中容易产生弯曲。因此，设计时应使构件最大长细比不超过规定的容许长细比，即：

$$\lambda = \frac{l_0}{i} \leqslant [\lambda] \tag{3.3}$$

式中　$[\lambda]$——构件容许长细比，按表3.1采用。

　　　i——截面回转半径，$i = \sqrt{\dfrac{I}{A}}$，其中 I 为截面惯性矩，A 为截面面积。

表3.1　受拉构件的容许长细比

项次	构件名称	容许长细比
1	桁架的杆件	350
2	吊车梁或吊车桁架以下的柱间支撑	300
3	其他拉杆、支撑、系杆等（张紧的圆钢除外）	400

注：①承受静力荷载的结构中，可仅计算受拉构件在竖向平面内的长细比；
　　②在直接或间接承受动力结构荷载的结构中，计算单角钢受拉构件的长细比时，应采用角钢的最小回转半径；但在计算交叉杆件平面外的长细比时，应采用与角钢肢边平行轴的回转半径；
　　③受拉构件在永久荷载与风荷载组合作用下受压时，其长细比不宜超过250。

3.2　轴心受压构件

纵向压力作用线与构件截面形心线重合的构件称为轴心受压构件。实际工程中，通常把以承受轴心压力为主的构件，忽略弯、剪、扭等其他影响，简化为轴心受力来计算。例如，把承受以永久荷载为主的多层房屋的内柱、桁架的受压腹杆等简化为轴心受压构件，如图3.3所示。

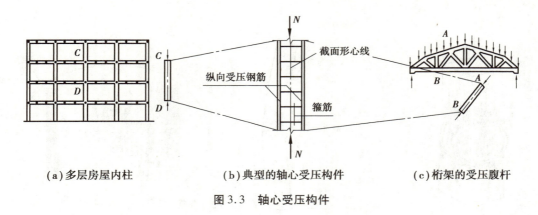

(a)多层房屋内柱　　　　　(b)典型的轴心受压构件　　　　　(c)桁架的受压腹杆

图3.3　轴心受压构件

▶ 3.2.1　混凝土轴心受压构件

1)混凝土轴心受压构件的破坏模式

根据构件长细比 λ 的不同,轴心受压构件分为短构件(对一般构件 $\lambda=l_0/i\leqslant28$;对矩形截面 $\lambda=l_0/b\leqslant8$, b 为矩形截面较短的边长)和中长构件。短构件也称为短柱,中长构件称为长柱。

(1)轴心受压短柱的试验结果

轴心受压短柱的试验结果表明:

①在整个加载过程中,可能的初始偏心对短柱的承载力无明显影响,短柱横截面上应变均匀分布。

②当加载较小时,由于钢筋和混凝土之间存在着黏结力,两者的压应变值相同,轴向压力与压缩量 Δl 基本呈正比增长。

③当加载达到极限荷载时,短柱的极限压应变大致与混凝土棱柱体受压破坏时的压应变相同,混凝土的压应力达到棱柱体抗压强度。

④若短柱钢筋的屈服应变小于混凝土破坏时的压应变,则钢筋首先达到抗压屈服强度。随后,钢筋承担的压力维持不变,而继续增加的荷载全部由混凝土承担,直至混凝土被压碎,此时,柱四周出现纵向裂缝及压坏痕迹,混凝土保护层剥落,箍筋间的纵筋向外屈折,呈灯笼状,混凝土被压碎而柱破坏,其破坏形态如图3.4所示。

⑤在这类构件中,钢筋和混凝土的抗压强度都得到充分利用。无论受压钢筋是否屈服,构件的最终承载力都是由混凝土被压碎来控制。

(2)轴心受压长柱的试验结果

轴心受压长柱的试验结果表明:

①长柱在轴心压力作用下,加载时由于难以做到完全的几何和物理对中,初始偏心距产生附加弯矩,附加弯矩又增大了横向挠度,二者相互影响,不仅发生压缩变形,同时还出现弯曲现象,最终导致长柱在弯矩和轴力共同作用下发生破坏。

②在外加荷载不大时,长柱全截面受压,由于有弯矩影响,长柱截面一侧的压应力大于另一侧,随着荷载增大,这种应力差越来越大;同时,横向挠度增加更快,以致压应力大的一侧,混凝土首先压碎,并产生纵向裂缝,钢筋被压屈向外凸出,而另一侧混凝土可能由受压转变为受拉,出现水平裂缝,如图3.5所示。

③长柱的受压承载力低于同条件的短柱的承载力,长细比越大,承载力越小。混凝土结构设计中,目前采用引入稳定系数 φ 的方法来考虑长柱纵向挠曲的不利影响,即长柱的承载力等于稳定系数 φ 乘以短柱的承载力。稳定系数 φ 值主要和柱子的长细比有关,具体数值可查表3.2。

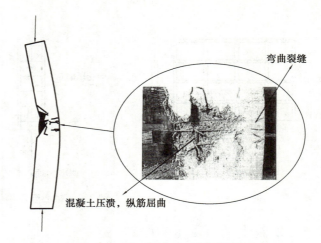

弯曲裂缝

混凝土压溃，纵筋屈曲

图3.4　轴心受压短柱的破坏模式　　　　图3.5　轴心受压长柱的破坏模式

表3.2　轴心受压构件的稳定系数表

φ	1.00	0.98	0.95	0.92	0.87	0.81	0.75	0.70	0.65	0.60	0.56
l_0/b	≤8	10	12	14	16	18	20	22	24	26	28
l_0/d	≤7	8.5	10.5	12	14	15.5	17	19	21	22.5	24
l_0/i	≤28	35	42	48	55	62	69	76	83	90	97
φ	0.52	0.48	0.44	0.40	0.36	0.32	0.29	0.26	0.23	0.21	0.19
l_0/b	30	32	34	36	38	40	42	44	46	48	50
l_0/d	26	28	29.5	31	33	34.5	36.5	38	40	41.5	43
l_0/i	104	111	118	125	132	139	146	153	160	167	174

注：① 表中 l_0 为构件的计算长度；

　② b 为矩形截面的短边尺寸，d 为圆形截面的直径，i 为截面的最小回转半径。

2）普通箍筋柱正截面承载力计算

对于配有普通箍筋的轴心受压构件，当混凝土压应力达到最大抗压强度，钢筋压应力达到屈服强度时，即认为构件达到最大承载力。

因此，考虑长细比等因素的影响后，配有普通箍筋的轴心受压柱正截面极限承载力计算如式（3.4）：

$$N \leqslant 0.9\varphi(f_cA + f'_yA'_s) \tag{3.4}$$

式中　N——轴向压力设计值；

　　　f_c——混凝土轴心抗压强度设计值；

　　　f'_y——纵向钢筋抗压强度设计值；

　　　A——混凝土构件正截面面积；

　　　A'_s——全部纵向钢筋截面面积；

　　　φ——轴心受压混凝土柱稳定系数，用于考虑细长构件由于侧向弯曲而使承载力有所降低的影响；

　　　0.9——可靠度调整系数。

3）螺旋式箍筋柱轴心受压时的正截面承载力计算

柱截面尺寸的扩大受到建筑上或者使用上的限制，而柱的轴向压力荷载又很大，以至于采用上述普通箍筋柱，无论提高混凝土等级还是增加纵向钢筋数量都难以承受所要求的荷载。这时，采用螺旋式箍筋柱是一种可行的方案。

螺旋式箍筋柱的截面形状通常是圆形或多边形,箍筋采用螺旋配筋、焊接环筋等,如图3.6所示。这种柱用钢量较大,施工也较复杂,因此造价较高。

螺旋式箍筋柱受轴向压力破坏,可认为是由于轴向压力引起截面横向受拉变形,最终发生混凝土受拉破坏。试验研究表明,破坏时纵向钢筋与普通箍筋柱均达到屈服并向外鼓起,螺旋式箍筋也达到屈服。混凝土保护层在破坏之前由于箍筋的较大变形而较早剥落。

螺旋式箍筋比普通箍筋更有效地约束了它所包围的核心区混凝土[见图3.6(a)中 A_{cor}]的横向受拉变形,使柱的轴心承载力得以显著提高。核心区混凝土达到的轴心抗压强度高于轴心抗压强度设计值 f_c,提高的程度与螺旋式箍筋的约束强度有关。相较于纵向钢筋直接提供横向承载力,螺旋式箍筋间接提供承载力,因此螺旋式箍筋通常也被称为间接钢筋。

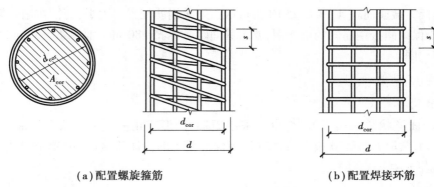

(a)配置螺旋箍筋　　　　　　　　　(b)配置焊接环筋

图3.6　螺旋式箍筋柱构造

核心区混凝土轴心抗压强度可以利用圆柱体混凝土柱面周围受液压作用所得关系式近似计算,如式(3.5):

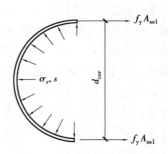

$$f = f_c + \beta\sigma_r \qquad (3.5)$$

式中　f——被约束的混凝土轴心抗压强度;

　　　　σ_r——间接钢筋的应力达到屈服强度时,截面上核心区混凝土所受到的径向约束应力值;

　　　　β——约束系数,通常为4.5~7,此处取4;

　　　　f_c——混凝土轴心抗压强度设计值。

图3.7　截面上核心区混凝土所受到的径向约束

在间接钢筋1个间距 s 范围内,利用 σ_r 的合力与间接钢筋拉力的平衡条件,如图3.7所示,可得 σ_r 的计算如式(3.6):

$$\sigma_r = \frac{2f_y A_{ssl}}{s d_{cor}} = \frac{2f_y A_{ssl} d_{cor}\pi}{4\frac{\pi d_{cor}^2}{4}s} = \frac{f_y A_{sso}}{2A_{cor}} \qquad (3.6)$$

式中　A_{cor}——混凝土核心区面积,$A_{cor} = \pi d_{cor}^2/4$;

　　　　A_{sso}——间接钢筋的换算截面面积,$A_{sso} = \pi d_{cor} A_{ssl}/s$;

　　　　A_{ssl}——单根间接钢筋的截面面积;

　　　　s——沿构件轴线方向间接钢筋的间距;

　　　　d_{cor}——构件的核心直径,按间接钢筋内表面确定。

根据力的平衡条件,螺旋式箍筋柱正截面承载力 N_u 计算如式(3.7):

$$N_u = A_{cor} f + A'_s f'_y \qquad (3.7)$$

式中　f'_y——纵向钢筋抗压强度设计值。

螺旋式或焊接环式间接钢筋柱的承载力计算如式(3.8):

$$N \leqslant N_u = 0.9(f_c A_{cor} + 2\alpha f_y A_{sso} + A'_s f'_y) \qquad (3.8)$$

式中　α——间接钢筋对截面上核心区混凝土约束的折减系数,当混凝土强度等级小于 C50 时,取 $\alpha=1.0$;

当混凝土强度等级为 C80 时,取 $\alpha=0.85$;当混凝土强度等级在 C50 与 C80 之间时,按线性内插法确定;

　　0.9——可靠度调整系数;

　　f_y——螺旋式箍筋的抗拉强度设计值。

为使混凝土保护层有足够的抵抗剥落能力,按式(3.8)算得的截面承载力不应比按式(3.4)算得的大 50%。

凡有下列情况之一的,不考虑间接钢筋影响,仍按式(3.4)计算截面的承载力:

①$l_0/d>12$ 时,此时因长细比较大,有可能因纵向弯曲导致螺旋式箍筋不起作用;

②当按式(3.8)算得的截面承载力小于按式(3.4)算得的受压承载力时;

③当间接钢筋换算截面面积 $A_{sso}\leqslant0.25A_s'$ 时,可认为间接钢筋配置得太少,套箍作用的效果不明显。

在构造方面,为保证间接钢筋的约束作用,要求其间距 s 要求 $\leqslant80$ mm,且 $\leqslant d_{cor}/5$,同时 $\geqslant40$ mm。其直径要求与普通箍筋相同。

4)轴心受压柱的构造要求

(1)截面形状和尺寸

为方便施工,截面形状常采用正方形,也可采用矩形、圆形或正多边形。截面的最小边长应大于 250 mm;长细比不宜过大,常取 $l_0/b\leqslant30$ 或 $l_0/d\leqslant26$ 以确保混凝土的浇注质量(l_0 为受压构件的计算长度,b 为方形截面边长,d 为圆形截面直径)。

(2)纵向受压钢筋

纵向钢筋应沿截面四周均匀布置,钢筋根数不得少于 4 根;纵向钢筋直径不宜小于 12 mm,通常在 12 ~ 32 mm 内选用;纵向钢筋中距不应大于 300 mm。截面上全部纵向钢筋的配筋率要求如下:钢筋强度等级为 500 MPa 时不应小于 0.5%,钢筋强度等级为 400 MPa 时不应小于 0.55%,钢筋强度等级为 300 MPa、335 MPa 时不应小于 0.6%,也不宜大于 5%。受压钢筋的净距不应小于 50 mm。纵向受压钢筋的连接应优先采用对接焊接或机械对接。当钢筋直径 $d\leqslant32$ mm 时,允许采用非焊接的搭接连接,但要求接头位置设在受力较小的部位,搭接区域要有较强的侧向约束,并且钢筋的搭接长度不小于 $0.85l_a$,且 $\geqslant200$ mm。当钢筋直径 $d>32$ mm 时,不宜采用绑扎的搭接连接。

(3)箍筋

箍筋必须做成封闭式,且不得有内折角。内折角箍筋不能有效约束它所包围的截面混凝土的变形,也不能有效约束纵向钢筋向外的侧移。

箍筋的间距,在绑扎骨架中不应大于 15d,在焊接架中不应大于 20d(d 为纵筋的最小直径),且不大于 400 mm,也不大于柱截面的短边尺寸。

箍筋的直径不应小于 $d/4$(d 为纵筋的最大直径),且不小于 6 mm。

当纵筋配筋率大于 3% 时,箍筋的直径不应小于 8 mm,其间距不应大于 10d(d 为纵筋的最小直径),且不大于 200 mm。

当截面各边纵筋多于 3 根时,应设置复合箍筋。但当截面短边不大于 400 mm,且每边纵筋不多于 4 根时,可不设置复合箍筋,如图 3.8 所示。

在纵筋搭接长度范围内,箍筋直径不宜小于 $d/4$,间距应加密,且不应大于 10d(d 为受力纵筋的最小直径),也不应大于 200 mm。当搭接纵筋的直径大于 25 mm 时,应在搭接接头两个端面外 100 mm 的范围内各设置 2 根箍筋。

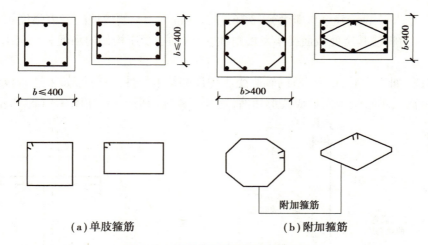

（a）单肢箍筋　　　　　　　　　（b）附加箍筋

图 3.8　方形、矩形截面的箍筋设置

▶ 3.2.2　钢构件轴心受压

1）钢构件轴心受压破坏模式

（1）强度破坏

当构件很短或孔洞等削弱时，截面上的应力由于材料塑性的充分发展而趋于均匀分布，设计时以净截面平均应力达到钢材的屈服强度为极限，发生强度破坏。

（2）整体失稳

轴心受压构件，除构件很短或有孔洞等削弱时可能发生强度破坏外，往往当荷载还没有达到按强度考虑的极限值时，构件就会因屈曲而丧失承载力，即整体失稳破坏，如图 3.9（a）所示。稳定问题是钢结构中的一个突出问题，设计时应给予极大的重视。

①初始缺陷。初始缺陷包括初弯曲和初偏心。构件在制造、运输和安装过程中，不可避免地会产生微小的初弯曲。由于构造或施工的原因，轴向压力没有通过构件截面的形心而形成偏心。这样，在轴向压力作用下，构件侧向挠度从加载起就会不断增加，使得构件除受有轴向压力作用外，实际上还存在因构件挠曲而产生的弯矩，如图 3.10 所示，从而降低了构件的稳定承载力。

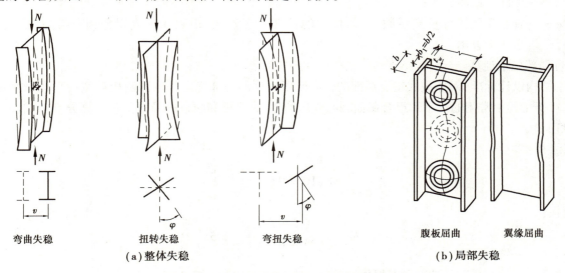

弯曲失稳　　　　扭转失稳　　　　弯扭失稳　　　　腹板屈曲　　翼缘屈曲

（a）整体失稳　　　　　　　　　　　（b）局部失稳

图 3.9　实腹式轴压构件整体失稳和局部失稳

②残余应力。残余应力是指构件受力前，构件内就已经存在自相平衡的初应力。构件的焊接、钢材的轧制、火焰切割等会产生残余应力。图 3.11 给出了焊接工字形截面构件的残余应力（焊接应力）的分布

（"＋"表示残余拉应力，"－"表示残余压应力）。残余应力通常不会影响构件的静力强度承载力，因它本身自相平衡。但残余压应力将使其所处截面提早发展塑性，导致轴心受压构件的刚度和稳定承载力下降。

（3）局部失稳

实腹式组合截面（如工字形、箱形等）的轴心受压构件都是由板件组成的，如果这些板件过薄，则在均匀压应力作用下，将偏离其正常位置而形成波形屈曲，这种现象称局部失稳，如图3.9（b）所示。

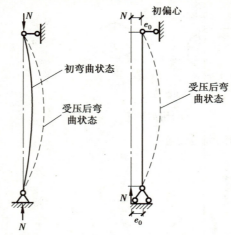
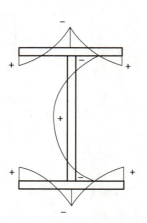

图3.10　有初始缺陷的轴心受压构件　　　　图3.11　残余应力分布

2）钢构件轴心受压计算

（1）强度计算

轴心受压构件的强度计算同轴心受拉构件一样，采用式（3.2），但式中 N 为构件的轴心压力设计值，f 为钢材的抗压强度设计值。

（2）整体稳定计算

轴心受压构件整体稳定计算如式（3.9）：

$$\frac{N}{\varphi A} \leqslant f \tag{3.9}$$

式中　A——构件毛截面面积；

　　　φ——轴心受压构件稳定系数，它与构件的长细比 λ 有关，由表3.3查得截面分类后，按表3.4—表3.7查出。

（3）局部稳定计算

《钢结构设计标准》对实腹式组合截面的轴心受压构件的局部稳定采取限制板件宽（高）厚比的办法来保证。对于工程中常用的工字形组合截面轴心受压构件，翼缘板和腹板的局部稳定计算分别如式（3.10）和式（3.11）：

翼缘板：

$$\frac{b_1}{t} \leqslant (10 + 0.1\lambda)\sqrt{\frac{235}{f_y}} \tag{3.10}$$

腹板：

$$\frac{h_0}{t_w} \leqslant (25 + 0.5\lambda)\sqrt{\frac{235}{f_y}} \tag{3.11}$$

式中　b_1, t——翼缘板的外伸宽度和厚度；

　　　h_0, t_w——腹板的计算高度和厚度；

　　　f_y——钢材的屈服强度设计值；

λ——构件对截面两主轴(x 轴、y 轴)长细比中的较大值,即 $\lambda = \max(\lambda_x, \lambda_y)$,当 $\lambda < 30$ 时,取 30;当 $\lambda > 100$ 时,取 100。

由于轧制的工字钢、槽钢的翼缘板和腹板均较厚,局部稳定均能满足要求,不必计算。

表 3.3　轴心受压构件的截面分类

分类	截面形式		对 x 轴	对 y 轴
板厚 $t \geqslant 40$ mm	轧制工字形或 H 形截面	$t < 80$ mm	b 类	c 类
		$t \geqslant 80$ mm	c 类	d 类
	焊接工形截面	翼缘为焰切边	b 类	b 类
		翼缘为轧制或剪切边	c 类	d 类
	焊接箱形截面	板件宽厚比>20	b 类	b 类
		板件宽厚比≤20	c 类	c 类
板厚 $t < 40$ mm	轧制		a 类	a 类
	轧制,$b/h \leqslant 0.8$		a 类	b 类
	轧制,$b/h > 0.8$；焊接,翼缘为焰切边；焊接；轧制,等边角钢；轧制,焊接(板件宽厚比>20)；轧制或焊接；焊接；轧制截面和翼缘为焰切边的焊接截面；格构式；焊接,板件边缘焰切		b 类	b 类
	焊接,翼缘为轧制或剪切边		b 类	c 类
	焊接,板件边缘轧制或剪切；焊接,板件宽厚比≤20		c 类	c 类

表 3.4　a 类截面轴心受压构件的稳定系数 φ

λ/ε_k	0	1	2	3	4	5	6	7	8	9
0	1.000	1.000	1.000	1.000	0.999	0.999	0.998	0.998	0.997	0.996
10	0.995	0.994	0.993	0.992	0.991	0.989	0.988	0.986	0.985	0.983
20	0.981	0.979	0.977	0.976	0.974	0.972	0.970	0.968	0.966	0.964
30	0.963	0.961	0.959	0.957	0.954	0.952	0.950	0.948	0.946	0.944
40	0.941	0.939	0.937	0.934	0.932	0.929	0.927	0.924	0.921	0.918
50	0.916	0.913	0.910	0.907	0.903	0.900	0.897	0.893	0.890	0.886
60	0.883	0.879	0.875	0.871	0.867	0.862	0.858	0.854	0.849	0.844
70	0.839	0.834	0.829	0.824	0.818	0.813	0.807	0.801	0.795	0.789
80	0.783	0.776	0.770	0.763	0.756	0.749	0.742	0.735	0.728	0.721
90	0.713	0.706	0.698	0.691	0.683	0.676	0.668	0.660	0.653	0.645
100	0.637	0.630	0.622	0.641	0.607	0.599	0.592	0.584	0.577	0.569
110	0.562	0.555	0.548	0.541	0.534	0.527	0.520	0.513	0.507	0.500
120	0.494	0.487	0.481	0.475	0.469	0.463	0.457	0.451	0.445	0.439
130	0.434	0.428	0.423	0.417	0.412	0.407	0.402	0.397	0.392	0.387
140	0.382	0.378	0.373	0.368	0.364	0.360	0.355	0.351	0.347	0.343
150	0.339	0.335	0.331	0.327	0.323	0.319	0.316	0.312	0.308	0.305
160	0.302	0.298	0.295	0.292	0.288	0.285	0.282	0.279	0.276	0.273
170	0.270	0.267	0.264	0.261	0.259	0.256	0.253	0.250	0.248	0.245
180	0.243	0.240	0.238	0.235	0.233	0.231	0.228	0.226	0.224	0.222
190	0.219	0.217	0.215	0.213	0.211	0.209	0.207	0.205	0.203	0.201
200	0.199	0.197	0.196	0.194	0.192	0.190	0.188	0.187	0.185	0.183
210	0.182	0.180	0.178	0.177	0.175	0.174	0.172	0.171	0.169	0.168
220	0.166	0.165	0.163	0.162	0.161	0.159	0.158	0.157	0.155	0.154
230	0.153	0.151	0.150	0.149	0.148	0.147	0.145	0.144	0.143	0.142
240	0.141	0.140	0.139	0.137	0.136	0.135	0.134	0.133	0.132	0.131

表 3.5　b 类截面轴心受压构件的稳定系数 φ

λ/ε_k	0	1	2	3	4	5	6	7	8	9
0	1.000	1.000	1.000	0.999	0.999	0.998	0.997	0.996	0.995	0.994
10	0.992	0.991	0.989	0.987	0.985	0.983	0.981	0.978	0.976	0.973
20	0.970	0.967	0.963	0.960	0.957	0.953	0.950	0.946	0.943	0.939
30	0.936	0.932	0.929	0.925	0.921	0.918	0.914	0.910	0.906	0.903
40	0.899	0.895	0.891	0.886	0.882	0.878	0.874	0.870	0.865	0.861
50	0.856	0.852	0.847	0.842	0.837	0.833	0.828	0.823	0.818	0.812

续表

λ/ε_k	0	1	2	3	4	5	6	7	8	9
60	0.807	0.802	0.796	0.791	0.785	0.780	0.774	0.768	0.762	0.757
70	0.751	0.745	0.738	0.732	0.726	0.720	0.713	0.707	0.701	0.694
80	0.687	0.681	0.674	0.668	0.661	0.654	0.648	0.641	0.634	0.628
90	0.621	0.614	0.607	0.601	0.594	0.587	0.581	0.574	0.568	0.561
100	0.555	0.548	0.542	0.535	0.529	0.523	0.517	0.511	0.504	0.498
110	0.492	0.487	0.481	0.475	0.469	0.464	0.458	0.453	0.447	0.442
120	0.436	0.431	0.426	0.421	0.416	0.411	0.406	0.401	0.396	0.392
130	0.387	0.383	0.378	0.374	0.369	0.365	0.361	0.357	0.352	0.348
140	0.344	0.340	0.337	0.333	0.329	0.325	0.322	0.318	0.314	0.311
150	0.308	0.04	0.301	0.297	0.294	0.291	0.288	0.285	0.282	0.279
160	0.276	0.273	0.270	0.267	0.264	0.262	0.259	0.256	0.253	0.251
170	0.248	0.246	0.243	0.241	0.238	0.236	0.234	0.231	0.229	0.227
180	0.225	0.222	0.220	0.218	0.216	0.214	0.212	0.210	0.208	0.206
190	0.204	0.202	0.200	0.198	0.196	0.195	0.193	0.191	0.189	0.188
200	0.186	0.184	0.183	0.181	0.179	0.178	0.176	0.175	0.173	0.172
210	0.170	0.169	0.167	0.166	0.164	0.163	0.162	0.160	0.159	0.158
220	0.156	0.155	0.154	0.152	0.151	0.150	0.149	0.147	0.146	0.145
230	0.144	0.143	0.142	0.141	0.139	0.138	0.137	0.136	0.135	0.134
240	0.133	0.132	0.131	0.130	0.129	0.128	0.127	0.126	0.125	0.124
250	0.123	—	—	—	—	—	—	—	—	—

表 3.6　c 类截面轴心受压构件的稳定系数 φ

λ/ε_k	0	1	2	3	4	5	6	7	8	9
0	1.000	1.000	1.000	0.999	0.999	0.998	0.997	0.996	0.995	0.993
10	0.992	0.990	0.988	0.986	0.983	0.981	0.978	0.976	0.973	0.970
20	0.966	0.959	0.953	0.947	0.940	0.934	0.928	0.921	0.915	0.909
30	0.902	0.896	0.890	0.883	0.877	0.871	0.865	0.858	0.852	0.845
40	0.839	0.833	0.826	0.820	0.813	0.807	0.800	0.794	0.787	0.781
50	0.774	0.768	0.761	0.755	0.748	0.742	0.735	0.728	0.722	0.715
60	0.709	0.702	0.695	0.689	0.682	0.675	0.669	0.662	0.656	0.649
70	0.642	0.636	0.629	0.623	0.616	0.610	0.603	0.597	0.591	0.584
80	0.578	0.572	0.565	0.559	0.553	0.547	0.541	0.535	0.529	0.523
90	0.517	0.511	0.505	0.499	0.494	0.488	0.483	0.477	0.471	0.467
100	0.462	0.458	0.453	0.449	0.445	0.440	0.436	0.432	0.427	0.423

续表

λ/ε_k	0	1	2	3	4	5	6	7	8	9
110	0.419	0.415	0.411	0.407	0.402	0.398	0.394	0.390	0.386	0.383
120	0.379	0.375	0.371	0.367	0.363	0.360	0.356	0.352	0.349	0.345
130	0.342	0.338	0.335	0.332	0.328	0.325	0.322	0.318	0.315	0.312
140	0.309	0.306	0.303	0.300	0.297	0.294	0.291	0.288	0.285	0.282
150	0.279	0.277	0.274	0.271	0.269	0.266	0.263	0.261	0.258	0.256
160	0.253	0.251	0.248	0.246	0.244	0.241	0.239	0.237	0.235	0.232
170	0.230	0.228	0.226	0.224	0.222	0.220	0.218	0.216	0.214	0.212
180	0.210	0.208	0.206	0.204	0.203	0.201	0.199	0.197	0.195	0.194
190	0.192	0.190	0.189	0.187	0.185	0.184	0.182	0.181	0.179	0.178
200	0.176	0.175	0.173	0.172	0.170	0.169	0.167	0.166	0.165	0.163
210	0.162	0.161	0.159	0.158	0.157	0.155	0.154	0.153	0.152	0.151
220	0.149	0.148	0.147	0.146	0.145	0.144	0.142	0.141	0.140	0.139
230	0.138	0.137	0.136	0.135	0.134	0.133	0.132	0.131	0.130	0.129
240	0.128	0.127	0.126	0.125	0.124	0.123	0.123	0.122	0.121	0.120
250	0.119	—	—	—	—	—	—	—	—	—

表 3.7　d 类截面轴心受压构件的稳定系数 φ

λ/ε_k	0	1	2	3	4	5	6	7	8	9
0	1.000	1.000	0.999	0.999	0.998	0.996	0.994	0.992	0.990	0.987
10	0.984	0.981	0.978	0.974	0.969	0.965	0.960	0.955	0.949	0.944
20	0.937	0.927	0.918	0.909	0.900	0.891	0.883	0.874	0.865	0.857
30	0.848	0.840	0.831	0.823	0.815	0.807	0.798	0.790	0.782	0.774
40	0.766	0.758	0.751	0.743	0.735	0.727	0.720	0.712	0.705	0.697
50	0.690	0.682	0.675	0.668	0.660	0.653	0.646	0.639	0.632	0.625
60	0.618	0.611	0.605	0.598	0.591	0.585	0.578	0.571	0.565	0.559
70	0.552	0.546	0.540	0.534	0.528	0.521	0.516	0.510	0.504	0.498
80	0.492	0.487	0.481	0.476	0.470	0.465	0.459	0.454	0.449	0.444
90	0.439	0.434	0.429	0.424	0.419	0.414	0.409	0.405	0.401	0.397
100	0.393	0.390	0.386	0.383	0.380	0.376	0.373	0.369	0.366	0.363
110	0.359	0.356	0.353	0.350	0.346	0.343	0.340	0.337	0.334	0.331
120	0.328	0.325	0.322	0.319	0.316	0.313	0.310	0.307	0.304	0.301
130	0.298	0.296	0.293	0.290	0.288	0.285	0.282	0.280	0.277	0.275
140	0.272	0.270	0.267	0.265	0.262	0.260	0.257	0.255	0.253	0.250
150	0.248	0.246	0.244	0.242	0.239	0.237	0.235	0.233	0.231	0.229

续表

λ/ε_k	0	1	2	3	4	5	6	7	8	9
160	0.227	0.225	0.223	0.221	0.219	0.217	0.215	0.213	0.211	0.210
170	0.208	0.206	0.204	0.202	0.201	0.199	0.197	0.196	0.194	0.192
180	0.191	0.189	0.187	0.186	0.184	0.183	0.181	0.180	0.178	0.177
190	0.175	0.174	0.173	0.171	0.170	0.168	0.167	0.166	0.164	0.163
200	0.162	—	—	—	—	—	—	—	—	—

（4）刚度验算

轴心受压构件的刚度同轴心受拉构件一样用长细比来衡量,按式（3.3）验算。对于受压构件,长细比更为重要。长细比过大,会使其稳定承载力大幅降低,在较小荷载下就会丧失整体稳定,因此其容许长细比[λ]的限制应更严格。受压构件的容许长细比按表3.8采用。

表3.8 钢结构受压构件的容许长细比[λ]

项次	构件名称	[λ]
1	柱、桁架和天窗架中的杆件	150
	柱的缀条、吊车梁或吊车桁架以下的柱间支撑	
2	支撑（吊车梁或吊车桁架以下的柱间支撑除外）	200
	用以减少受压构件长细比的杆件	

注:①桁架的受压腹杆,当其内力等于或小于承载能力的50%时,容许长细比可取为200;

　　②跨度等于或大于60 m 的桁架,其受压弦杆和端压杆的容许长细比宜取100,其他受压腹杆可取150;

　　③计算单角钢受压构件的长细比时,应采用角钢的最小回转半径,但计算在交叉点相互连接的交叉杆件在平面外的长细比时,可采用与角钢肢边平行轴的回转半径。

3.3　受弯构件

在钢筋混凝土结构中,受弯构件是指以承受弯矩和剪力为主的构件。结构中各种类型的梁和板是典型的受弯构件,它们是水平结构体系中的最基本构件。梁和板的区别是梁的截面高度一般大于其宽度,而板的截面厚度则小于其宽度。梁的截面形式有矩形、T 形、工字形等。板的截面形式有实心板、槽形板、空心板等,如图3.12 所示。受弯矩和剪力共同作用的构件可能发生两种破坏,即正截面破坏和斜截面破坏,如图3.13 所示。正截面破坏是由弯矩引起的,而斜截面破坏是由弯矩和剪力共同引起的。因此,受弯构件要进行正截面承载力和斜截面承载力计算。

在钢结构中,实腹式受弯构件也常称为梁,在土木工程领域应用十分广泛,例如房屋建筑中的楼盖梁、吊车梁以及工作平台梁、桥梁、水工钢闸门、起重机、海上采油平台中的梁等。图3.14 为一工作平台梁格布置示意图。钢梁按受力和使用要求可以分为型钢梁和组合梁两种。型钢梁构造简单,成本较低,但型钢截面尺寸受到一定规格的限制。当跨度与荷载较大,采用型钢截面不能满足承载力或刚度要求时,则采用组合梁。型钢梁的截面有热轧工字钢[见图3.15（a）],热轧 H 型钢[见图3.15（b）],槽钢[见图3.15（c）]。组合梁由钢板或型钢用焊缝、铆钉或螺栓连接而成。一般采用3 块钢板焊接而成的双轴对称或单轴对称工字形截面,如图3.16 所示,构造简单,制造方便,钢梁用量省。

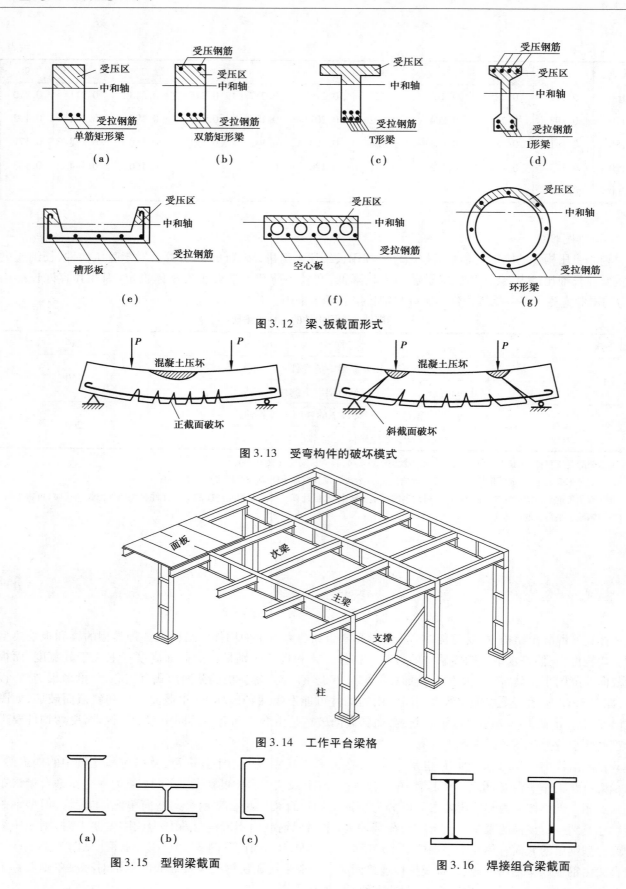

图 3.12　梁、板截面形式

图 3.13　受弯构件的破坏模式

图 3.14　工作平台梁格

图 3.15　型钢梁截面

图 3.16　焊接组合梁截面

▶ 3.3.1　钢筋混凝土受弯构件正截面破坏模式及计算

1) 单筋矩形适筋梁正截面破坏模式

试验装置如图 3.17 所示,在梁跨度三分点处施加一对称的集中力 P,梁的中间区段为纯弯区段(忽略梁自重的影响)。

图 3.18 为配筋适量的试验梁的跨中截面挠度 f 随截面弯矩 M 增加而变化的情况。试验研究表明,钢筋混凝土适筋梁的应力状态从加载到破坏经历了 3 个阶段,如图 3.18 所示。

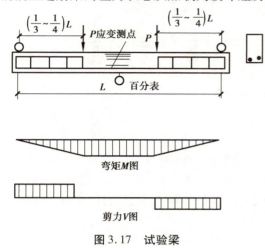

图 3.17　试验梁

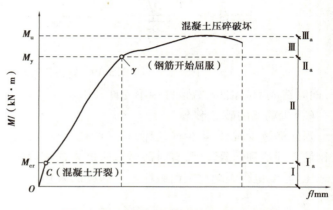

图 3.18　适筋梁弯矩-挠度关系试验曲线

(1)第 I 阶段——弹性工作阶段

如图 3.19 所示,当弯矩较小时,梁基本处于弹性工作阶段,沿截面高度的混凝土应力和应变的分布均为直线,与材料力学的规律相同[见图 3.19(a)],混凝土受拉区未出现裂缝。

随着荷载的增加,受拉区混凝土塑性变形发展,拉应力图形呈曲线分布。当荷载增加到使受拉区混凝土边缘纤维拉应变达到混凝土极限拉应变时,受拉混凝土将开裂,受拉混凝土应力达到混凝土抗拉强度。这种将裂未裂的状态标志着阶段 I 的结束,称为 I_a 状态[见图 3.19(b)]。I_a 状态可作为受弯构件抗裂度计算的依据。

(2)第 II 阶段——带裂缝工作阶段

当荷载继续增加时,受拉混凝土边缘纤维应变超过其极限拉应变,混凝土开裂。在开裂截面,受拉混凝土逐渐退出工作,拉力将转移给钢筋承担,使开裂截面的钢筋应力突然增大,但中和轴以下未开裂部分混凝土仍可承担一部分拉力。随着弯矩增大,截面应变增大;但截面应变分布基本上仍符合平截面假定;而受压区混凝土的塑性变形逐渐明显,其应力图形呈曲线形。当钢筋应力到达屈服强度 f_y 时,第 II 阶段结束,称为 II_a 状态[见图 3.19(d)]。II_a 状态可作为使用阶段验算变形和裂缝开展宽度计算的依据。

(3)第 III 阶段——破坏阶段

随着受拉钢筋的屈服,裂缝急剧开展,宽度变大,构件挠度增加很快,形成破坏前的预兆。随着中和轴高度上升,混凝土受压区高度不断缩小。当受压区混凝土边缘纤维达到极限压应变时,受压混凝土压碎,梁完全破坏。第 III 阶段结束,称为 III_a 状态[见图 3.19(f)]。III_a 状态可作为正截面受弯承载力计算的依据。

2) 单筋矩形多筋梁和少筋梁构件正截面的破坏模式

(1)超筋梁的破坏形态

当配筋过多时,发生超筋破坏,其特点是受压区混凝土先被压碎,纵向受拉钢筋不屈服。试验表明,钢筋在梁破坏前仍处于弹性工作阶段,裂缝细而密,无明显的临界裂缝产生,梁的挠度也不大。它在没有明显预兆的情况下由于受压区混凝土被压碎而突然破坏,故属于脆性破坏。超筋梁虽配置了过多的受拉钢筋,但梁的破坏始于受压区混凝土被压碎,破坏时钢筋应力低于屈服强度,而不能充分发挥作用,呈现脆性破

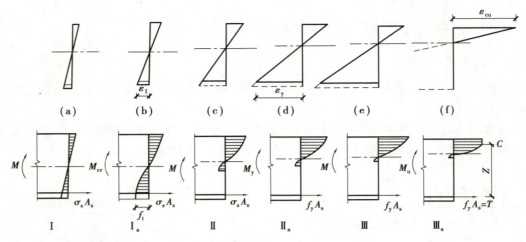

图3.19 梁在各受力阶段的应变、应力图

坏,同时造成钢筋浪费,故设计中不允许采用。

（2）少筋梁的破坏形态

当配筋过少时,发生少筋破坏,其特点是受拉区混凝土一开裂即破坏。试验表明,这种梁一旦开裂,受拉钢筋立即达到屈服强度,有时甚至迅速进入强化阶段。常常集中出现一条长而宽度大的裂缝,即使混凝土未压碎,梁也因裂缝过宽而破坏。少筋梁的破坏也属于脆性破坏。少筋梁是不安全的,故设计中也不允许采用。

适筋梁、超筋梁、少筋梁的破坏形式如图3.20所示。

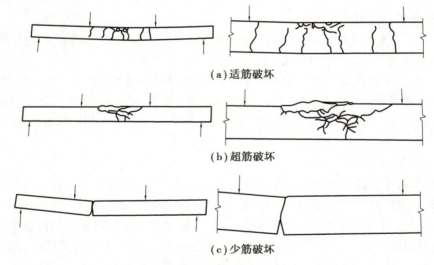

（a）适筋破坏

（b）超筋破坏

（c）少筋破坏

图3.20 梁的3种破坏形态

3）单筋矩形梁正截面承载力的计算

（1）基本假定

进行受弯构件正截面承载力计算时,计算中引入以下4个基本假定:

①截面的平均应变符合平截面假定,即正截面应变按线性规律分布。

②截面受拉区的拉力全部由钢筋承担,不考虑受拉区混凝土的抗拉作用。

③纵向受力钢筋的应力-应变关系曲线已知,按图2.6的规定取用,纵向受拉钢筋的极限拉应变取为0.01。钢筋应力等于钢筋应变与其弹性模量的乘积,但其绝对值不应大于相应的强度设计值。

④混凝土受压的应力-应变关系曲线已知,按图3.21的规定取用。图中 n、ε_0、ε_{cu} 的取值见表3.9。

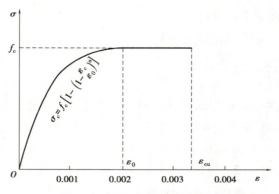

图 3.21　混凝土应力-应变关系

表 3.9　混凝土应力-应变关系计算参数取值

系数	混凝土强度等级						
	≤ C50	C55	C60	C65	C70	C75	C80
n	2	1.917	1.833	1.750	1.667	1.583	1.500
ε_0	0.002 00	0.002 03	0.002 05	0.002 08	0.002 10	0.002 13	0.002 15
ε_{cu}	0.003 30	0.003 25	0.003 20	0.003 15	0.003 10	0.003 05	0.003 00

（2）单筋矩形梁正截面承载力计算

单筋矩形梁简化应力图见图 3.22。为了简化计算,可将受压区混凝土应力分布图用等效矩形应力图形代替,如图 3.22(d)所示,等效的条件是混凝土压应力合力 C 大小及作用位置不变,图中无量纲参数 α_1 和 β_1 与混凝土应力-应变曲线有关,取值见表 3.10。

表 3.10　混凝土受压区等效矩形应力图形系数

系数	混凝土强度等级						
	≤ C50	C55	C60	C65	C70	C75	C80
α_1	1.00	0.99	0.98	0.97	0.96	0.95	0.94
β_1	0.80	0.79	0.78	0.77	0.76	0.75	0.74

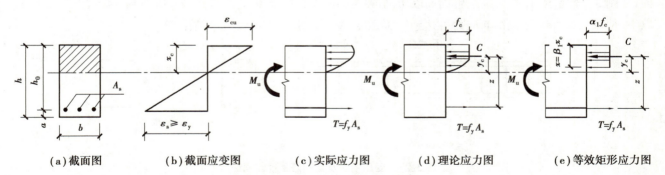

（a）截面图	（b）截面应变图	（c）实际应力图	（d）理论应力图	（e）等效矩形应力图

图 3.22　单筋矩形截面的计算简图

根据平衡条件,可得到单筋矩形截面受弯构件正截面承载力计算公式,如式(3.12)和式(3.13):

$$\sum X = 0 \quad f_y A_s = \alpha_1 f_c b x \tag{3.12}$$

$$\sum M = 0 \quad M_u = \alpha_1 f_c b x (h_0 - x/2) = f_y A_s (h_0 - x/2) \tag{3.13}$$

式中　M_u——正截面受弯承载力设计值;

A_s——纵向受拉钢筋截面面积；

f_c，f_y——混凝土轴心抗压强度设计值和纵向钢筋抗拉强度设计值；

b——矩形截面梁的宽度；

x——混凝土受压区高度；

h_0——截面有效高度，$h_0 = h - a$，a 为纵向受拉钢筋合力点至截面受拉边缘的距离。当纵向钢筋为一排时，$h_0 = h - 40$ mm（混凝土强度等级>C25）或 $h_0 = h - 45$ mm（混凝土强度等级≤C25）；当纵向钢筋为两排时，$h_0 = h - 60$ mm（混凝土强度等级>C25）或 $h_0 = h - 65$ mm（混凝土强度等级≤C25），h 为矩形截面梁高度。

式（3.12）和式（3.13）按适筋梁破坏得出，因此需要限制一定条件，使梁为适筋梁。

①$\xi = x/h \leqslant \xi_b$——防止发生超筋破坏，$\xi_b$ 取值见表3.11；

②$A_s \geqslant \rho_{min} bh$——防止发生少筋破坏，对受弯构件，《混凝土结构设计规范》规定的最小配筋率 ρ_{min} 取 $45f_t/f_y$ 和 0.2% 的较大值。

表3.11　受弯构件有屈服点钢筋配筋时的 ξ_b 值

钢筋	混凝土强度等级						
	≤C50	C55	C60	C65	C70	C75	C80
HPB300	0.575 7	0.566 1	0.556 4	0.546 8	0.537 2	0.527 6	0.518 0
HRB335、HRBF335	0.550 0	0.540 5	0.531 1	0.521 6	0.512 2	0.502 7	0.493 3
HRB400、HRBF400、RRB400	0.517 6	0.508 4	0.499 2	0.490 0	0.480 8	0.471 6	0.462 5
HRB500、HRBF500	0.482 2	0.473 3	0.464 4	0.455 5	0.446 6	0.437 8	0.429 0

4）双筋矩形梁

当截面所需承受的弯矩较大，而截面尺寸由于某些条件限制不能加大，以及混凝土强度不宜提高时，常会出现这样的情况：如果按单筋截面设计，则受压区高度 x 将大于界限受压区高度 x_b，而成为超筋截面，即受压区混凝土在受拉钢筋应力达到屈服强度之前发生破坏。因此，无论怎样增加钢筋，截面的受弯承载力基本不再提高，即此时按单筋截面进行设计无法满足截面受弯承载力的要求。在这种情况下，可采用双筋截面，如图3.23 所示，在受压区配置钢筋以协助混凝土承担压力，而将受压区高度 x 减小到界限受压区高度 x_b 以下，使截面破坏时受拉钢筋应力可达到屈服强度，受压区混凝土不致过早被压碎。

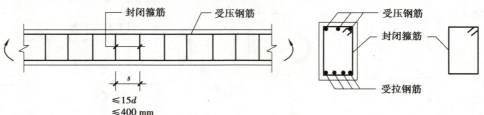

图3.23　受压钢筋及其箍筋直径和间距

此外，当截面上承受的弯矩可能改变符号时，也必须采用双筋截面。有时，出于构造上的原因也会采用双筋截面（如某些连续梁的支座截面，因跨中受拉钢筋伸入支座，且具有足够的锚固长度，从而成为受压钢筋）。

双筋截面虽然可以提高截面的受弯承载力和延性，并可减小构件在荷载作用下的变形，但其耗钢量较大，在一般情况下是不经济的，应尽量少用。

5)T 形截面

在矩形截面受弯构件的承载力计算中,没有考虑混凝土的抗拉强度,因为受弯构件在破坏时,受拉区混凝土早已开裂,在裂缝截面处,受拉区的混凝土不再承担拉力,对截面的抗弯承载力不起作用。所以,对于尺寸较大的矩形截面构件,可将受拉区两侧混凝土挖去,形成如图 3.24 所示的 T 形截面,将受拉钢筋集中布置。与原矩形截面相比,T 形截面的极限抗弯承载力不受影响,且可以节省混凝土,减轻结构自重,获得较好的经济效益。

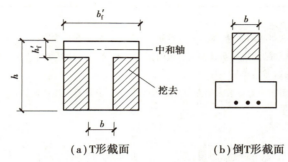

(a)T 形截面　　　　**(b)倒 T 形截面**

图 3.24　T 形截面图

T 形截面的伸出部分称为翼缘,其宽度为 b_f',厚度为 h_f';中间部分称为肋或腹板,肋宽为 b,截面总高为 h。有时为了需要,常采用翼缘在受拉区的倒 T 形截面或 I 形截面,由于不考虑受拉区翼缘的混凝土参与受力,I 形截面受弯构件可按 T 形截面计算。

现浇肋梁楼盖中楼板与梁整体浇筑在一起,形成整体式 T 形梁,其跨中截面承受正弯矩,挑出的翼缘位于受压区,与肋的受压区混凝土共同受力,故按 T 形截面计算。

(1)T 形截面的翼缘计算宽度

在理论上,T 形截面翼缘宽度 b_f' 越大,截面受力性能越好。因为在弯矩 M 作用下,随着 T 形截面翼缘宽度 b_f' 的增大,受压区高度减小,内力臂增大,因而可减小受拉钢筋截面面积。但试验研究与理论分析证明,T 形截面受弯构件翼缘的纵向压应力沿翼缘宽度方向分布不均匀,离肋部越远压应力越小,如图 3.25(a)、(c)所示,可见翼缘参与受压的有效宽度是有限的。因此,在设计中把与肋共同工作的翼缘宽度限制在一定的范围内,该范围称为翼缘的计算宽度 b_f',并假定在宽度范围内翼缘压应力均匀分布,如图 3.25(b)、(d)所示。

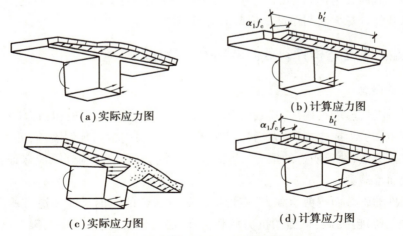

(a)实际应力图　　　　**(b)计算应力图**

(c)实际应力图　　　　**(d)计算应力图**

图 3.25　T 形截面翼缘受力状态及应力简化图

T 形截面翼缘计算宽度 b_f' 的取值,与翼缘厚度、梁的跨度和受力情况等许多因素有关,《混凝土结构设计规范》规定按表 3.12 中有关规定的各项最小值取用,如图 3.25 所示。

表 3.12　翼缘计算宽度 b_f' 的取值

情况		T 形截面		倒 L 形截面
		肋形梁（板）	独立梁	肋形梁（板）
1	按计算跨度 l_0 考虑	$l_0/3$	$l_0/3$	$l_0/6$
2	按梁（肋）净距 s_n 考虑	$b+s_n$	—	$b+s_n/2$
3	按翼缘高度 h_f' 考虑	$b+12h_f'$	b	$b+5h_f'$

注：①表中，b 为梁的腹板宽度；

②如肋形梁在梁跨内设有间距小于纵肋间距的横肋时，则可不遵守表列第 3 种情况的规定；

③加腋的 T 形和 L 形截面，当受压区加腋的高度 $h_h \geq h_f'$ 且加腋的宽度 $b_h \leq 3h_h$ 时，其翼缘计算宽可按表列第 3 种情况规定分别增加 $2b_h$（T 形截面和 I 形截面）和 b_h（倒 L 形截面）；

④独立梁受压区的翼缘板在荷载作用下经验算沿纵肋方向可能产生裂缝时，其计算宽度应取腹板宽度 b。

（2）T 形截面的分类

当进行 T 形截面受弯构件正截面承载力计算时，首先需要判别该截面在给定的条件下属哪一类 T 形截面，按照截面破坏时中和轴位置的不同，T 形截面可分为以下两类：

①第 I 类 T 形截面：中和轴在翼缘内，即 $x \leq h_f'$［见图 3.26（a）］。

②第 II 类 T 形截面：中和轴在梁肋内，即 $x > h_f'$［见图 3.26（b）］。

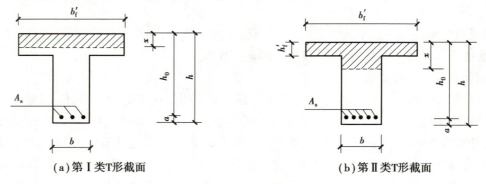

（a）第 I 类T形截面　　　　　　　（b）第 II 类T形截面

图 3.26　T 形截面分类

前文只以单筋矩形截面梁为例，介绍了抗弯构件正截面承载力的计算过程，双筋矩形截面、T 形截面等抗弯构件的正截面承载力计算方法与单筋矩形截面梁类似。

▶ 3.3.2　钢筋混凝土受弯构件斜截面破坏模式及计算

1）概述及剪跨比的概念

工程中常见的梁、柱、抗震墙等构件，其截面上除作用有弯矩（梁）或弯矩和轴力（柱和抗震墙）外，通常还作用有剪力。在弯矩和剪力或弯矩、轴力、剪力共同作用的区段内常出现斜裂缝，并可能沿斜截面发生破坏。这种破坏往往比较突然，缺乏明显的预兆。因此，对梁、柱、抗震墙等构件除应保证正截面承载力外，还必须保证构件的斜截面承载力。

为了保证受弯构件的斜截面抗剪承载力，应使构件具有合适的截面尺寸和适宜的混凝土强度等级，并配置必要的箍筋。箍筋除能增强斜截面的抗剪承载力外，还与纵筋（包括梁中的架立钢筋）绑扎在一起，形成劲性钢筋骨架，使各种钢筋在施工时保持正确的位置。同时，它还能对核心混凝土形成一定的约束作用，改善梁的受力性能。当梁承受的剪力较大时，还可增设弯起钢筋。弯起钢筋又称斜钢筋，一般由梁内的部分纵向受拉钢筋弯起形成（见图 3.27）。箍筋和弯起钢筋统称腹筋或横向钢筋。

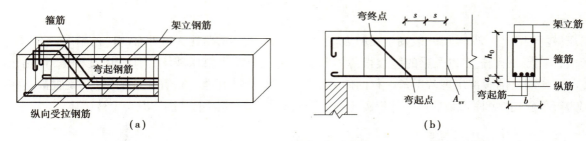

图 3.27　梁中的箍筋和弯起钢筋

图 3.28 为一受集中荷载作用的简支梁及裂缝示意图。将集中力作用点到支座边缘的距离 a 称为剪跨, 剪跨 a 与梁截面有效高度 h_0 的比值称为计算剪跨比 λ。但其只能用于计算集中荷载作用下距支座最近的集中荷载作用截面的剪跨比, 不能用于计算其他复杂荷载作用下的剪跨比。

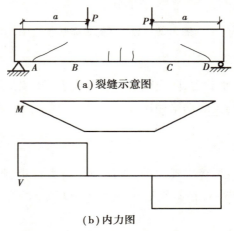

（a）裂缝示意图

（b）内力图

图 3.28　简支梁裂缝示意及内力图

剪跨比 λ 在一定程度上反映了截面上弯矩与剪力的相对比值, 是一个能反映梁斜截面受剪承载力变化规律和区分发生各种剪切破坏形态的重要参数。$\lambda = M/(Vh_0)$ 称为广义剪跨比, M、V 分别为受剪破坏截面的弯矩和剪力, h_0 为截面的有效高度。广义剪跨比可以用于计算构件在任意荷载作用下任意截面的剪跨比, 是一个普遍适用的计算公式。

2）无腹筋梁斜截面破坏主要模式

大量试验结果表明, 无腹筋梁斜截面剪切破坏主要有 3 种形态:

（1）斜拉破坏

斜拉破坏[见图 3.29（a）]主要发生在剪跨比 λ 较大（$\lambda > 3$）的无腹筋梁或腹筋配置过少的有腹筋梁中。其特点是斜裂缝一旦出现, 便迅速向集中荷载作用点延伸, 并很快形成临界斜裂缝, 梁随即破坏。

整个破坏过程急速而突然, 破坏荷载与出现斜裂缝时的荷载相当接近, 破坏前梁的变形很小, 且往往只有一条斜裂缝。这种破坏是拱体混凝土被拉坏, 破坏具有明显的脆性。

（2）剪压破坏

剪压破坏[见图 3.29（b）]多发生在剪跨比 λ 适中（$1 \leqslant \lambda \leqslant 3$）时的无腹筋梁或腹筋配置适量的有腹筋梁中。其特征是当加载到一定阶段时, 斜裂缝中的某一条发展成为临界斜裂缝, 临界斜裂缝向荷载作用点缓慢发展, 剪压区高度逐渐减小, 最后剪压区混凝土被压碎, 梁丧失承载能力。

这种破坏有一定的预兆, 破坏荷载较出现斜裂缝时的荷载更高。但与适筋梁的正截面破坏相比, 剪压破坏仍属于脆性破坏。

（3）斜压破坏

斜压破坏[见图3.29（c）]一般发生在剪力较大、弯矩较小，即剪跨比λ较小（λ<1）的情况。在剪跨比λ虽然较大，但腹筋配置过多以及梁的腹板很薄的薄腹梁中也会发生斜压破坏。其破坏过程是：首先在荷载作用点与支座间梁的腹部出现若干条平行的斜裂缝（即腹剪型斜裂缝），随着荷载的增加，梁腹被这些斜裂缝分割为若干斜向"短柱"，最后因柱体混凝土被压碎而破坏。这实际上是拱体混凝土被压坏。

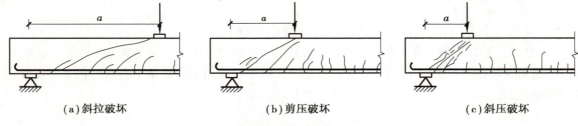

（a）斜拉破坏　　　　　　（b）剪压破坏　　　　　　（c）斜压破坏

图3.29　斜截面的破坏形态

3）有腹筋梁斜截面破坏主要模式

为了提高钢筋混凝土梁的抗剪承载力，防止梁沿斜裂缝发生脆性破坏，在实际工程结构中，除跨度很小的梁外，一般梁中都配置有腹筋。与无腹筋梁相比，有腹筋梁斜截面的受力性能和破坏形态有着相似之处，也有许多不同的特点。

（1）有腹筋梁斜裂缝出现前后的应力状态

对于有腹筋梁，在荷载较小，斜裂缝出现之前，腹筋中的应力很小，腹筋作用不大，对开裂荷载影响很小，其受力性能与无腹筋梁相近。然而，在斜裂缝出现后，有腹筋梁的受力性能与无腹筋梁相比有显著的不同。

在有腹筋梁中，斜裂缝出现后，与斜裂缝相交的腹筋应力显著增大，直接承担部分剪力。同时，腹筋能限制斜裂缝的开展和延伸，增大斜裂缝上端混凝土剪压区的截面面积，提高混凝土剪压区的抗剪能力。此外，箍筋还将提高斜裂缝交界面骨料的咬合和摩擦作用，延缓沿纵筋的黏结劈裂裂缝的发展，防止混凝土保护层突然撕裂，增强纵向钢筋的销栓作用。因此，腹筋将使梁的抗剪承载力有较大的提高。

（2）有腹筋梁沿斜截面破坏的主要形态

如前所述，腹筋虽然不能延缓斜裂缝的出现，但却能延缓和限制斜裂缝的开展和延伸。因此，腹筋的配置数量对梁的斜截面破坏形态和抗剪承载力有很大的影响。

如箍筋的配置数量过多，则在箍筋尚未屈服时，斜裂缝间混凝土即因主压应力过大而发生斜压破坏。梁的抗剪承载力主要取决于构件的截面尺寸和混凝土强度，并与无腹筋梁斜压破坏时的抗剪承载力相接近。

如箍筋的配置数量适当，则斜裂缝出现后，原来由混凝土承受的拉力转由与斜裂缝相交的箍筋承受，在箍筋尚未屈服时，由于箍筋的受力作用，延缓和限制了斜裂缝的开展和延伸，所能承受的荷载尚能有较大的增长。当箍筋屈服后，其变形迅速增大，不能再有效地抑制斜裂缝的开展和延伸，最后斜裂缝上端的混凝土在剪压复合应力作用下，达到极限强度，发生剪压破坏。此时，梁的抗剪承载力主要与混凝土强度和箍筋配置数量有关，而受剪跨比和纵筋配筋率等因素的影响相对较小。

如果箍筋配置的数量过少，则斜裂缝一出现，截面即发生急剧的应力重分布，原来由混凝土承受的拉力转由箍筋承受，使箍筋很快达到屈服，变形剧增，不能抑制斜裂缝的开展，此时梁的破坏形态与无腹筋梁相似。当剪跨比较大时，也将产生脆性的斜拉破坏。

4）斜截面受剪承载力的计算公式

（1）均布荷载下矩形、T形和I形截面的简支梁

当仅配箍筋时，斜截面抗剪承载力的计算如式（3.14）：

$$V \leqslant V_u = V_{cs} = 0.7f_t bh_0 + f_{yv}\frac{A_{sv}}{s}h_0 \qquad (3.14)$$

式中　V——构件斜截面上最大剪力设计值;

　　　　V_u——构件斜截面上混凝土和箍筋的抗剪承载力设计值;

　　　　V_{cs}——混凝土和箍筋所共同承担的剪力值;

　　　　f_t——混凝土轴心抗拉强度设计值;

　　　　f_{yv}——箍筋抗拉屈服强度设计值;

　　　　A_{sv}——配置在同一截面内箍筋各肢的全部截面面积,$A_{sv}=nA_{sv1}$,其中 n 为在同一截面箍筋的肢数,A_{sv1}
　　　　　　　为单肢箍筋的截面面积;

　　　　s——沿构件长度方向箍筋的间距;

　　　　b——矩形截面的宽度,T 形或 I 形截面的腹板宽度;

　　　　h_0——构件截面的有效高度。

（2）集中荷载作用下的矩形、T 形和 I 形截面的独立梁（包括作用有多种荷载,且其中集中荷载对支座截面或节点边缘所产生的剪力值占总剪力值的 75% 以上的情况）

当仅配箍筋时,斜截面抗剪承载力的计算如式（3.15）：

$$V \leqslant V_u = V_{cs} = \frac{1.75}{\lambda + 1}f_t bh_0 + f_{yv}\frac{A_{sv}}{s}h_0 \qquad (3.15)$$

式中　λ——计算截面的剪跨比,可取 $\lambda = a/h_0$,a 为集中荷载作用点至支座截面或节点边缘的距离;当 $\lambda <$
　　　　　　　1.5 时,取 $\lambda = 1.5$;当 $\lambda > 3$ 时,取 $\lambda = 3$。

（3）梁中设有弯起钢筋

当梁中还设有弯起钢筋时,其抗剪承载力的计算式中,还应增加一项由弯起钢筋承担的剪力值,如式（3.16）：

$$V \leqslant V_u = V_{cs} + 0.8f_y A_{sb}\sin\alpha_s \qquad (3.16)$$

式中　f_y——弯起钢筋的抗拉屈服强度设计值;

　　　　A_{sb}——与斜裂缝相交的配置在同一弯起平面内的弯起钢筋截面面积;

　　　　α_s——弯起钢筋与梁纵轴线的夹角,一般为 45°,当梁截面高度超过 800 mm 时,通常取 60°。

式（3.16）中的系数 0.8,是对弯起钢筋抗剪承载力的折减。这是因为考虑到弯起钢筋与斜裂缝相交时,有可能已接近受压区,钢筋强度在梁破坏时不会全部发挥作用。

（4）计算公式的适用范围

由于梁的斜截面抗剪承载力计算公式仅是根据剪压破坏的受力特点而建立的,不适用于斜压破坏和斜拉破坏的情况,为此,还需给出相应的限制条件。

①上限值（最小截面尺寸）——为了防止出现斜压破坏。

当梁截面尺寸过小,而剪力较大时,梁往往发生斜压破坏。这时由于混凝土首先被压碎,即使多配箍筋也无济于事。因此,设计时只要保证构件截面尺寸不要过小,就可避免斜压破坏,同时也可防止梁在使用阶段斜裂缝过宽。受弯构件的最小截面尺寸应满足下列要求：

当 $\dfrac{h_w}{b} \leqslant 4$ 时：

$$V \leqslant 0.25\beta_c f_c bh_0 \qquad (3.17)$$

当 $\dfrac{h_w}{b} \geqslant 6$ 时：

$$V \leqslant 0.2\beta_c f_c bh_0 \qquad (3.18)$$

当 $4<\dfrac{h_{\mathrm{w}}}{b}<6$ 时，按线性内插法取用。

式中　V——构件斜截面上最大剪力设计值；

β_{c}——混凝土强度影响系数，当混凝土强度等级不超过 C50 时，取 $\beta_{\mathrm{c}}=1.0$；当混凝土强度等级为 C80 时，取 $\beta_{\mathrm{c}}=0.8$；其间按线性内插法取用；

f_{c}——混凝土轴心抗压强度设计值；

b——矩形截面的宽度，T 形或 I 形截面的腹板宽度；

h_0——截面的腹板高度，矩形截面取有效高度 h_0；T 形截面取有效高度减去翼缘高度；I 形截面取腹板净高。

以上各式表示了梁在相应条件下斜截面受剪承载力的上限值，相当于限制了梁所必须具有的最小截面尺寸，同时给出了最大剪压比限值。如果上述条件不能满足，则应加大梁截面尺寸或提高混凝土的强度等级。

②下限值（最小配箍率）——为了防止斜拉破坏。

箍筋配置过少，一旦斜裂缝出现，箍筋中突然增大的拉应力会使箍筋立即达到屈服强度，造成裂缝迅速开展，甚至箍筋被拉断，进而导致斜拉破坏。为了避免斜拉破坏，要求配箍率 ρ_{sv} 满足：

$$\rho_{\mathrm{sv}}=\dfrac{A_{\mathrm{sv}}}{bs}\geqslant \rho_{\mathrm{sv,min}}=0.24\dfrac{f_{\mathrm{t}}}{f_{\mathrm{yv}}} \tag{3.19}$$

除了最小配箍率，《混凝土结构设计规范》还规定了斜截面配筋的两项最低构造要求，目的是控制使用阶段的斜裂缝宽度。一是箍筋最大间距 $s_{\max}$（见表 3.13），以保证破坏斜截面能穿过必要数量的箍筋或弯起钢筋，间距过大可能引起斜拉破坏。二是箍筋的最小直径，要求截面高度大于 800 mm 的梁中箍筋不宜小于 8 mm，截面高度为 800 mm 及以下时不宜小于 6 mm。梁中配有按计算需要的纵向受压钢筋时，箍筋直径不得小于 $d/4$（d 为纵向受压钢筋的最大直径）。

表 3.13　梁中箍筋的最大间距

单位：mm

梁高 h	$V>0.7f_{\mathrm{t}}bh_0$	$V\leqslant 0.7f_{\mathrm{t}}bh_0$
$150<h\leqslant 300$	150	200
$300<h\leqslant 500$	200	300
$500<h\leqslant 800$	250	350
$h>800$	300	400

5）斜截面抗剪承载力的计算截面

控制梁斜截面抗剪承载力的应是那些剪力设计值 V 较大，而抗剪承载力 V_{u} 又较小处，或者是截面抗力变化处，设计时一般应选择下列计算截面位置，如图 3.30 所示。

①支座边缘处的斜截面（截面 1—1）；

②受拉区弯起钢筋弯起点处的斜截面（截面 2—2、3—3）；

③箍筋截面面积或间距改变处的斜截面（截面 4—4）；

④腹板宽度改变处的斜截面。

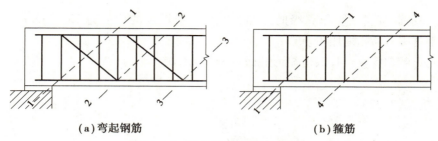

(a)弯起钢筋　　　　　　　　**(b)箍筋**

图 3.30　剪力设计值的计算截面

计算截面处的剪力设计值 V 取值方法如下:截面 1—1 取支座边缘处剪力设计值;计算第一排弯起钢筋(截面 2—2,从支座起算)时,取支座边缘处的剪力设计值;计算以后每一排(如截面 3—3)弯起钢筋时,取前一排弯起钢筋起弯点处的剪力设计值;计算箍筋量改变处截面(截面 4—4)时,取箍筋数量开始改变处的剪力设计值。

▶ 3.3.3　钢构件受弯

为了确保安全适用、经济合理,同其他构件一样,梁的设计必须同时考虑承载力极限状态和正常使用极限状态。承载力极限状态在钢梁的设计中包括强度、整体稳定和局部稳定 3 个方面。设计时,要求在荷载设计值作用下,梁的弯曲正应力、剪应力、局部压应力和折算应力均不超过规范规定的相应的强度设计值;整根梁不会侧向弯扭屈曲;组成梁的板件不会出现波状的局部屈曲。正常使用极限状态在钢梁的设计中主要考虑梁的刚度。设计时要求梁有足够的抗弯刚度,即在荷载标准值作用下,梁的最大挠度不大于规范规定的容许挠度。

1)强度计算

梁在横向荷载作用下,截面中将产生弯曲正应力和剪应力,如图 3.31 所示,强度计算常由抗弯强度和抗剪强度确定。

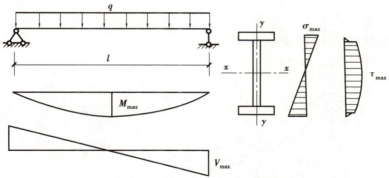

图 3.31　梁的内力与截面应力分布

(1)抗弯强度

在弯矩 M_x 作用下:

$$\frac{M_x}{\gamma_x W_{nx}} \leq f \tag{3.20}$$

在弯矩 M_x 和 M_y 作用下:

$$\frac{M_x}{\gamma_x W_{nx}} + \frac{M_y}{\gamma_y W_{ny}} \leq f \tag{3.21}$$

式中　M_x,M_y——同一截面处绕 x 轴和 y 轴的弯矩设计值(对工字形截面,x 轴为强轴,y 轴为弱轴);

　　　W_{nx},W_{ny}——截面对 x 轴和 y 轴的净截面抵抗矩;

　　　f——钢材抗弯强度设计值(抗拉、抗压相同);

　　　γ_x,γ_y——考虑梁截面塑性变形的塑性发展系数,对不同形状截面可参照《钢结构设计规范》有关表格取用。

当梁直接承受动荷载或当梁受压翼缘的外伸宽度与相应厚度的比值为 $13\sqrt{235/f_y}<b_1/t\leqslant15\sqrt{235/f_y}$ 时，$\gamma_x=1.0$，f_y 为钢材牌号所指屈服点。

对工字形截面：$\gamma_x=1.05$，$\gamma_y=1.2$；对箱形截面：$\gamma_x=\gamma_y=1.05$。

（2）抗剪强度

梁的抗剪强度按式（3.22）计算：

$$\tau=\frac{VS}{It_w}\leqslant f_v \tag{3.22}$$

式中　V——计算截面上的剪力设计值；

　　　S——计算剪应力处以上毛截面对中和轴的面积矩；

　　　I——毛截面惯性矩；

　　　t_w——腹板的厚度；

　　　f_v——钢材抗剪强度设计值。

2）整体稳定

钢梁一般做成高而窄的截面，承受横向荷载作用时，在最大刚度平面内产生弯曲变形，截面上翼缘受压，下翼缘受拉。当弯矩增大，受压翼缘的最大弯曲压应力达到某一数值时，钢梁会在偶然的很小的侧向干扰力下，突然向刚度很小的侧向发生较大的弯曲，由于受拉下翼缘的阻止（通过腹板），而使钢梁发生不可恢复的弯扭屈曲。如弯矩继续增大，则弯扭变形迅速继续增大，从而使梁丧失承载能力。这种因弯矩超过临界限值而使钢梁从稳定平衡状态转变为不稳定平衡状态并发生侧向弯扭屈曲的现象，称为钢梁侧扭屈曲或钢梁丧失整体稳定（见图3.32）。

在最大刚度主平面内受弯的构件，其整体稳定性按式（3.23）计算：

$$\frac{M_x}{\varphi_b W_x}\leqslant f \tag{3.23}$$

式中　M_x——绕 x 轴作用的最大弯矩设计值；

　　　W_x——按受压翼缘确定的梁毛截面抵抗矩；

　　　φ_b——梁的整体稳定系数。

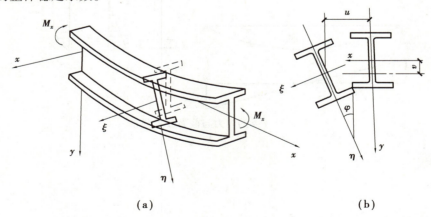

（a）　　　　　　　　　　　　（b）

图 3.32　钢梁丧失稳定

在两个主平面受弯的 H 型钢截面或工字形截面构件，其整体稳定性按式（3.24）计算：

$$\frac{M_x}{\varphi_b W_x}+\frac{M_y}{\gamma_y W_y}\leqslant f \tag{3.24}$$

式中　W_x,W_y——按受压纤维确定的对 x 轴和 y 轴毛截面抵抗矩；

　　　φ_b——绕强轴弯曲所确定的梁的整体稳定系数。

对于轧制普通工字钢简支梁,其整体稳定系数 φ_b 可按表 3.14 采用。

表 3.14　轧制普通工字钢简支梁的 φ_b

项次	荷载情况		工字钢型号	自由长度 l_1/m								
				2	3	4	5	6	7	8	9	10
1	跨中有侧向支承点的梁	集中荷载作用于	上翼缘	10~20	2.0	1.30	0.99	0.80	0.68	0.58	0.53	0.48	0.43
				22~32	2.40	1.48	1.09	0.86	0.72	0.62	0.54	0.49	0.45
				36~63	2.80	1.60	1.07	0.83	0.68	0.56	0.50	0.45	0.40
2			下翼缘	10~20	3.10	1.95	1.34	1.01	0.82	0.69	0.63	0.57	0.52
				22~40	5.50	2.80	1.84	1.37	1.07	0.86	0.73	0.64	0.56
				45~63	7.30	3.60	2.30	1.62	1.20	0.96	0.80	0.69	0.60
3		均布荷载作用于	上翼缘	10~20	1.70	1.12	0.84	0.68	0.57	0.50	0.45	0.41	0.37
				22~40	2.10	1.30	0.93	0.73	0.60	0.51	0.45	0.40	0.36
				45~63	2.60	1.45	0.97	0.73	0.59	0.50	0.44	0.38	0.35
4			下翼缘	10~20	2.50	1.55	1.08	0.83	0.68	0.56	0.52	0.47	0.42
				22~40	4.00	2.20	1.45	1.10	0.85	0.70	0.60	0.52	0.46
				45~63	5.60	2.80	1.80	1.25	0.95	0.78	0.65	0.55	0.49
5	跨中有侧向支承点的梁(不论荷载作用点在截面高度上的位置)		10~20	2.20	1.39	1.01	0.79	0.66	0.57	0.52	0.47	0.42
			22~40	3.00	1.80	1.24	0.96	0.76	0.65	0.56	0.49	0.43
			45~63	4.00	2.20	1.38	1.01	0.80	0.66	0.56	0.49	0.43

注:①荷载作用于上翼缘系指荷载作用点在翼缘表面,方向指向截面形心;荷载作用于下翼缘系指荷载作用于翼缘表面,方向背向截面形心;

②表中集中荷载是指一个或少数几个集中荷载位于跨中附近的情况;

③表中数字适用于 Q235 钢,对其他钢号,表中数值应乘以 $235/f_y$;

④当所得的 φ_b 大于 0.6 时,应由 $1.07-(0.282/\varphi_b)$ 代替 φ_b。

梁的整体稳定承载力与梁的侧向刚度(EI_y)、受压翼缘的自由长度等因素有关。加大侧向刚度或减小受压翼缘自由长度都可以提高梁的整体稳定性。具体措施是:加大梁受压翼缘宽度;在受压翼缘平面内设置支承以减小其自由长度。《钢结构设计规范》规定,满足下列条件之一者,梁的整体稳定性有保证,可以不计算其整体稳定性。

①有铺板(各种钢筋混凝土板和钢板)密铺在梁的受压翼缘上并与其牢固连接,能阻止梁受压翼缘的侧向位移时。

②H 型钢或等截面工字形截面简支梁受压翼缘的自由长度 l_1 与其宽度 b 之比不超过表 3.15 所规定的数值时。

表 3.15　H 型钢或工字形截面简支梁无需计算整体稳定性的最大 l_1/b

钢号	跨中无侧向支撑点的梁		跨中有侧向支承点的梁,不论荷载作用于何处
	荷载作用在上翼缘	荷载作用在下翼缘	
Q235	13.0	20.0	16.0
Q345	10.5	16.5	13.0
Q390	10.0	15.5	12.5
Q420	9.5	15.0	12.0

对跨中无侧向支承点的梁,l_1 为梁的跨度;对跨中有侧向支承点的梁,l_1 为受压翼缘侧向支承点间的距离(梁的支座处应视为有侧向支承),b 为受压翼缘的宽度。

3)局部稳定

从经济角度出发,设计组合梁截面时总是力求采用高而薄的腹板以增大截面的抗弯刚度;采用宽而薄的翼缘板以提高梁的整体稳定性。但当钢板过薄时,腹板或受压翼缘在尚未达到强度限值或丧失整体稳定之前,就可能发生波曲或屈曲而偏离其正常位置,这种现象称为梁的局部失稳。梁的局部失稳会恶化梁的整体工作性能,必须避免。

为保证梁受压翼缘的局部稳定,应满足式(3.25):

$$\frac{b_1}{t} \leq 15 \sqrt{\frac{235}{f_y}} \tag{3.25}$$

式中 b_1, t——受压翼缘的外伸宽度和厚度。

为保证梁腹板的局部稳定,较为经济的办法是设置加劲肋。按腹板高厚比 h_0/t_w 的不同,当 $h_0/t_w \leq 80\sqrt{235/f_y}$ 时,一般梁不设置加劲肋;当 $80\sqrt{235/f_y} < h_0/t_w \leq 170\sqrt{235/f_y}$ 时,应设置横向加劲肋;当 $h_0/t_w > 170\sqrt{235/f_y}$ 时,应设置横向加劲肋和在受压区设置纵向加劲肋。轧制的工字钢和槽钢,其翼缘和腹板都比较厚,一般不会发生局部失稳,不必采取措施。

4)刚度

梁的刚度用变形(挠度)来衡量,变形过大会影响正常使用,同时也给人带来不安全感。

梁的刚度应满足式(3.26):

$$\nu \leq [\nu] \tag{3.26}$$

式中 ν——梁的最大挠度,按材料力学中计算杆件挠度方法计算;

$[\nu]$——梁的容许挠度,一般为 $l/250$。

3.4 拉弯和压弯构件

▶ 3.4.1 钢筋混凝土偏心受拉构件

在结构中,偏心受拉构件虽然不是很多,但也常会遇到。例如,双肢柱的某些腹杆、矩形水池的池壁、浅仓的仓壁、涵管管壁,以及连肢剪力墙的某些墙肢等,都以承受偏心拉力为主,如图 3.33 所示。

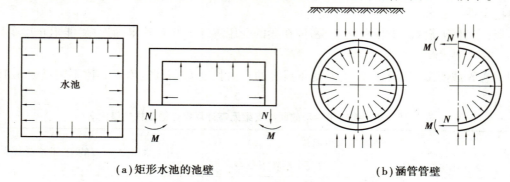

(a)矩形水池的池壁   (b)涵管管壁

图 3.33 受偏心拉力的矩形水池的池壁和涵管管壁

按偏心拉力作用位置的不同,偏心受拉构件正截面可以分为两类。规定靠近轴拉力 N 一侧的钢筋为 A_s,远离 N 一侧的钢筋为 A_s'。

当偏心拉力 N 作用在截面两边钢筋 A_s、A_s' 合力作用点之间时,为小偏心受拉;当偏心拉力 N 作用在截面

两边钢筋 A_s、A'_s 合力作用点之外时，为大偏心受拉。

偏心受拉构件的一般构造要求与轴心受拉构件的相同。

1)小偏心受拉正截面破坏形式及承载力计算

在承载能力极限状态下，小偏心受拉正截面受力，如图 3.34 所示，裂缝贯通截面，拉力全部由钢筋承担。破坏时，截面两侧钢筋 A_s、A'_s 都能达到抗拉屈服强度 f_y。

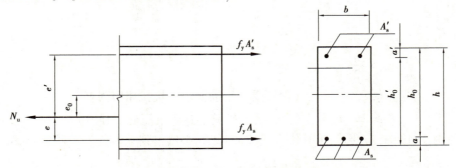

图 3.34 小偏心受拉正截面承载力计算图形

由图 3.34 的受力平衡条件，可得：

$$\sum N = 0 \quad N \le N_u = f_y A_s + f_y A'_s \tag{3.27}$$

$$\sum M = 0 \quad Ne \le N_u e = f_y A'_s (h_0 - a') \tag{3.28}$$

$$Ne' \le N_u e' = f_y A_s (h'_0 - a) \tag{3.29}$$

适用条件：

$$e_0 \le \frac{h}{2} - a \tag{3.30}$$

式中，e、e' 的计算分别如式(3.31)和式(3.32)：

$$e = \frac{h}{2} - a - e_0 \tag{3.31}$$

$$e' = \frac{h}{2} - a' - e_0 \tag{3.32}$$

对称配筋时可取：

$$A'_s = A_s = \frac{Ne'}{f_y(h'_0 - a)} \tag{3.33}$$

2)大偏心受拉正截面破坏形式及承载力计算

在承载能力极限状态时，大偏心受拉正截面受力如图 3.35 所示。裂缝截面上存在混凝土受压区。破坏时，截面两侧钢筋 A_s、A'_s 分别达到受拉屈服强度 f_y 和受压屈服强度 f'_y。

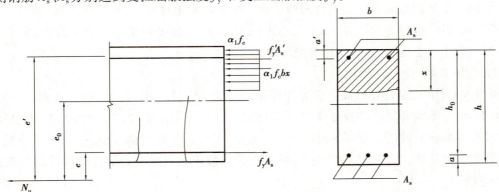

图 3.35 大偏心受拉正截面承载力计算图形

由图 3.35 的受力平衡条件,可得:

$$\sum N = 0 \quad N \leq N_u = f_y A_s - f'_y A'_s - \alpha_1 f_c b x \tag{3.34}$$

$$\sum M = 0 \quad Ne \leq N_u e = \alpha_1 f_c b x (h_0 - x/2) + f'_y A'_s (h_0 - a') \tag{3.35}$$

式中:

$$e = e_0 - \frac{h}{2} + a \tag{3.36}$$

适用条件:

$$\left.\begin{array}{ll} e_0 > \dfrac{h}{2} - a & \\ \xi \leq \xi_b & \text{(保证受拉钢筋能达到抗拉屈服强度)} \\ \xi \geq 2a'/h_0 & \text{(保证受压钢筋能达到抗压屈服强度)} \end{array}\right\} \tag{3.37}$$

对称配筋时,由于 $A'_s = A_s$,$f_y = f'_y$,将其代入式(3.34)后,必然得到 x 为负值。可令 $x = 2a'$,得式(3.38):

$$A'_s = A_s = \frac{Ne'}{f_y(h_0 - a')} \tag{3.38}$$

式中:

$$e' = e_0 + \frac{h}{2} - a' \tag{3.39}$$

▶ 3.4.2　钢筋混凝土偏心受压构件

偏心受压构件在工程中的应用如图 3.36 所示,常见的偏心受压构件有框架柱、排架柱、剪力墙的受压墙肢等。在偏心受压构件中,通常配有纵向受力钢筋和箍筋。对于偏心受压构件,离偏心压力 N 较近一侧的纵向钢筋受压,其截面面积用 A'_s 表示;而另一侧的纵向钢筋随轴向压力 N 偏心距的不同可能受拉也可能受压,其截面面积用 A_s 表示。

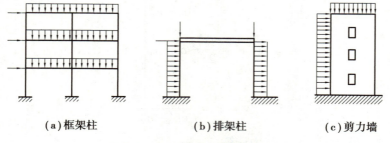

(a)框架柱　　　　　　(b)排架柱　　　　　　(c)剪力墙

图 3.36　工程中的偏心受压构件

1)偏压构件的破坏模式

试验表明,偏心受压正截面破坏形式有两种。通常在偏心距相对较大,并且受拉钢筋配置适量时,破坏形态为大偏心受压破坏,也称为受拉破坏;在偏心距相对较小,或者虽然偏心距相对较大,但受拉钢筋配置过量时,破坏形态为小偏心受压破坏,也称为受压破坏。

（1）大偏心受压破坏(受拉破坏)

在偏心压力 N 作用下,试件正截面上靠近 N 作用的一侧受压,另一侧受拉。随着 N 的逐渐增大,受拉区首先产生横向裂缝,并不断开展。临近破坏时,主裂缝明显开展,实测受拉钢筋的应变达到屈服应变,中和轴急剧地往受压一侧移动,混凝土受压区高度减小。最后,受压区出现纵向裂缝,受压区边缘混凝土达到极限压应变值,混凝土被压碎。破坏时,受压区纵筋也能达到抗压屈服强度。试件破坏外形及截面应力分布图如图 3.37(a)所示。

这种破坏形态的特点是受拉钢筋先达到屈服强度,其后受压区混凝土压碎,受压钢筋达到抗压屈服强度,类似适筋的双筋梁的破坏,属延性破坏。

（2）小偏心受压破坏（受压破坏）

在偏心压力 N 作用下,截面大部分或者全部受压。一般情况下,破坏始自靠近 N 作用的一侧。破坏时,该侧截面边缘混凝土达到极限压应变值,混凝土纵向开裂被压碎,破坏区段较长。靠近偏心压力 N 一侧的钢筋也同时达到其抗压屈服强度;但是离偏心压力作用较远一侧的钢筋可能受拉,也可能受压,均未达到其屈服强度。破坏试件的外形及应力图如图 3.37（b）所示。

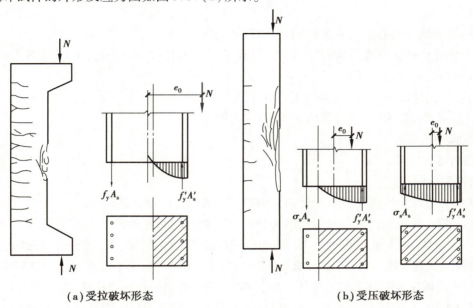

（a）受拉破坏形态　　　　　（b）受压破坏形态

图 3.37　偏心受压破坏

这种破坏的特点是截面上靠近偏心压力作用一侧的混凝土先压碎,该侧钢筋同时达到抗压屈服强度;而另一侧的钢筋不屈服,破坏前无明显的预兆,类似超筋梁的破坏,属脆性破坏。

（3）界限破坏

在受拉破坏与受压破坏之间,存在一种界限状态,称为界限破坏或平衡破坏。在破坏时,受拉一侧形成横向主裂缝。当受拉钢筋达到屈服时,受压边缘混凝土同时达到极限压应变,出现纵向裂缝并被压碎。混凝土压碎区段的长度比受拉破坏的大,而比受压破坏的小。

试验表明,界限破坏与荷载偏心距、配筋情况、截面几何尺寸以及材料特征等因素有关。界限破坏时截面上混凝土受压区高度随着上述因素的改变而变动。当 $x_c \leqslant x_{cb}$,即 $\xi \leqslant \xi_b$ 时,纵筋 A_s 屈服,为大偏心受压破坏;当 $x_c \geqslant x_{cb}$,即 $\xi \geqslant \xi_b$ 时,纵筋 A_s 不屈服,为小偏心受压破坏。

2）二阶效应

因荷载作用位置和大小的不定性、施工误差以及混凝土质量的不均匀性等原因,以致轴向力产生附加偏心距 e_a,e_a 取 20 mm 和偏心方向截面最大尺寸的 1/30 两者中的较大者。因此,轴向力的初始偏心距 e_i,按式（3.40）计算:

$$e_i = e_0 + e_a \tag{3.40}$$

式中　e_0——轴向力对截面重心的偏心距,$e_0 = M/N$。

偏心受压构件中,由轴向压力在产生了挠曲变形的杆件内引起的曲率和弯矩增量称为二阶效应,也称"P-δ 效应"。

对除排架结构柱以外的偏心受压构件,在其偏心方向上考虑杆件自身挠曲影响的控制截面弯矩设计值 M 可按式（3.41）计算:

$$M = C_m \eta_{ns} M_2 \tag{3.41}$$

$$C_m = 0.7 + 0.3 \frac{M_1}{M_2} \tag{3.42}$$

$$\eta_{ns} = 1 + \frac{h_0}{1\,300\left(\dfrac{M_2}{N} + e_a\right)}\left(\frac{l_c}{h}\right)^2 \zeta_c \tag{3.43}$$

$$\zeta_c = \frac{0.5 f_c A}{N} \tag{3.44}$$

式中　C_m——构件端截面偏心距调节系数,小于 0.7 时,取 0.7;

　　　η_{ns}——考虑杆件侧向挠度影响的弯矩增大系数,$C_m \eta_{ns} < 1.0$ 时,取 $C_m \eta_{ns} = 1.0$;对剪力墙及核心筒墙,可取 $C_m \eta_{ns}$ 等于 1.0;

　　　N——与弯矩设计值 M_y 相应的轴向压力设计值;

　　　ζ_c——截面曲率修正系数,当计算值大于 1.0 时,取 1.0;

　　　h——截面高度;

　　　h_0——截面有效高度;

　　　A——构件截面面积;

　　　M——在偏心方向上考虑杆件自身挠曲影响的控制截面弯矩设计值;

　　　M_1,M_2——偏心受压构件两端截面按结构分析确定的对同一主轴的组合弯矩设计值,绝对值较大者为 M_2,绝对值较小者为 M_1,当构件按单曲率弯曲时,M_1/M_2 为正值,否则为负值;

　　　l_c——构件的计算长度,可以近似取偏心受压构件相应主轴方向上下支撑点之间的距离。

对弯矩作用平面内截面对称的偏心受压构件,当同一主轴方向的杆端弯矩比 M_1/M_2 不大于 0.9 且设计轴压比 $N/f_c A$ 不大于 0.9 时,若构件的长细比满足式(3.45),可不考虑该方向杆件自身挠曲产生的附加弯矩影响。

$$\frac{l_c}{i} \leq 34 - 12 \frac{M_1}{M_2} \tag{3.45}$$

式中　i——偏心方向的截面回转半径。

3)偏心受压截面承载力 N-M 关系

偏心受压构件截面受弯矩和轴向压力共同作用,它们之间相互关联,从而影响截面的受力性能及破坏形态。

图 3.38 是一组相同截面条件的偏心受压试件,在不同偏心距作用下实测所得到的承载力 N-M 曲线。曲线上 AB 段,截面发生大偏心受压破坏;BC 段,截面发生小偏心受压破坏;B 点是界限破坏点。

试验表明,在小偏心受压破坏情况下,弯矩增大,截面的轴向承载力减小;而在大偏心受压破坏情况下,则相反;在界限破坏状态,截面的抗弯承载力达到最大值。图 3.38 所示的曲线通常称为 N-M 关系曲线。

不同截面条件,包括截面几何参数(形状、尺寸)、截面材料(混凝土强度等级、钢筋级别)以及配筋情况(对称或不对称)的截面,都存在相似的 N-M 关系。对应每一个给定的偏心受压截面,都有一条对应的 N-M 关系曲线。

在已知某截面 N-M 关系曲线时,可利用它来判断截面的受压承载力是否满足设计内力要求。如果设计内力位于曲线内,如图 3.38 中 P 点所示,则可知截面是安全的;反之,如图 3.38 中 Q 点所示,截面是不安全的,必须修改设计。

4)矩形截面偏心受压构件正截面承载力基本计算公式

(1)大偏心受压

大偏心受压破坏时,承载力极限状态下截面的实际应力如图 3.37(a)所示。与受弯承载力计算相同,正截面受压区混凝土实际压力图形同样用等效矩形应力图形来代替,受拉破坏时正截面承载力计算简图如图

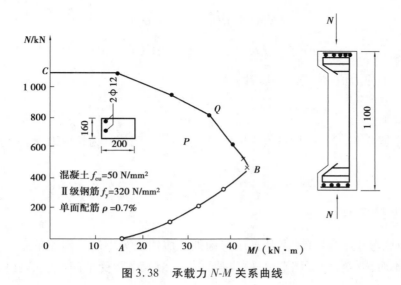

图 3.38 承载力 $N\text{-}M$ 关系曲线

3.39(a)所示。

根据截面的平衡条件,可得大偏心受压构件正截面承载力设计计算式(3.46)和式(3.47):

$$N \leqslant \alpha_1 f_c bx - f_y A_s + f'_y A'_s \tag{3.46}$$

$$Ne = \alpha_1 f_c bx\left(h_0 - \frac{x}{2}\right) + f'_y A'_s(h_0 - a') \tag{3.47}$$

$$e = e_i + \frac{h}{2} - a \tag{3.48}$$

式中 a, a'——纵向受拉和纵向受压钢筋的合力点至截面近边缘的距离。

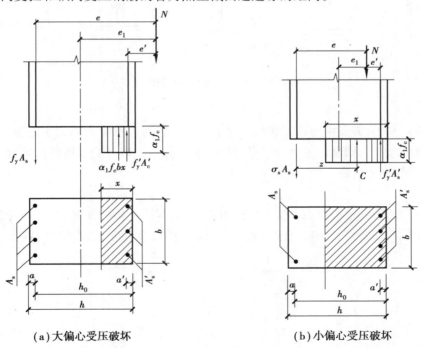

(a)大偏心受压破坏　　　　　　　(b)小偏心受压破坏

图 3.39　偏心受压构件正截面承载力计算简图

(2)小偏心受压

小偏心受压破坏时,承载力极限状态下截面的实际应力如图 3.37(b)所示。受压破坏时正截面承载力计算简图如图 3.39(b)所示。

根据力和力矩的平衡条件,可得小偏心受压构件正截面承载力设计计算式(3.49)式(3.50):

$$N \leqslant \alpha_1 f_c bx + f'_y A'_s - \sigma_s A_s \tag{3.49}$$

$$Ne = \alpha_1 f_c bx \left(h_0 - \frac{x}{2} \right) + f'_y A'_s (h_0 - a') \tag{3.50}$$

式中　σ_s——钢筋 A_s 的应力值，按式（3.51）计算：

$$\sigma_s = \frac{\xi - \beta_1}{\xi_b - \beta_1} f_y \tag{3.51}$$

普通混凝土的 β_1 取 0.8。当 σ_s 计算值为负值时为压应力，正值时为拉应力，σ_s 应满足式（3.52）：

$$-f_y < \sigma_s < f_y \tag{3.52}$$

适用条件：$\xi > \xi_b$。

▶ 3.4.3　钢构件拉弯和压弯

　　钢结构中常采用拉弯和压弯构件，尤其是压弯构件的应用更为广泛。例如单层厂房的柱、多层或高层房屋的框架柱、承受不对称荷载的工作平台柱、支架柱等。桁架中承受节间荷载的杆件通常是压弯或拉弯构件。

　　拉弯和压弯构件，当弯矩较小时，它们的截面形式与一般轴心受力构件截面形式相同；当弯矩较大时，应采用在弯矩作用平面内高度较大的截面。对于压弯构件，如只有一个方向的弯矩较大时（如绕 x 轴的弯矩），可采用如图 3.40 所示的单轴对称的截面形式，并使较大翼缘位于受压较大一侧。

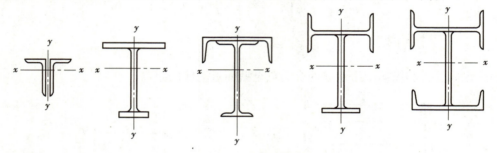

图 3.40　实腹式压弯构件截面形式

1）拉弯构件

　　拉弯构件的计算一般只需要考虑强度和刚度两个方面。但对以承受弯矩为主的拉弯构件，当截面最外侧纤维产生较大的压应力时，则也应考虑和计算构件的整体稳定性以及受压板件的局部稳定性。这里只讲一般受力情况下拉弯构件的计算。

　　（1）强度

　　拉弯构件的截面上，除有轴心拉力产生的拉应力外，还有弯矩产生的弯曲应力，构件截面的应力应为两者之和，如图 3.41 所示。截面设计时，应按截面上最大正应力计算强度，如式（3.53）：

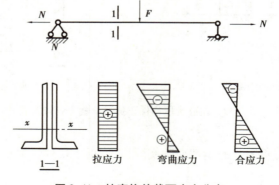

图 3.41　拉弯构件截面应力分布

$$\frac{N}{A_n} + \frac{M_x}{\gamma_x W_{nx}} + \frac{M_y}{\gamma_y W_{ny}} \leq f \tag{3.53}$$

式中　N, M_x, M_y——轴心拉力设计值、绕 x 轴和绕 y 轴的弯矩设计值。

其余符号意义同前。强度计算的实质是应力的叠加,即弯矩作用下的截面边缘最大应力与轴向力作用下截面应力的叠加。

（2）刚度

拉弯构件的刚度计算与轴心受拉构件相同,其容许长细比也相同。

2）压弯构件

实腹式压弯构件的计算包括强度、整体稳定、局部稳定和刚度 4 个方面的内容。

（1）强度

压弯构件的强度计算公式同拉弯构件一样,采用式（3.53）计算,但式中 N 为轴心压力的设计值。

（2）整体稳定

压弯构件的承载力通常是由稳定性决定的。现以弯矩在一个主平面内作用的压弯构件为例,说明其丧失整体稳定性的现象（见图3.42）。在 N 和 M_x 共同作用下,一开始构件就在弯矩作用平面内发生变形,呈弯曲状态,当 N 和 M_x 同时增加到一定值时则达到极限,超过此极限,构件的内外力平衡被破坏,表现出构件不再能够抵抗外力作用而被压溃,这种现象称为构件在弯矩作用平面内丧失整体稳定性,如图 3.42（a）所示。

对侧向刚度较小的压弯构件,当 N 和 M_x 增加到一定值时,构件在弯矩作用平面外不能保持平直,突然发生平面外的弯曲变形,并伴随截面绕纵轴的扭转,从而丧失承载力,这种现象称为构件在弯矩作用平面外丧失稳定,如图 3.42（b）所示。

压弯构件需要进行弯矩作用平面内和弯矩作用平面外的稳定计算,计算较复杂。有关整体稳定计算,参照《钢结构设计标准》的有关规定。

（3）局部稳定

对于实腹式压弯构件,当板件过薄时,腹板或受压翼缘在尚未达到强度极限或构件丧失整体稳定之前,就可能发生波曲及屈曲（即局部失稳）。压弯构件的局部稳定采用限制板件宽（高）厚比的办法来保证。

对于工字形组合截面压弯构件,受压翼缘的局部稳定按式（3.25）计算。腹板的局部稳定计算较为复杂,设计时参照《钢结构设计标准》的有关规定。

（4）刚度

压弯构件的刚度计算与轴心受压构件相同,容许长细比也相同。

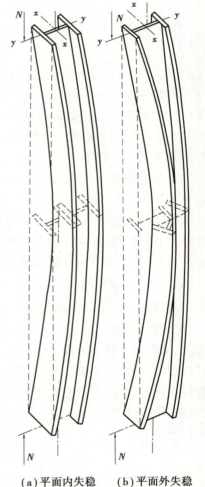

（a）平面内失稳　（b）平面外失稳

图 3.42　压弯构件平面内及平面外失稳

3.5　受扭构件

构件除了承受弯矩和剪力作用,有时还承受扭矩作用,例如雨篷梁、曲梁、吊车梁、螺旋楼梯、框架边梁以及有吊车厂房吊车梁等,它们均属于弯、剪、扭共同作用下的受扭构件,如图3.43所示。

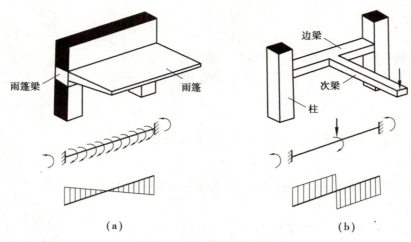

图 3.43　受扭构件工程实例

钢筋混凝土构件的扭转,根据扭矩形成的原因,可以分为两类,即平衡扭转和协调扭转(附加扭转)。

若构件中的扭矩由荷载直接引起,其扭矩值可根据平衡条件求得,这种扭转称为平衡扭转。如图 3.43(a)所示的雨篷梁,在雨篷板荷载的作用下,雨篷梁中产生扭矩。由于雨篷梁、板是静定结构,不会发生由于塑性变形引起的内力重分布,雨篷梁承受的扭矩内力数值不会发生变化,因此在设计中必须采用雨篷梁的抗扭承载力来平衡和抵抗全部的扭矩。

另一类是超静定结构中由于协调变形使截面产生的扭转,称为协调扭转(附加扭转)。如图 3.43(b)所示的框架边梁,由于框架边梁具有一定的截面扭转刚度,它约束了楼面梁的弯曲转动,使楼面梁在与框架边梁交点的支座处产生负弯矩,此负弯矩作为扭矩荷载在框架边梁产生扭矩。由于框架边梁及楼面梁均为超静定结构,边梁及楼面梁混凝土开裂后,其截面扭转刚度发生显著变化,边梁及楼面梁将产生塑性变形内力重分布,楼面梁支座处负弯矩值减小,跨内弯矩值增大,而框架边梁扭矩随扭矩荷载减小而减小。

1)钢筋混凝梁受扭破坏模式

以纯扭矩作用下的钢筋混凝土矩形截面构件为例,研究纯扭构件的受力状态及破坏特征。当结构扭矩内力较小时,截面内的应力也很小,构件处于弹性阶段。由材料力学可知:在纯扭构件的正截面上仅有剪应力作用,且截面形心处剪应力值等于零,截面边缘处剪应力值较大,截面长边中点处剪应力值最大。截面在剪应力作用下(见图 3.44),相应地产生主拉应力 σ_{tp}、主压应力 σ_{cp} 及最大剪应力 τ_{max},如式(3.54):

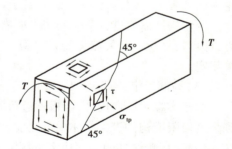

图 3.44　纯扭构件应力状态及斜裂缝

$$\sigma_{tp} = -\sigma_{cp} = \tau_{max} = \tau \qquad (3.54)$$

截面上主拉应力 σ_{tp} 与构件纵轴线成 45°角;主拉应力 σ_{tp} 与主压应力 σ_{cp} 互成 90°角。当主拉应力超过混凝土的抗拉强度时,构件在垂直于主拉应力作用的平面内产生与纵轴线大致成 45°角的斜裂缝,如图 3.44 所示。

试验表明,无筋矩形截面混凝土构件在扭矩作用下,首先在截面长边中点附近最薄弱处产生一条呈 45°方向的斜裂缝,然后迅速地以螺旋形向相邻两个面延伸,最后形成一个三面开裂一面受压的空间扭曲破坏面,使结构立即破坏,破坏带有突然性,具有典型脆性破坏性质。

为了提高构件抗扭承载力,混凝土中应配置适当的抗扭钢筋,为了最有效地发挥其抵抗扭矩的作用,抗扭钢筋应做成与构件轴线成 45°角的螺旋钢筋,其方向与主拉应力方向一致,并将螺旋钢筋配置在构件截面的边缘处。但这种螺旋钢筋不便于施工,也不能适应扭矩方向的改变,因此实际工程并不采用,而是采用沿构件截面周边均匀对称布置的纵向钢筋和沿构件长度方向均匀布置的封闭箍筋作为抗扭钢筋来承受主拉应力和扭矩作用。

受扭构件的破坏形态与受扭纵筋和受扭箍筋配筋率的大小有关,大致可分为适筋破坏、部分超筋破坏、超筋破坏和少筋破坏 4 类。

对于正常配筋条件下的钢筋混凝土构件,在扭矩作用下,纵筋和箍筋先到达屈服强度,然后混凝土被压碎而破坏。这种破坏与受弯构件适筋梁类似,属延性破坏。此类受扭构件称为适筋受扭构件。

若纵筋和箍筋不匹配,两者配筋率相差较大,例如纵筋的配筋率比箍筋的配筋率小得多,则破坏时仅纵筋屈服,而箍筋不屈服;反之,则箍筋屈服,纵筋不屈服,此类构件称为部分超筋受扭构件。部分超筋受扭构件破坏时,也具有一定的延性,但较适筋受扭构件破坏时的截面延性小。

当纵筋和箍筋配筋率都过高,致使纵筋和箍筋都没有达到屈服强度,而混凝土先行压坏,这种破坏和受弯构件超筋梁类似,属脆性破坏类型。这种受扭构件称为超筋受扭构件。

若纵筋及箍筋配置均过少,一旦裂缝出现,构件会立即发生破坏。此时,纵筋和箍筋不仅屈服而且还可能进入强化阶段,其破坏特征类似于受弯构件的少筋梁,属于脆性破坏,在工程设计中应予避免。

2)矩形截面受扭构件承载力计算

试验研究及理论分析表明,在裂缝充分发展且钢筋应力接近屈服强度时,构件截面核心混凝土退出工作。因此,实心截面的钢筋混凝土受扭构件的计算简图可以简化为一等效箱形截面,如图 3.45 所示。

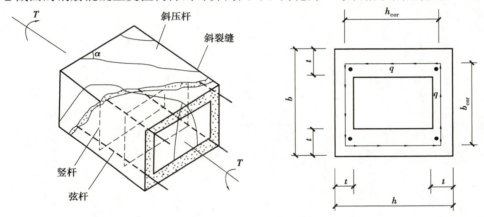

图 3.45　受扭矩形截面构件计算模型

混凝土纯扭构件的试验结果表明,构件的抗扭承载力由混凝土的抗扭承载力 T_c 和箍筋及纵筋的抗扭承载力 T_s 两部分组成。

混凝土的抗扭承载力和箍筋与纵筋的抗扭承载力并非彼此完全独立的变量,而是相互关联的。因此,应将构件的抗扭承载力作为一个整体考虑。《混凝土结构设计规范》采用的方法是先确定有关的基本变量,然后根据大量的实测数据进行回归分析,从而得到抗扭承载力计算的经验公式,如式(3.55):

$$T \leqslant T_c + T_s = 0.35 f_t W_t + 1.2 \sqrt{\zeta} f_{yv} \frac{A_{cor} A_{stl}}{s} \tag{3.55}$$

式中　T——扭矩设计值;

　　　f_t——混凝土的抗拉强度设计值;

　　　f_{yv}——箍筋的抗拉强度设计值;

　　　A_{stl}——受扭计算中沿截面周边配置的箍筋单肢截面面积;

　　　s——箍筋的间距;

　　　A_{cor}——截面核心部分的面积,$A_{cor} = b_{cor} h_{cor}$,此处,$b_{cor}$、$h_{cor}$ 分别为箍筋内表面范围内截面核心部分的
　　　　　　短边、长边尺寸;

　　　ζ——受扭的纵向普通钢筋与箍筋的配筋强度比值,ζ 值不应小于 0.6,当 ζ 大于 1.7 时,取 1.7,设计
　　　　　中通常取 $\zeta = 1.0 \sim 1.2$;

　　　W_t——截面的抗扭塑性抵抗矩,矩形截面按式(3.56)计算。

$$W_t = \frac{b^2}{6}(3h - b) \qquad (3.56)$$

ζ 可按式(3.57)计算：

$$\zeta = \frac{f_y A_{stl} s}{f_{yv} A_{stl} u_{cor}} \qquad (3.57)$$

式中　u_{cor}——截面核心部分的周长，取 $2(b_{cor}+h_{cor})$；

　　　f_y——纵向钢筋抗拉强度设计值；

　　　A_{stl}——受扭计算中取对称布置的全部纵向普通钢筋截面面积。

第4章
建筑结构荷载类型及估算

4.1 荷载分类

　　使结构产生内力和位移效应的一切外因,统称为荷载或作用。习惯上把自重、活荷载以及风雪等直接施加于结构的外因,称为荷载;而把沉降、温差、地震等引起结构内力效应的间接外因,称为作用。这些荷载或作用可以分为3类。一类是永久作用,例如结构自重,其荷载值及作用位置几乎不变;第二类是可变作用,例如活荷载、风荷载、雪荷载等,其荷载值和作用位置、方向等经常变化;第三类是偶然作用,例如爆炸或其他偶然事件引起的作用。这些偶然作用往往很少出现且作用时间很短,但一旦出现,其作用力的值很大。这三类作用由于其值的大小不同,以及作用力持续时间的不同,对建筑结构的影响及造成的后果也不一样。永久作用力作用的时间很长,会引起结构材料的徐变变形,使结构构件的变形和裂缝增大,引起结构的内力重分布;可变作用由于时有时无,时大时小,有时其作用位置也会发生变化,可能对结构各部分引起不同的影响,甚至产生完全相反的作用效应,所以,设计中必须考虑其最不利组合作用的影响;偶然作用由于其作用时间很短,材料的塑性变形来不及发展,其实际强度会提高一些。另一方面,由于瞬时作用,结构的可靠度可以取得小一些。

　　各种荷载或作用的大小,与建筑物所在地区、所用材料、使用状态以及时间等因素有关,而这些因素往往是随机的。因此,设计中要解决荷载的代表值问题。我国采用半概率半经验的方法,确定了结构在使用期间,正常情况下在设计基本期(如50年)内可能出现的最大荷载值,称为荷载或作用的标准值。将荷载标准值乘以大于1的荷载分项系数 γ 后,称为荷载设计值。常见荷载的标准值可以从我国现行《建筑结构荷载规范》(下文简称《荷载规范》)中查到。

　　此外,荷载按有无动力作用分为静荷载与动荷载。如风荷载,地震作用等均有动力作用,但在方案设计阶段,可按等效静力作用考虑。按作用方向分,荷载又可分为水平荷载和竖向荷载。在建筑结构设计的方案阶段,一般要总体估算竖向作用荷载和水平作用荷载,以便选择结构方案。

4.2　竖向荷载

在一般工业与民用建筑中,竖向荷载主要是重力荷载,包括结构的自重及民用建筑中的使用活荷载。

结构自重是一种永久作用,通常称为恒载。恒载很容易计算,即构件或构造层的体积乘以所用材料的单位重(或面积乘以每平方米单位重);常用材料和建筑构造层做法的单位重如表4.1所示(详细可查阅《荷载规范》)。

表4.1　常用材料和建筑构造做法的单位重量

常用材料/$(kN \cdot m^{-3})$		常用建筑构造做法/$(kN \cdot m^{-2})$	
钢筋混凝土	25	水泥瓦屋面	0.55
普通浆砌机砖砌体	19	油毡防水层(六层做法)	0.35
石(花岗石、大理石)	28	天棚吊顶(木板～抹灰)	0.25～0.55
木材	6	墙面抹灰(粉刷～水磨、水刷石)	0.35～0.55
钢材	78.5	水磨石地面	0.65
水泥砂浆	20	门窗(木～钢)	0.25～0.45

恒载计算简单,但要单独计算每个构件的自重是很烦琐又很费时的工作。在方案设计阶段,把建筑物看成一个整体时,可以根据平均的楼面荷载来估算建筑物的自重(包括楼板、屋盖、建筑构造层、柱、墙、隔断等)。作为近似估算,每平方米建筑面积上的建筑物恒载部分可作如下假设(指标准值):

①木结构建筑物取 5～7 kN/m^2;

②钢结构建筑物取 6～8 kN/m^2;

③单层、多层钢筋混凝土和砌体结构建筑物取 9～11 kN/m^2;

④钢筋混凝土高层建筑取 15 kN/m^2。

上述取值是粗略的估计,可能与实际情况有出入,但一般在确定建筑或结构主体方案时是很有用的。比如,对中低层建筑取 10 kN/m^2,高层取 15 kN/m^2。建筑物的自重计算如式(4.1):

$$W = \sum_{i=1}^{n} q_i \cdot A_i \cdot n_i \qquad (4.1)$$

式中　W——建筑物的自重;

　　　A_i——相同荷载 q_i 的楼层面积;

　　　n_i——相同荷载 q_i 的楼层层数;

　　　q_i——由统计资料提供的某类房屋的楼面折算荷载值,可取上面介绍的值。

各种类别的民用建筑物和某些工业建筑物的楼面活荷载取值,均已在《荷载规范》中列出。如:

①住宅、旅馆、办公楼取 2.0 kN/m^2;

②教室、会议室、一般试验室取 2.0 kN/m^2;

③商店、车站候车室取 3.5 kN/m^2;

④一般光学仪器仪表装配车间取 4.0 kN/m^2。

确定荷载值后,如果在方案设计中选定了结构方案,可按静力分配的原则估算梁、柱、墙上的荷载。所谓静力分配,对均布荷载来讲,即对柱(或墙)按中到中划分,荷载按承力面积计算而不考虑板的连续性。

例如,如图4.1所示为一平面尺寸为 16 m×24 m 的 10 层建筑物,假设施加在每层单位建筑面积上的平

均恒载、活荷载标准值,分别为 10.0 kN/m² 和 2.0 kN/m²,则施加在整个建筑物上的总荷载为

$$W = (10.0 + 2.0) \times 16.0 \times 24.0 \times 10 = 46\,080(\text{kN})$$

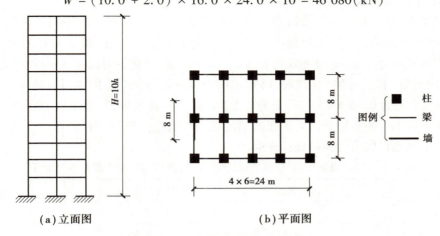

(a)立面图　　　　　(b)平面图

图 4.1　10 层建筑物尺寸示意

作用在横向中间梁上的线分布竖向荷载集度值 = (10.0+2.0)×6.0 = 72(kN/m)

作用在纵向中间梁上的线分布竖向荷载集度值 = (10.0+2.0)×8.0 = 96(kN/m)

一个底层中柱所受的竖向力 = (10.0+2.0)×6.0×8.0×10 = 5 760(kN)

一个底层长边中柱承受的竖向力 = (10.0+2.0)×6.0×4.0×10 = 2 880(kN)

一个底层右角柱承受的竖向力 = (10.0+2.0)×3.0×4.0×10 = 1 440(kN)

一个底层左角柱承受的竖向力 = (10.0+2.0)×2.0×3.0×10 = 720(kN)

底层左边端墙承受的竖向力 = (10.0+2.0)×12.0×3.0×10 = 4 320(kN)

有了轴向荷载,可以根据材料强度及轴压比来确定墙柱的截面尺寸。轴压比 μ_N 是指柱组合的轴力设计值与柱的全截面面积和混凝土强度设计值乘积之比。轴压比直接影响墙、柱破坏时的延性性质。故有关设计规范根据房屋的结构类型、抗震设防烈度及抗震等级规定了相应的轴压比限值[μ_N],设计中应严格遵照执行。以现浇钢筋混凝土框架结构为例,按有关规范,其相应的抗震等级及轴压比限值[μ_N]见表 4.2。

表 4.2　现浇钢筋混凝土框架结构的抗震等级和轴压比限值

	地震烈度				
	7 度		8 度		9 度
框架房屋高度/m	≤35	>35	≤35	>35	≤25
抗震等级	三级	二级	二级	一级	一级
轴压比限值[μ_N]	0.9	0.8	0.8	0.7	0.7

规范要求:

$$\mu_N = \frac{N}{A_c f_c} \leqslant [\mu_N] \tag{4.2}$$

式中　μ_N——框架柱的轴压比;

　　　A_c——柱截面面积;

　　　f_c——混凝土的轴心抗压强度设计值。

4.3　风荷载

在非地震区,风荷载是房屋所承受的主要水平力。在方案阶段的总体分析中,一般只需考虑作用在房

屋的风荷载合力 H_w，它是作用在房屋迎风面及背风面上风荷载标准值的合力。要计算风荷载合力，首先要确定风压(单位面积上的风荷载值)。

对建筑物的风压值，是由基本风压乘以修正系数后得到的。基本风压，由各地气象站关于风速的统计资料按 50 年一遇的可能的最大风速推算得出。统计的风速是在空旷地段，10 m 高处取 10 min 的平均风速进行的。风压值根据风压公式 $\omega = v^2 / 1\ 600$ 计算得到。《荷载规范》规定可以按建筑所在地的统计风速进行风压计算，在没有统计资料时，可按《荷载规范》给出的全国基本风压分布图求得各地区的基本风压。例如北京为 0.45 kN/m²，上海为 0.55 kN/m²，广州为 0.5 kN/m²。对高层建筑，要求按 100 年一遇的大风设计，这时可将基本风压乘以 1.1 的系数。表 4.3 列出了各省(自治区、直辖市、特别行政区)省会(首府)城市的基本风压值。由基本风压可以求得风荷载标准值。

表 4.3　各省(自治区、直辖市、特别行政区)省会(首府)城市的基本风压值

地区	城市名	海拔高度(m)	基本风压(kN/m²)
北京	—	54	0.45
天津	天津市	3.3	0.5
	塘沽	3.2	0.55
上海		2.8	0.55
重庆	—	259.1	0.4
河北	石家庄市	80.5	0.35
山西	太原市	778.3	0.4
内蒙古	呼和浩特	1 063	0.55
辽宁	沈阳市	42.8	0.55
吉林	长春市	236.8	0.65
黑龙江	哈尔滨市	142.3	0.55
山东	济南市	51.6	0.45
江苏	南京市	8.9	0.4
浙江	杭州市	41.7	0.45
安徽	合肥市	27.9	0.35
江西	南昌市	46.7	0.45
福建	福州市	83.8	0.7
陕西	西安市	397.5	0.35
甘肃	兰州市	1 517.2	0.3
宁夏	银川市	1 111.4	0.65
青海	西宁市	2 261.2	0.35
新疆	乌鲁木齐市	917.9	0.6
河南	郑州市	110.4	0.45
湖北	武汉市	23.3	0.35
湖南	长沙市	44.9	0.35
广东	广州市	6.6	0.5
广西	南宁市	73.1	0.35
海南	海口市	14.1	0.75
贵州	贵阳市	1 074.3	0.3

续表

地区	城市名	海拔高度（m）	基本风压（kN/m²）
四川	成都市	506.1	0.3
云南	昆明市	1 891.4	0.3
西藏	拉萨市	3 658	0.3
台湾	台北	8	0.7
香港	香港	50	0.9
	横澜岛	55	1.25
澳门	—	57	0.85

建筑物所处高度不一定恰好为10 m,周围地形也不一定空旷平坦,因而必须对基本风压进行修正。此外,前面推导的风速与风压的关系是基于自由气流碰到障碍面而完全停滞所得到的。但一般工程结构物并不能理想地使自由气流停滞,而是让气流以不同方式在结构表面绕过,因此实际结构物所受的风压还不能直接应用,还需对其进行修正,其修正系数与结构物的体型有关。

于是,当计算垂直于建筑物表面上的风荷载标准值时,可按式(4.3)计算:

$$\omega_k = \beta \mu_s \mu_z \omega_0 \tag{4.3}$$

式中　ω_k——风荷载标准值,kN/m²;

　　　μ_s——风荷载体型系数;

　　　μ_z——风压高度变化系数;

　　　ω_0——基本风压,kN/m²;

　　　β——计算主要承重结构时,取高度 z 处的风振系数 β_z;计算围护结构时,取高度 z 处的阵风系数 β_{gz}。

根据实测结果分析,平均风速沿高度变化的规律可用指数函数来描述,即

$$\frac{\bar{v}}{\bar{v}_s} = \left(\frac{z}{z_s}\right)^\alpha \tag{4.4}$$

式中　$\bar{v},z$——任一点的平均风速和高度;

　　　$\bar{v}_s,z_s$——标准高度处的平均风速和高度,大多数国家的基本风压都规定标准高度为10 m;

　　　α——与地貌或地面粗糙度有关的指数,地面粗糙程度越大,α 越大。

为应用方便,我国《荷载规范》将地面粗糙度分为 A、B、C、D 四类,对每一类的风压高度变化系数列成表格,见表4.4,可直接查用。

关于体型系数,房屋体型不同直接影响风的方向和流速,改变风压大小。一般迎风面的风荷载为压力,背风面的风荷载为吸力(μ_s 为负值),房屋受到的总的风荷载为迎风面和背风面风荷载的叠加,即 $\mu_s = (\mu_{s1} - \mu_{s2})$,如图4.2所示。

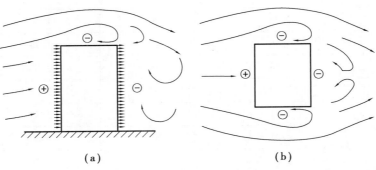

图4.2　风力形成的正压及负压

　　目前还没有对各类体型均适合的体型系数计算式,我国学者对常见的各类建筑物做了系统的试验和分析,并参照国外的先进经验,对常见的房屋和构筑物的体型,给出了风载体型系数,列在《荷载规范》中,可直接查用。对于重要而特殊的建筑物,其体型系数应由风洞试验确定。规范给出的体型系数很多,图4.3仅给出一般的坡顶房屋和构筑物的体型系数。

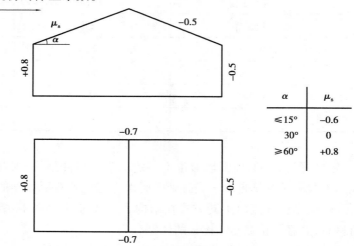

α	μ_s
≤15°	−0.6
30°	0
≥60°	+0.8

图 4.3　坡顶房屋的风载体型系数

　　风荷载除了引起房屋的倾覆以外,局部吸力也是引起房屋破坏的重要原因,尤其是对坡屋顶的破坏。

表 4.4　风压高度变化系数 μ_z

离地面或海平面高度/m	地面粗糙度类别			
	A	B	C	D
5	1.09	1.00	0.65	0.51
10	1.28	1.00	0.65	0.51
15	1.42	1.13	0.65	0.51
20	1.52	1.23	0.74	0.51
30	1.67	1.39	0.88	0.51
40	1.79	1.52	1.00	0.60
50	1.89	1.62	1.10	0.69
60	1.97	1.71	1.20	0.77
70	2.05	1.79	1.28	0.84
80	2.12	1.87	1.36	0.91
90	2.18	1.93	1.43	0.98
100	2.23	2.00	1.50	1.04
150	2.46	2.25	1.79	1.33
200	2.64	2.46	2.03	1.58
250	2.78	2.63	2.24	1.81
300	2.91	2.77	2.43	2.02
350	2.91	2.91	2.60	2.22
400	2.91	2.91	2.76	2.40
450	2.91	2.91	2.91	2.58

续表

离地面或海平面高度/m	地面粗糙度类别			
	A	B	C	D
500	2.91	2.91	2.91	2.74
≥500	2.91	2.91	2.91	2.91

注:①A 类指近海海面和海岛、海岸、湖岸及沙漠地带;
②B 类指田野、乡村、丛林、丘陵及房屋比较稀疏的乡镇和城市郊区;
③C 类指有密集建筑群的城市地区;
④D 类指有密集建筑群且房屋较高的城市。

根据《荷规规范》有关风荷载体型系数的规定,当屋面坡度 $\alpha=30°$ 时,屋面风荷载近似为 0;当 $\alpha>30°$ 时,为压力;当 $\alpha<30°$ 时,为吸力(见图4.3)。对于常见的坡屋面,一般 $\alpha<30°$,可见屋面在风荷载下通常承受吸力。有一个典型的工程实例,原设计为平屋顶,因屋面防水没有做好,经常发生漏水,后在平屋顶上用木梁改造为 $\alpha<30°$ 的白铁皮屋面,在一次大风中这个屋面被风荷载完整地吸起,吹翻到了马路上。究其原因,后改造的木屋盖和铁皮屋面自重很轻,又没有和墙体拉结好,在风荷载吸力作用下被掀起。通常,房屋自重较大,对承受重力荷载有较大的承载力,但设计者往往忽视风荷载吸力的破坏作用,尤其是对目前常用薄皮、膜作大跨度结构的屋面,这一点必须引起重视。

结构风压随高度变化的研究表明,由于地表摩擦,接近地表的风速随着离地面高度的减小而降低。只有离地面 300～500 m 以上的地方,风才不受地表的影响,能够自由流动。风压随高度的变化,近似为二次抛物线形状,如图4.4 所示。因此,可以将结构物所受的风荷载,近似地按抛物线计算,可得式(4.5)—式(4.7)。

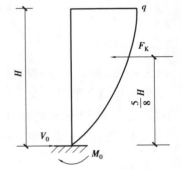

图4.4　风压随高度的变化

风压合力:

$$F_K = \frac{2}{3}qH \tag{4.5}$$

楼底风剪力:

$$V_0 = F_K \tag{4.6}$$

楼底风弯矩:

$$M_0 = F_K \frac{5}{8}H \tag{4.7}$$

【例题4.1】　一幢 16 层办公楼,高 50 m,平面尺寸为 15 m×30 m,查得建筑所在地区基本风压值 $\omega_0=0.45$ kN/m²,高层建筑,考虑风振系数 $\beta=1.70$,风压高度变化系数 μ_z 按 B 类地貌取 50 m 高处 $\mu_z=1.67$,试计算楼底的风剪力和风弯矩。

【解】　设风向沿结构刚度较弱的短向(见图4.5),迎风面体型系数 $\mu_1=0.8$,背风面体型系数 $\mu_2=-0.5$,则

$$\mu_s = \mu_1 - \mu_2 = 0.8 - (-0.5) = 1.3$$

$$\mu_z = \mu_{50\,m} = 1.67$$

建筑物顶点的荷载线集度:

$$q = \omega_k \times 30 = \beta \mu_z \mu_s \omega_0 \times 30$$
$$= 1.7 \times 1.67 \times 1.3 \times 0.45 \times 30\,(kN/m) = 49.82\,(kN/m)$$

风压合力:

$$F_K = \frac{2}{3}qH = \frac{2}{3} \times 49.82 \times 50(kN) = 1\,660.7(kN)$$

楼底风剪力：

$$V_0 = F_K = 1\,660.7(kN)$$

楼底风弯矩：

$$M_0 = F_K \times \frac{5}{8}H = 1\,660.7 \times \frac{5}{8} \times 50(kN \cdot m) = 51\,896.9(kN \cdot m)$$

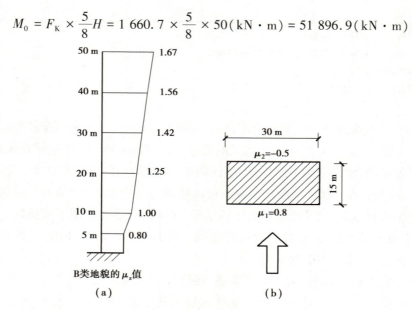

图 4.5　例题 4.1 图

此题如按《荷载规范》规定的方法计算,结果误差可控制在±10%以内。

如果手边没有手册可查,对于相当一部分城市的基本风压可按 $\omega_0 = 0.5\ kN/m^2$ 估算;风压高度变化系数 μ_z 沿高度变化到 50 m 时增大 50%,到 100 m 时增加一倍(按 B 类);风的体型系数可按迎风面+0.8,背风面 -0.5,总的可按 $\mu_s = 1.3$ 计算,这些数据对于初步估算已经可以满足使用了。

4.4　地震作用

所谓地震,是指地球断层发生突然破裂,所产生的能量以波的形式在地球内部传播,传达到地表及其附近造成地表的剧烈震动。地震是一种自然现象。

▶ 4.4.1　地震的成因

从地震的定义可以看出,理解地震的成因应把握两个层面:一是地球内部存在断层,二是断层破裂存在动力或诱因。

首先了解地球的内部构造。众所周知,地球是一个椭球体,长轴半径约 6 370 km,短轴半径约 6 340 km,二者相差约 5‰。地球内部被距地表约 60 km 的莫霍面(M 面)和距地表约 2 900 km 的古登堡面(G 面)分为 3 大圈层:

①地壳:地表至 M 面之间,厚约几十千米,主要由岩石构成(表层土和水占比很小)。

②地幔:M 面至 G 面之间,厚约 2 900 km,又分为上地幔(M 面至 1 000 km 深处)和下地幔。上地幔中接近地壳的部分仍为岩石,这部分和地壳称为地球岩石圈。之下是几十至几百千米的软流层,岩石以黏塑、软流状存在。

③地核:G 面以下。就物理性质而言,距地表越深,构成物质的密度越大,承受压力越大,温度越高。

板块构造运动学说是目前被广泛认可的学说,有许多证据可以印证该学说。该学说认为,地球岩石圈可以分为 6 大板块,即欧亚大陆板块、太平洋板块、美洲板块、非洲板块、印澳板块、南极板块。这些板块位于地球的软流层之上,软流层内的物质在大洋中脊涌出至洋底,在大洋板块和大陆板块边缘的海沟处插入软流层,形成“对流”,并构成海底的扩张从而产生板块运动。这是大多数地震形成的宏观背景。

事实上,岩石圈不仅有 6 大板块,在板块内部也并非均匀,而是存在很多大小不同的断裂面,大的断裂面即是断层。目前已经探明了不少断层,但还有很多是没有认识到的断层。

其次看断层破裂的动因。断层的破裂是地震发生的局部机制,其实也是结果,诱发断层发生破裂的原因可以理解为地震发生的宏观背景。

就大多数地震而言,地球本身的运动特点、内部构造和物理性质(如温度、压力等)形成了地幔软流层物质的对流,从而产生板块的构造运动,不同板块间的冲撞挤压摩擦或是板块内部不均匀变形积累应变能,当能量达到或超过断层岩体的承载能力时,岩体发生突然破裂,短时间内释放出大量的能量。这些能量以地震波的形式向四周传播,其中大部分以热能的形式在地球介质内部耗散,而另一部分形成为动能,造成地表的剧烈震动。

当然,不仅板块构造运动可以诱发地震,人类的一些活动(如大规模的地下开采和水库建设等)也可能导致断层岩体应力的变化,从而诱发地震。

▶ 4.4.2　地震的类型

对于非常复杂的地震,从不同的角度可以有多种分类方法。

按照成因,地震可以分为构造地震、火山地震陷落地震和诱发地震等。由于地球构造运动引起的地震,称为构造地震,这类地震发生次数最多,约占全球地震总数的 90% 以上,是地震工程的主要研究对象;由于火山爆发,岩浆猛烈冲出地表或气体爆炸而引起的地震称为火山地震,这类地震约占全球地震总数的 7%,在我国很少见;由于地表或地下岩层较大的溶洞或古旧矿坑等的突然大规模陷落和崩塌而导致的地面震动称为陷落地震,这种地震级别不大,很少造成破坏;由于地下核爆炸、水库蓄水、油田抽水、深井注水、矿山开采等活动引起的地震称为诱发地震,这类地震一般不强烈,仅个别情况会造成灾害。

按照震源深度,地震可分为浅源地震(震源深度 $\leqslant 70$ km)、中源地震(70 km<震源深度<300 km)和深源地震(震源深度 $\geqslant 300$ km)。震源越深,对地表造成的影响越小,灾害也越小。多数地震属于浅源地震。

按照发震位置,地震可分为板边地震和板内地震。板边地震发生在板块边缘附近,地点集中,发生频率高,约占全球地震总数的 75%,但因其与人类活动不直接相关,危害性通常较小。板内地震发生地点零散,危害性通常较大。

按强度大小,地震又可分为弱震、有感地震、中强震和强震等。弱震指震级小于 3 级的地震,如果震源不是很浅,这种地震人们一般不易觉察;有感地震的震级在 3 到 4.5 级,人们能够感觉到这种地震,但它一般不会造成破坏;中强震指震级大于 4.5 级而小于 6 级的地震,属于可造成破坏的地震,但其破坏轻重还与震源深度、震中距等多种因素有关;强震是指震级不小于 6 级的地震,其中震级大于等于 8 级的又称为巨大地震。

▶ 4.4.3　地震名词

地壳岩层因受力达到一定强度而发生破裂,并沿破裂面有明显相对移动的构造称为断层。地球内部断层发生破裂的位置称为震源(见图 4.6)。震源到地面的垂直距离称为震源深度。震源在地表面的垂直投影称为震中,有时人们也称破坏最严重的区域的几何中心为震中。由仪器测定的震中称为仪器震中或微观震中,根据现场破坏情况确定的震中称为宏观震中或现场震中,二者常有一定差别。地面上某点至震中的地表距离称为震中距。地面破坏程度相似的点连接起来的曲线称为等震线。在一定时间内(一般是几十天至数月)相继发生在同一震源区的一系列大小不同的地震,且其发震机制具有某种内在联系或有共同的发震构造的一组地震总称为地震序列。在某一地震序列中,最大的一次地震称为主震。主震之前发生的地震称为前震，主震之后发生的地震称为余震。

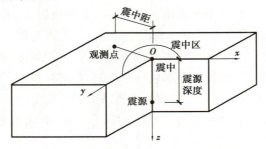

图 4.6 地震名词示意

▶ 4.4.4 震级和烈度

地震的大小通常用震级表示。震级就是一次地震释放能量多少的度量。震级有多种定义，通常用规定仪器所测定的由地震所造成的规定震中距地表上的最大水平位移来标定，当测定仪器和震中距不是规定值时，需要换算成规定值。较常用的震级是里氏震级，记为 M_L。我国计算近震（震中距小于 1 000 km）震级 M_L 按式(4.8)：

$$M_L = \lg A + R(\Delta) \tag{4.8}$$

式中 A——地震记录图上量得的以 μm 为单位的最大水平位移；

$R(\Delta)$——依震中距 Δ 而变化的起算函数。

震级 M_L 与震源释放能量 E（单位为 erg，$1\,erg = 10^{-7}\,J$）之间的关系为：

$$\lg E = 1.5M_L + 11.8 \tag{4.9}$$

式(4.9)表示的震级通常采用里氏震级。震级与地震能量的对数成线性关系，表明震级每提高一级，能量增加约 32 倍。

显然，一次地震客观上只有一个能量释放水平，那么只可能有一个震级。至于一次地震，不同部门可能给出不同的震级水平，这只能反映出观测误差及人们对地震认识水平等的差异。

地震烈度是指地震对地表和工程结构影响的强弱程度。由于同一次地震对不同地点的影响不一样，随着距离震中的远近变化，会出现多种不同的地震烈度。一般来说，距离震中越近，地震烈度就越高，距离震中越远，地震烈度也越低。由于一个地区遭受地震影响的强弱程度是一个宏观概念，没有一个专门的物理量来度量，所以烈度是一个综合指标，对烈度进行非常细致的划分实质意义不大。鉴于烈度的综合性、宏观性等特点，烈度只能是分等级的，不存在小数。为评定地震烈度而建立起来的标准称为地震烈度表。不同国家和地区所规定的地震烈度表往往是不同的，多数国家采用 12 个等级（MMI 烈度表）。

对应于一次地震，在受到影响的区域内，可以按照地震烈度表中的标准对一些有代表性的地点评定出地震烈度。具有相同烈度的各个地点的外包络线，称为等烈度线（见图4.7）。等烈度线（或称等震线）的形状与发震断裂取向、地形、土质等条件有关，多数近似呈椭圆形。一般情况下，等烈度线的度数随震中距的增大而递减，但有时由于局部地形或地质的影响，也会在某一烈度区内出现小块高一度或低一度的异常区，称为烈度异常。

震中区的地震烈度称为震中烈度，近似地表示为：

$$M_L = 1 + \frac{2}{3}I_0 \tag{4.10}$$

式中 I_0——震中烈度。

震级和烈度一定程度上都表明了一次地震的强弱程度，但二者有本质的区别。其关系类似于一个灯泡的瓦数与照度、TNT 的含量与冲击程度的关系。一次地震的震级是固定的，但随着距离和场地条件等的不同，不同地区的烈度是不一样的。

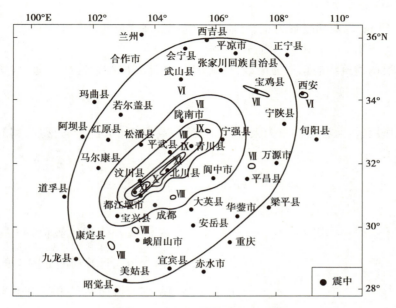

图 4.7　汶川地震等烈度线分布图

▶ 4.4.5　地震活动性

所谓地震活动性,是指地震发生的时间、空间、强度和频度的规律。由于地震的发生是能量的积累、释放、再积累、再释放的过程,所以同一个地区的地震发生存在时间上的疏密交替现象,一段时间活跃,一段时间相对平静,地震活跃期和地震平静期的时间跨度称为地震活动期。

统计表明,全球平均每年发生的不同震级的地震数量也不同。3 级地震 100 000 次,4 级地震 12 000 次,5 级地震 2 000 次,6 级地震 200 次,7 级地震 20 次,8 级及以上地震 3 次。

▶ 4.4.6　地震作用

地震力是地震时地面运动加速度引起的房屋质量的惯性力。设计中可近似认为建筑物的质量都集中在各层楼面标高处,地震力的大小与地震烈度、建筑物的质量、结构的自振周期以及场地土的情况等因素有关。通常,地震时既有水平震动又有竖向震动,但一般房屋结构对竖向地震力有较大的承受能力,水平地震力是引起结构破坏的主要原因,设计中主要考虑水平地震引起的惯性力的影响。通常建筑物顶部质量的惯性力最大,向下逐渐减小,地面及地面以下可以假设为 0。在进行方案阶段的总体分析时,一般只考虑房屋侧向地震力合力 H_{eq} 的作用效应,如图 4.8 所示。

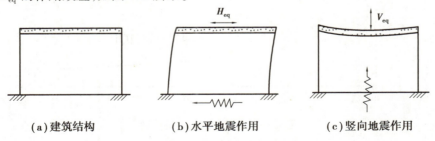

(a)建筑结构　　　　(b)水平地震作用　　　　(c)竖向地震作用

图 4.8　地面运动和地震荷载

$$F_E = \alpha G \tag{4.11}$$

式中　F_E——结构所受地震作用;

　　　α——与地震烈度、结构自振周期、场地土类别有关的地震影响系数;

　　　G——房屋总重。

1)水平地震作用估算

对于高度不超过 40 m,以剪切变形为主,且质量与刚度沿高度分布比较均匀的多层建筑结构,可采用底部剪力法计算水平地震作用。

底部剪力法是指根据建筑物的总重力荷载,按式(4.12)计算出结构底部总剪力(等于总水平地震作用值)的计算方法。

$$F_{EK} = \alpha_1 G_{eq} \tag{4.12}$$

然后将此总水平地震作用,按照各层的重力大小 G_i,及所在高度 H_i,分配给各楼层,得到各楼层的水平地震作用 F_i,计算如式(4.13):

$$F_i = \frac{G_i H_i}{\sum\limits_{j=1}^{n} G_j H_j} F_{EK} \qquad (i = 1, 2, \cdots, n) \tag{4.13}$$

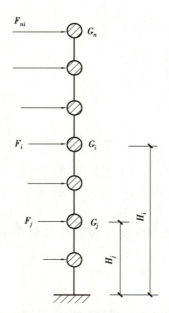

图 4.9 结构的等效总重力荷载计算简图

式中 G_{eq} ——结构的等效总重力荷载代表值,单质点取 G_E,多质点取 $0.85G_E$,$G_E = \sum\limits_{j=1}^{n} G_j$,计算简图如图 4.9 所示;

α_1 —— 相应于结构基本自振周期 T_1 的水平地震作用影响系数 α;

T_1 —— 结构的基本自振周期。

我国《建筑抗震设计规范》规定的设计反应谱如图 4.10 所示,图中:

T ——体系自振周期,s;

T_g ——特征周期,主要与场地有关,按表 4.5 确定;

α ——地震影响系数;

α_{max} ——与地震烈度有关的地震影响系数最大值,取值见表 4.6;

ζ ——结构体系阻尼比;

γ ——地震影响系数曲线下降的衰减指数,按下式确定:

$$\gamma = 0.9 + \frac{0.05 - \zeta}{0.3 + 6\zeta}$$

η_1 ——地震影响系数谱直线下降斜率调整系数,按下式确定,小于 0 时取 0;

$$\eta_1 = 0.02 + \frac{0.05 - \zeta}{4 + 32\zeta}$$

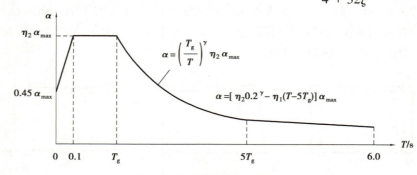

图 4.10 地震影响系数谱曲线

η_2 ——阻尼调整系数,按下式确定,小于 0.55 时取 0.55。

$$\eta_2 = 1 + \frac{0.05 - \zeta}{0.08 + 1.6\zeta}$$

表 4.5 特征周期值 T_g

单位:s

设计地震分组	场地类别				
	I_0	I_1	II	III	IV
第 1 组	0.20	0.25	0.35	0.45	0.65
第 2 组	0.25	0.30	0.40	0.55	0.75
第 3 组	0.30	0.35	0.45	0.65	0.90

表 4.6 水平地震影响系数最大值 α_{max}

地震影响	设防烈度			
	6 度	7 度	8 度	9 度
多遇地震	0.04	0.08(0.12)	0.16(0.24)	0.32
罕遇地震	0.28	0.50(0.72)	0.90(1.20)	1.40

注:括号中数值分别用于设计基本地震加速度为 $0.15g$ 和 $0.30g$ 的地区。

其中,多遇地震 α_{max} 用于结构计算,以保证小震不坏,中震可修;罕遇地震 α_{max} 用于变形控制验算,以保证大震不倒。

2)结构自振周期计算

关于结构基本自振周期可用 3 种方式估算:经验公式、半经验半理论公式和有限元计算公式(近似于理论公式),均可作为概念设计估算之用。本节仅简要介绍前两种公式。

(1)经验公式

经验公式常针对特定类型的结构,局限性大,但应用方便简捷。

①对多高层框架、框架-剪力墙结构,经验公式如式(4.14):

$$T_1 = 0.33 + 0.000\ 69 \frac{H^2}{\sqrt[3]{B}} \tag{4.14a}$$

或

$$T_1 = (0.07 \sim 0.09)N \tag{4.14b}$$

式中 H,B——建筑物的总高、总宽;

N——建筑物层数。

②对高层钢筋混凝土剪力墙结构,高度为 $25 \sim 50$ m,剪力墙间距为 $3 \sim 6$ m 的民用建筑,经验公式如式(4.15)—式(4.17):

横墙间距较密时:

$$T_{1横} = 0.054N \tag{4.15a}$$
$$T_{1纵} = 0.04N \tag{4.15b}$$

横墙间距较疏时:

$$T_{1横} = 0.06N \tag{4.16a}$$
$$T_{1纵} = 0.05N \tag{4.16b}$$

或

$$T_1 = 0.04 + 0.038 \frac{H}{\sqrt[3]{B}} \tag{4.17}$$

式中,H,B,N 的含义同上。

（2）半经验半理论公式

①对多层及高层钢筋混凝土框架、框架-剪力墙结构。当重量和刚度沿高度分布比较均匀时,这类结构按等截面悬臂梁作理论计算,可得按顶点位移确定周期的计算式(4.18):

$$T_1 = 1.7\alpha_0\sqrt{\Delta_T} \tag{4.18}$$

式中　Δ_T——计算基本周期用的结构顶点假想侧移,即把集中在楼面处的重量 G_i 视为作用在 i 层楼面的假想水平荷载,按弹性刚度计算得到的结构顶点侧移,m;

　　　α_0——基本周期的缩短系数。考虑非承重砖墙(填充墙)影响,框架取 $\alpha_0 = 0.6 \sim 0.7$,框架-剪力墙取 $\alpha_0 = 0.7 \sim 0.8$(当非承重填充墙较少时,可取 $0.8 \sim 0.9$),剪力墙结构取 $\alpha_0 = 1.0$。

②对多层及高层钢筋混凝土框架结构(以剪切变形为主)。采用以能量法为基础得到的基本自振周期计算式(4.19):

$$T_1 = 2\alpha_0\sqrt{\dfrac{\sum\limits_{i=1}^{N} G_i\Delta_i^2}{\sum\limits_{i=1}^{N} G_i\Delta_i}} \tag{4.19}$$

式中　G_i——i 层结构重力荷载;

　　　Δ_i——将 G_i 视为作用在 i 层楼面的假想水平荷载,按弹性刚度计算得到的结构第 i 层楼面处的假想侧移;

　　　N——楼层数;

　　　α_0——缩短系数,取值与式(4.18)同。

③对框架-剪力墙结构。在采用微分方程解无限自由度体系方法的基础上,可以由图 4.11 查出 φ_j 值 $(j=1,2,3)$,由式(4.20)计算自振周期,即可计算第 1、2、3 振型的周期,适用于沿高度方向刚度均匀的结构。

$$T_j = \varphi_j H^2\sqrt{\dfrac{\omega}{gEJ_w}} \tag{4.20}$$

式中　ω——结构沿高度方向单位长度的重力荷载值;

　　　g——重力加速度;

　　　EJ_w——框架-剪力墙结构中所有剪力墙的总等效抗弯刚度;

　　　φ_j——系数,由图 4.11 根据刚度特征值 λ 值查得,λ 的计算如式(4.21):

$$\lambda = H\sqrt{\dfrac{C_F}{EJ_w}} \tag{4.21}$$

式中　C_F——框架的总抗推刚度;

　　　H——结构总高度。

粗略估算时,也可用式(4.22)估算多高层建筑物的自振周期:

$$T_1 = \dfrac{0.090\,6H}{\sqrt{B}} \tag{4.22}$$

式中　B——与地震作用方向平行的总宽(一般为横宽),m;

　　　其余符号意义同前。

在实际工程设计中,如果现场地质条件为中软或中硬场地土,抗震设防烈度为 7 度,这时各类建筑物所受的总水平地震作用(标准值)可估计如下:

①2~6 层砌体结构建筑物

$$T_1 = 0.3 \sim 0.5\,\text{s},$$
$$F_{EK} = (0.05 \sim 0.07)G_{eq} \tag{4.23}$$

②2~8 层钢筋混凝土框架结构建筑物

$$T_1 = 0.6 \sim 1.2\ \text{s},$$
$$F_{EK} = (0.02 \sim 0.08)G_{eq} \tag{4.24}$$

③8 层以上高层建筑物

$$T_1 = 1.2 \sim 4.0\ \text{s},$$
$$F_{EK} = (0.006 \sim 0.04)G_{eq} \tag{4.25}$$

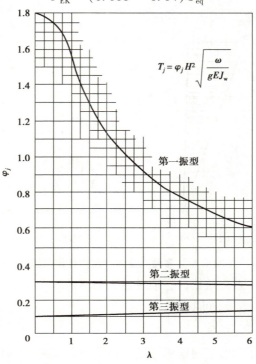

$$T_j = \varphi_j H^2 \sqrt{\frac{\omega}{gEJ_w}}$$

第一振型

第二振型

第三振型

图 4.11　框架-剪力墙结构自振周期系数

当抗震设防烈度为 8 度和 9 度时，F_{EK} 值分别为上述各值的 2 倍和 4 倍。所有水平地震作用均可能作用于建筑物的横向或纵向，且有往复性。

在一般建筑物设计中，不必考虑竖向地震作用，只有在抗震设防烈度为 9 度及 9 度以上的地区，才需要考虑竖向地震作用问题（8 度时的大跨度结构也需考虑）。

3）水平地震作用沿建筑物高度的分布

水平地震作用是指地震时在建筑物上产生的总作用。实际上，对多层和高层建筑物来说，不宜将质量集中到一点而需要分成几个相对集中的点。比如，多层建筑物可将全部重力荷载按比例集中到各个楼面和屋面标高处，由此也就出现了多质点体系的水平地震作用问题，也即 F_{EK} 的沿建筑物高度分布问题。对高度不超过 40 m，以剪力引起的弯曲变形为主，且质量和刚度沿高度分布都比较均匀的建筑物，可假定沿高度各质点的加速度反应与其所在高度成正比。为此，可以认为水平地震作用沿建筑物高度为倒三角形分布。

对于一个高度为 H，质量沿高度均匀分布的简体结构建筑物，当总水平地震作用为 F_{EK} 时，建筑物顶部的地震作用为 $q_顶 = 2F_{EK}/H$，设地震作用沿高度分布为倒三角形，则高度 y 处的水平地震作用[见图 4.12（a）]为：

$$q = \frac{2F_{EK}}{H^2}y \tag{4.26}$$

对于质量和刚度沿高度均匀分布的多质点建筑物，结构计算简图如图 4.12（b）所示，质点 i 的水平地震作用的标准值为

$$F_i = \frac{G_i H_i}{\sum_{j=1}^{n} G_j H_j} F_{EK} \qquad (j = 1, 2, \cdots, n)$$

$$F_{EK} = \alpha_1 G_{eq}$$

(4.27)

式中　G_i, G_j——集中于质点 i, j 的重力荷载；

　　　　H_i, H_j——i, j 点的计算高度。

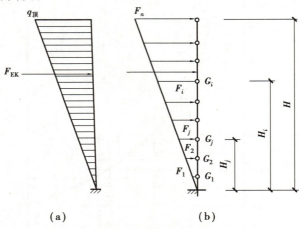

图 4.12　多质点建筑物结构计算简图

F_{EK}、G_{eq}、α_1 意义同前（对多质点建筑物，G_{eq} 取总重力载荷的 85%）；对于 $T_1 > 1.4 T_g$ 的多高层结构，结构顶层应附加集中力 $\sigma_n F_{EK}$，近似估计 σ_n 可取 5%。

4）竖向地震作用

在一般建筑结构设计中，不必考虑竖向地震作用。规范规定抗震设防烈度 9 度区的高层建筑（或 8 度区的大跨度结构），才考虑竖向地震作用。α 采用竖向地震影响系数的最大值。一般而言，设计烈度为 8 度及 9 度时，分别可取该结构或部件重量的 10% 和 20% 作为竖向地震作用力估计值。

5）结构地震反应分析方法

在实际的建筑结构抗震设计中，除了少数结构（如单层厂房、水塔等）可以简化为单自由度体系外，大量的建筑结构都应简化为多自由度体系。在单向水平地震作用下，结构地震反应分析方法有振型分解反应谱法、底部剪力法、动力时程分析方法以及非线性静力分析法等方法。

（1）振型分解反应谱法

振型分解反应谱法基本概念是：假定结构为多自由度弹性体系，利用振型分解和振型的正交性原理，将 n 个自由度弹性体系分解为 n 个等效单自由度弹性体系，利用设计反应谱得到每个振型下等效单自由度弹性体系的效应（弯矩、剪力、轴力和变形等），再按一定的法则将每个振型的作用效应组合成总的地震效应进行截面抗震验算。

（2）底部剪力法

用振型分解反应谱法计算多自由度结构体系的地震反应时，需要计算体系的前几阶振型和自振频率，对于建筑物层数较多时，用手算就显得较烦琐。理论分析研究表明：当建筑物高度不超过 40 m，以剪切变形为主且质量和刚度沿高度分布比较均匀，结构振动以第一振型为主且第一振型接近直线（见图 4.13）时，该类结构的地震反应可采用底部剪力法。

（3）动力时程分析方法

动力时程（时间历程的简称）分析方法是将结构作为弹性或弹塑性振动系统，建立振动系统的运动微分方程，直接输入地面加速度时程，对运动微分

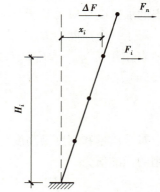

图 4.13　简化的第一振型

方程直接积分,从而获得振动体系各质点的加速度、速度、位移和结构内力的时程曲线。时程分析方法是完全动力方法,可以得出地震时程范围内结构体系各点的反应时间历程,信息量大、精度高,但该法计算工作量大,且根据确定的地震动时程得出结构体系的确定反应时程,一次时程分析难以考虑不同地震动时程记录的随机性。

时程分析分法分为振型分解法和逐步积分方法两种。振型分解法利用了结构体系振型的正交性,但仅适用于结构弹性地震反应分析,而逐步积分方法既适用于结构弹性地震反应分析,也适用于结构非弹性地震反应分析。结构时程分析时,需要确定结构力学模型、结构或构件的滞回模型、输入地震波的选择和数值求解方法。

【例题4.2】　若一个10层框架结构,总重为46 080 kN,假设地震设防烈度为8度,10层框架按$\alpha=0.06$估算,建筑物重力荷载和刚度沿高度分布均匀,层高$h=4$ m,求地震作用沿高度的分布和可能使建筑物总体倾倒的倾覆力矩M。

【解】　水平地震作用标准值为

$$F_{EK} = 0.06G_{eq} = 0.06 \times 46\,080(kN) = 2\,764.8(kN)$$

各层水平地震作用标准值为

$$F_i = \frac{G_i H_i}{\sum\limits_{j=1}^{10} G_j H_j} F_{EK} = \frac{H_i}{\sum\limits_{j=1}^{10} H_j} F_{EK} \qquad (j = 1, 2, \cdots, 10)$$

$$\sum_{j=1}^{10} H_j = 1h + 2h + \cdots + 10h = 55h$$

解得

$$F_1 = 50.27 \text{ kN}, F_2 = 100.54 \text{ kN}, F_3 = 150.8 \text{ kN}, \cdots, F_{10} = 502.7 \text{ kN}$$

倾覆力矩

$$M_{ov} = \sum_{i=1}^{10} F_i H_i$$

$$= (50.27 \times 1 + 100.54 \times 2 + \cdots + 502.71 \times 10)h$$

$$= 19\,354.05h = 77\,416.2(kN \cdot m)$$

按倒三角形分布规律[见图4.14(b)]有

$$M_{ov} = F_{EK} \cdot \frac{2}{3}H = 2\,764.8 \times \frac{2}{3} \times 10h$$

$$= 18\,432h = 73\,728(kN \cdot m)$$

与较精确的计算,误差约为-4.8%。可见误差不大,可按估算法进行概念设计和选型。

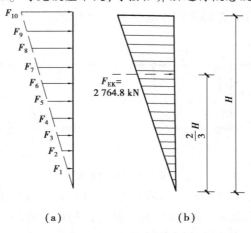

(a)　　　　(b)

图4.14　水平地震作用沿高度分布

第 **5** 章

建筑结构构件破坏准则与设计方法

5.1 平面体系的几何组成分析

结构中的杆件在外界因素影响下,可能产生变形和位移,如不考虑这种变形和位移,杆件间的相对位置应是不变的。本章要讨论的问题是,当把杆件体系中各杆当作刚性杆时,杆件按什么样的规则相互联系,才能保证各杆件间不产生相对的刚体位移。

▶ 5.1.1 几何组成分析的目的

在理论力学中已知,对于图 5.1(a)所示的杆件体系,在荷载 P 的作用下将产生运动,各杆间的相对位置将产生明显的变化,这种杆件体系称为几何可变体系。如在 A、B 间联以杆件 AB[见图 5.1(b)],或在 B 处加上一根水平支座链杆[见图 5.1(c)],则不论 P 值多大,该杆件体系不可能产生明显的刚体位移,杆件间不会产生相对运动,这种体系称为几何不变体系。几何组成分析就是研究杆件体系如何保持空间几何位置不变的规律,或者说杆件体系按什么样的规则才能组成几何不变体系。只有几何不变体系才能用作土木工程结构。

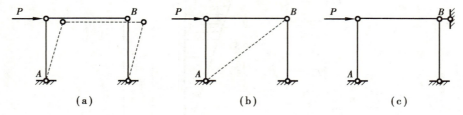

图 5.1 结构体系

进行几何组成分析的目的在于:判别杆件体系是否为几何不变,可否作为结构使用;确定杆系结构组成的合理形式;确定结构是否有多余联系,即判断结构是静定结构还是超静定结构,以选择分析计算方法。确定结构是否为合理形式,需要考虑多方面的因素,例如实际的需要(跨度、荷载、净空间)等方面的问题。

5.1.2　平面杆件体系的自由度和约束

1)刚片

在几何组成分析中,把杆件当作刚体,在平面杆件体系中把刚体叫作刚片。有时为讨论方便,常将平面杆件体系中已判定为几何不变的部分叫作刚片,基础也常看成刚片。

2)自由度

这里所指自由度,与理论力学中讲述的质点及刚体的自由度完全一样,即自由度是确定物体在空间的几何位置所需的独立坐标的个数。

①确定平面上的一个点的位置,需要 2 个独立的坐标。即平面上的一个点有 2 个自由度,如图 5.2(a)所示。确定平面上 n 个相互无任何联系的点的位置,需要 $2n$ 个独立的坐标,因此,这样的 n 个点有 $2n$ 个自由度。

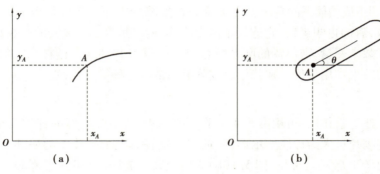

图 5.2　体系自由度

②确定一个作平面运动的刚片在运动平面内的位置,需要 3 个独立的坐标。因此,平面上的刚片有 3 个自由度,如图 5.2(b)所示。平面上 m 个相互无任何联系的刚片有 $3m$ 个自由度。

3)约束

约束就是杆件体系与基础和支承物间及杆件与杆件间的连接装置,也称联系。约束对杆件或杆件体系的几何位置起限制作用,即限制杆件与杆件间、体系与基础间、体系与支承物间的相对运动。因此,杆件体系中的约束将使该体系的自由度减小。不同约束对体系自由度减少的程度是不同的。约束装置在对杆件体系产生位移约束的同时,还可能产生反力。

5.1.3　约束对体系自由度的影响

若一个约束装置使体系的自由度减少一个,则称此约束装置为一个联系。若一个约束装置使体系的自由度减少 n 个,称此约束装置为 n 个联系。下面分别讨论常见约束装置对体系自由度的影响。

1)链杆

如图 5.3(a)所示,用一根链杆 BC 将刚片Ⅰ、Ⅱ连起来,考察由此二刚片组成的体系的自由度。如果以刚片Ⅰ作为参照物分析刚片Ⅱ的运动,则可知刚片Ⅱ可绕 C 点转动,而点 C 又可沿垂直于链杆 BC 轴线方向移动,故刚片Ⅱ相对于刚片Ⅰ的位置还需要 2 个独立的坐标才能确定。刚片Ⅰ在平面上的位置要用 3 个独立坐标才能确定。因此,由刚片Ⅰ、Ⅱ组成的体系具有 5 个自由度,其自由度减少了 1 个。由此可知,一根链杆相当于一个联系。

在几何组成分析中,链杆有时看作联系,有时看作刚片。一个刚片如果仅有两铰与外界相联,有时也可看成链杆,即在此情形下,刚片与链杆可相互代换,这种代换称为等价代换。但应注意,若杆件与外界有 3 个或 3 个以上的铰相联,则必须将其看作刚片。

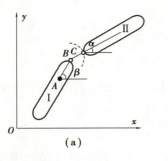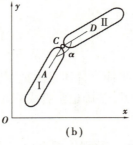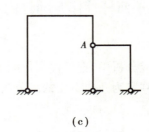

| (a) | (b) | (c) |

图 5.3　链接与铰接

2)铰

一个铰可以连接两个或两个以上的刚片,当一个铰仅连接两个刚片时,称之为单铰。如一个铰连接 3 个或 3 个以上刚片,则称之为复铰。图 5.3(b)中两刚片用铰 C 相互连接,刚片 Ⅱ 相对于刚片 Ⅰ 的位置用角 α 便可确定,因此由刚片Ⅰ、Ⅱ组成的体系的自由度为 4,即自由度减少 2,可知单铰相当于 2 个联系。图 5.3(c)中的铰 A 常称为不完全铰,有的也叫半铰,它连接了两个刚片,所以是单铰。复铰的联系数将在后面讨论。

如果用链杆的联系数来衡量,则单铰的联系数相当于两根不共轴线的链杆,或者说单铰的约束作用与两根不共轴线的链杆的约束作用等价。在几何组成分析中常做这种等价代换。

3)实铰与虚铰

二链杆与单铰的上述等效作用,可用图 5.4 说明。图 5.4(a)中二链杆的杆端交于 A,刚片 Ⅱ 只能绕 A 相对于刚片 Ⅰ 转动。将刚片扩大为虚线所示形状(或将二链杆看成为刚片 Ⅰ 的一部分),即得新的刚片 Ⅰ′,则刚片 Ⅱ 只能绕 A 相对于 Ⅰ′转动。可见,图 5.4(b)中的交叉二链杆相当于一个单铰。又如图 5.4(c)所示,刚片 Ⅰ、Ⅱ 间的二链杆轴线的延长线交于 O,将链杆 OA、OB 看作刚片 Ⅰ 的一部分,则刚片 Ⅱ 只能绕 O 相对于刚片 Ⅰ 转动。因此图 5.4(c)中的二链杆也相当于一个单铰。图 5.4(d)中的二链杆相互平行,其轴线延长后交于无穷远,也相当于一个铰。

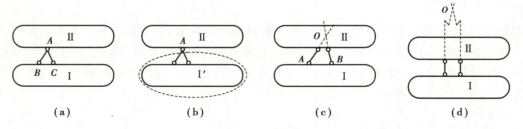

| (a) | (b) | (c) | (d) |

图 5.4　实铰与虚铰

由以上例子可知,用作联系的二链杆可以是杆端直接相交,也可以是其轴线的延长线相交,它们都相当于一个单铰。习惯上称图 5.4(b)中的铰为实铰,图 5.4(c)、(d)中的铰为虚铰,虚铰也称为瞬铰。需注意的是,虚铰的位置与刚片的相对位置有关,或者说与二刚片的相对运动有关,因此,虚铰的位置是刚片的瞬时转动中心。

4)刚性连接(刚结点、固定支座)

当二杆之间用刚结点相互连接时,称之为刚性连接。如图 5.5(a)所示,当两刚片用刚结点 C 相互连接时,此二刚片间不能产生任何相对运动,使两刚片体系减少了 3 个自由度,故刚结点相当于 3 个联系。在受力分析中,有时把刚结点画成图 5.5(b)所示形式。刚结点的三杆配置原则是:三杆既不全平行,也不全交于一点。同理,固定支座图 5.5(c)可画成图 5.5(d)的形式。弧形杆 BAC 可视为由 BA、AC 在 A 处用刚结点连接而成,如图 5.5(e)、(f)所示。

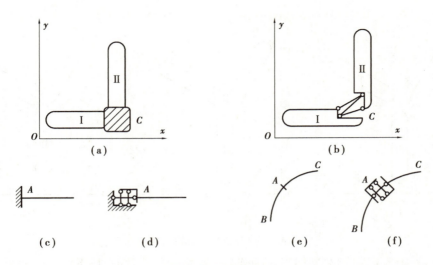

图 5.5　刚性连接

▶ 5.1.4　结构的多余约束

如图 5.6(a)所示,若在点 A 与刚片之间再增加一根链杆,如图 5.6(b)所示,则刚片Ⅰ仍可绕刚片Ⅱ转动,由此可知两刚片组成的体系自由度减少的个数仍为 2,可见当两刚片间的 3 杆交于同一点时并不使体系在图 5.6(a)的基础上继续减少自由度,这时就说两刚片Ⅰ、Ⅱ之间有一个多余联系。多余联系也可能在杆件体系的内部出现,如图 5.6(c)所示,这种情形将在后文做具体介绍。总之,体系中多余联系的存在,不减少体系的自由度。

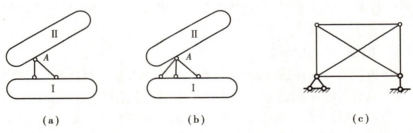

图 5.6　结构的多余约束

应当说明的是,当一个体系具有多余联系时,把什么联系当作多余的,将要受到某些限制,这点将在后面加以讨论。

▶ 5.1.5　结构体系的计算自由度

在受力分析中,有时要将杆件体系中的刚片当作运动的主体(研究对象)来考察;有时需要将杆件体系中的铰结点当作运动的主体来考察。也就是说,与理论力学的情形一样,我们这里所说的自由度,就是刚体与刚体系的自由度,质点与质点系的自由度。当把刚体当作运动主体时,刚体之间的结点与链杆就是约束装置,即联系;当把铰结点当作运动的主体时,铰结点间的链杆便是联系。

1)将杆件当作刚片时体系的计算自由度

图 5.7(a)中的三刚片与基础之间以及刚片之间无任何联系,则其自由度总数为

$$W = 3 \times 3 = 9$$

如图 5.7(b)所示,若将刚片Ⅰ、Ⅱ用单铰 A 连接起来,使刚片Ⅰ、Ⅱ组成的体系减少 2 个自由度,则由此可知三刚片组成的体系的自由度为

$$W = 3 \times 3 - 2 = 7$$

在图 5.7(b)中铰 A 连接了刚片Ⅰ、Ⅱ,相当于单铰,如果用 $m = 2$ 表示铰 A 连接的刚片数,则体系自由度为

$$W = 3m - 2(m-1)$$

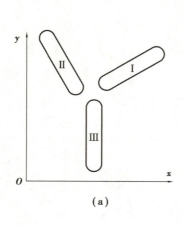 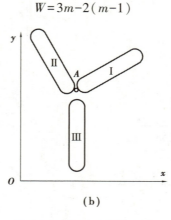 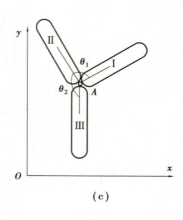

(a)	(b)	(c)

图 5.7 体系的计算自由度

如果将 3 个刚片用铰 A 连接起来,即当 A 为连接 3 个刚片的复铰时,体系的自由度减少几个? 或者说,连接 3 个刚片的复铰相当于多少个联系呢? 参见图 5.7(c)可知,确定刚片 Ⅰ 需要 3 个独立坐标,确定 Ⅱ 与 Ⅰ 的相对位置需要一个坐标 θ_1,确定刚片 Ⅲ 相对于刚片 Ⅱ 的位置还需要一个坐标 θ_2,因此确定由刚片 Ⅰ、Ⅱ 组成的体系的位置共需要 5 个独立的坐标,故体系的自由度减少 4 个,即复铰 A 相当于 4 个联系。这就是说图 5.7(c)中的复铰相当于 2 个单铰,该体系自由度减少的个数等于复铰 A 的相当单铰数乘以2。如一个复铰联系的刚片数为 m,相当于单铰数为 $(m-1)$,使该体系的自由度减少 $2(m-1)$ 个。若 m 个刚片组成的体系中各刚片间的联系数相当于 h 个单铰,该体系与基础(或支承物)间的联系数为 r,则该体系的自由度为

$$W = 3m - 2h - r \tag{5.1}$$

在用式(5.1)计算体系的自由度时,应将体系中的复铰折合成单铰,再与实有的单铰数相加,便得总单铰数 h。

2)将铰结点当作运动主体时自由度的计算

有一类杆件体系全部由铰结点连接链杆而成,这类体系称为铰接链杆体系。计算这类体系的自由度时,用式(5.1)不太方便。这时若把各铰结点当作运动的主体,链杆当作约束,则在讨论问题时会方便一些。也就是说把铰结点总数为 j 的铰结点组成的体系当作质点系,当此质点系间无任何联系,质点系与基础间也无任何联系时,其总自由度为 $W = 2j$;如果质点系内部之间有 b 根链杆联系,则体系自由度减少 b 个,自由度变为 $W = 2j - b$;若该体系与基础间有 r 根链杆,则体系的自由度为

$$W = 2j - b - r \tag{5.2}$$

3)计算公式的讨论

按式(5.1)与式(5.2)计算体系的自由度,可得到以下 3 种情况,分别叙述如下。

①$W > 0$,表明体系所具有的联系数小于体系总自由度 $3m$ 或 $2j$,或者说体系的联系数小于阻止体系中各运动主体之间以及体系与基础(或支承物)间的相对运动所必需的最少联系数,体系有一部分自由度未被约束,体系内部之间或体系相对于基础之间可产生相对运动,因而体系是可变的。

②$W = 0$,表明体系所具有的联系数等于体系保持几何不变所需的最小联系数。但体系是否几何不变,要看所具有的联系的配置情况。

③$W < 0$,表明体系所具有的联系数大于体系保持几何不变所需的最小联系数。此时体系是否几何不变,同样要看各联系的配置情况。这种情形表明体系具有多余联系。

由以上讨论可以看出,只有当 $W > 0$ 时可以作结论,当 $W < 0$ 时,要根据几何组成分析的结果才能做出判断。因此,由式(5.1)与式(5.2)计算得出的自由度不一定是体系的实际自由度,常称为计算自由度。计算自由度 $W < 0$ 是体系几何不变的必要条件,体系几何不变的充分条件是其合理组成规则。后面将结合几何组成分析来说明上述 3 种情况。

5.1.6　几何不变体系的几何组成规律

本部分将讲述判断几何不变体系的一种方法,这种方法是以下述事实为依据的。如图 5.8 所示,若平面上的 3 根链杆用不在同一直线上的 3 个铰两两相连,则此三杆体系(三角形)几何不变。这一命题的正确性是不难理解的,该命题也叫基本三角形规律,在几何组成分析中经常用到。由此基本三角形出发,还可得到非常有用的 3 个规则。

1)三刚片规则

前已述及,链杆与仅有两个铰和外界连接的刚片间可进行等价代换,如果将图 5.8 中的 3 根链杆当作 3 个刚片,如图 5.9 所示,则该体系几何不变,且无多余联系。于是,得到如下的三刚片规则:

三刚片用 3 个不在同一直线上的铰两两相连所组成的体系几何不变,且无多余联系。

2)两刚片规则

如将图 5.8 中的链杆 AB、BC 代换为刚片,铰 B 和链杆 AC 当作此两刚片之间的联系,则体系仍几何不变,且无多余联系。于是得到如图 5.10 所表达的两刚片规则:

两刚片用一个铰和一根不过铰心的链杆相互联系而成的体系几何不变,且无多余联系。

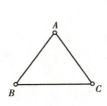

图 5.8　三杆体系

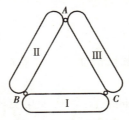

图 5.9　三刚片规则

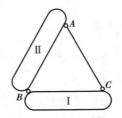

图 5.10　两刚片规则

3)二元体规则

图 5.8 所示的三角形,也可看成为图 5.11 所示的体系。即将图 5.8 中的链杆 BC 看作刚片,A 为刚片 BC 所在平面上的一个点,该点通过两根交叉但不共轴线的链杆 AB 与 AC 同刚片 BC 相互连接,此体系仍应几何不变,且无多余联系。体系外的一点用两根交叉但不共轴线的链杆与刚片(或基础,或支承物)连接起来的体系 B−A−C 称为二元体。显然,在图 5.11 中刚片 I 上增加二元体后体系的自由度无任何变化。图 5.12 便是在图 5.11 上依次增加二元体 A−D−C、A−E−D 后形成的杆件体系,由上述分析方法可知,其自由度未因二元体的加入而改变,即原体系的自由度不变,不仅如此,如果在图 5.12 中依次减少二元体 A−E−D、A−D−C,便得到图 5.11 所示图形,即无多余联系的几何不变体系。由此可知,在一个几何不变体系上依次增减二元体后,所得到的体系仍然几何不变。

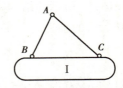

图 5.11　三杆体系的等价图

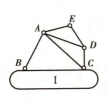

图 5.12　二元体的形式

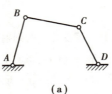
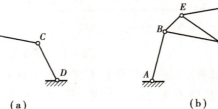

（a）　　　　　　　　（b）

图 5.13　二元体规则

如果一个体系是可变的,增加二元体后这种性质是否发生改变呢?图 5.13(a)是一个机构,即可变体系。如果在链杆 BC 上依次增加二元体 B−E−C 和 E−F−C,由于 BCFE 是一个几何不变体系,且与外界只有两个铰 B、C 相联,则对该部分进行几何组成分析时,可用链杆 BC 代替,即新的杆件体系[见图 5.13(b)]与原体系[见图5.13(a)]一样是几何可变的,杆件体系的几何不变性质或几何可变性质总称为几何组成性质。

由以上分析可知:在杆件体系上依次增减二元体不改变原体系的几何组成性质。这就是二元体规则。

图5.14与图5.15分别和图5.9、图5.10等价。此外,还可以画出一些等价图形。这些在几何组成分析中都很有用。以上从基本三角形出发,得到了3个判断几何不变体系的规则。3个规则虽出自同一几何不变的三角形,但各自的适用情况不同。在进行几何组成分析时,应根据不同的研究对象,从不同的角度出发灵活地运用基本三角形规律和由此引出的3个规则。

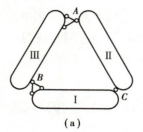

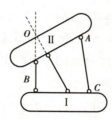

图5.14　三刚片规则的等价体系　　　　图5.15　两刚片规则的等价体系

▶ 5.1.7　瞬变体系

前面介绍基本三角形规律及其三个规则时,都加了一些限制条件。如果限制条件得不到满足,会出现什么问题? 下面简单讨论一下。

三角形规律和三刚片规则要求三铰不在同一直线上,如果三铰在同一直线上,如图5.16(a)所示,则实际的铰A将可沿B、A、C连线的垂直方向m-m作微小移动;一旦移动后三铰便不在同一直线上。如图5.16(a)所示的体系称为瞬变体系,有的文献把它归并到可变体系一类。工程中不允许将瞬变体系当作结构使用。分析表明,当在瞬变体系上加上荷载时,其内力或者无穷大,或者不定。为说明内力可能为无穷大,以图5.16(b)所示的结构体系为例。为简化讨论,假定三角形ABC为等腰的,容易由结点A的平衡条件算得杆AB、AC的轴力为

$$N = \frac{P}{2 \sin \alpha}$$

显然,当$\alpha \to 0$时,$N > \infty$。在设计和施工中要特别注意这一现象,以防意外事故发生。以上分析告诉我们,在用基本三角形规律和三刚片规则分析体系是否几何不变时,要仔细判断三铰是否在同一直线上。

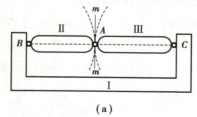

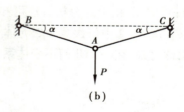

图5.16　瞬变体系的判别

图5.17(a)中的两刚片间的三根链杆汇交于同一点O,从而刚片Ⅱ或刚片Ⅰ可绕O点转动,但经微小转动后三杆不再交于一点,体系变为几何不变。所以图5.17(a)所示结构为瞬变体系。图5.17(b)中的三根链杆相互平行,可以认为相交于无穷远处。刚片Ⅰ、Ⅱ可沿链杆的垂直方向移动,但一经移动小位移后,由于三杆不等长,而刚片上A、B、C或A'、B'、C'的线位移应相等,故三杆不再相互平行,体系变为不可变,所以图5.17(b)所示结构也是一个瞬变体系。在三刚片三铰的情形下,若在三铰中有二杆形成的虚铰,只要这三铰在同一直线上,则该体系也是瞬变体系。

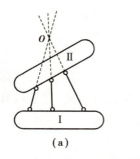
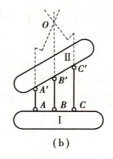

图5.17　瞬变体系的形式

【例题5.1】　试对图5.18(a)所示体系作几何组成分析。

【解】　假定体系相对于该直线 *CF* 对称配置。将左右的折杆用链杆 *AD*、*BE*(如虚线)代换,则刚片 *CDFE* 与基础间的三杆 *AD*、*CF*、*BE* 的延长线交于一点 *O*,表明该体系是几何瞬变的。但是,如果原体系不具有这种对称配置方式,如图5.18(b)所示,则三杆 *AD*、*CF*、*BE* 不汇交于一点,体系几何不变,且无多余联系。

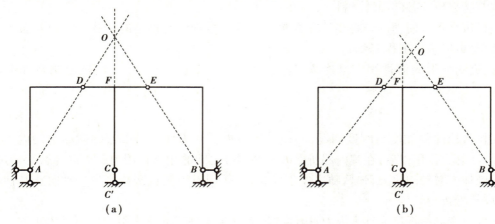

图5.18　例题5.1图

5.2　静定结构内力和超静定结构特点

▶ ## 5.2.1　静定结构的内力

前面研究的结构在荷载作用下的平衡问题,都是假设结构不变形的。然而,实际上任何结构都是由可变形固体组成的。它们在荷载作用下将产生变形,因而内部将由于变形而产生附加的内力。本小节就是要在了解结构的基本变形的基础上,集中研究静定结构的内力。

1)变形固体的基本假设

生活中任何固体在外力作用下,都或多或少地产生变形,即它的形状和尺寸总会有些改变。所以固体具有可变形的物理性能,通常将其称为变形固体。变形固体在外力作用下发生的变形可分为弹性变形和塑性变形。弹性变形是指变形固体在去掉外力后能完全恢复它原来的形状和尺寸的变形。塑性变形是指变形固体在去掉外力后变形不能全部消失而残留的部分,也称残留变形。本节仅研究弹性变形,即把结构看成完全弹性体。

工程中大多数结构在荷载作用下产生的变形与结构本身尺寸相比是很微小的,故称为小变形。本书研究的内容将限制在小变形范围,即在研究结构的平衡等问题时,可用结构的变形之前的原始尺寸进行计算,变形的高次方项可以忽略不计。

为了研究结构在外力作用下的内力、应力、变形、应变等,在作理论分析时,对材料的性质作如下3点基本假设:

(1)连续性假设

连续性假设认为在材料体积内充满了物质,毫无间隙。在此假设下,物体内的一些物理量能用坐标的连续函数表示它的变化规律。实际上,可变形固体内部存在着间隙,只不过其尺寸与结构尺寸相比极为微小,可以忽略不计。

(2)均匀性假设

均匀性假设认为材料内部各部分的力学性能是完全相同的。所以在研究结构时,可取构件内部任意的微小部分作为研究对象。

(3)各向同性假设

各向同性假设认为材料沿不同方向具有相同的力学性能,这使研究的对象限制在各向同性的材料之中,如钢材、铸铁、玻璃、混凝土等。若材料沿不同方向具有不同的力学性质,则称为各向异性材料,如木材、复合材料等。本节着重研究各向同性材料。

采用上述假设可大大方便理论研究和计算方法的推导。尽管由此得出的计算方法只具备近似的精确性,但它的精度完全可以满足工程需要。

总之,本书研究的变形固体被视作是连续、均匀、各向同性的,而且其变形是被限制在弹性范围的小变形。

2)内力

为了研究结构或构件的强度与刚度问题,必须了解构件在外力作用后引起的截面上的内力。所谓内力,是指由于构件受外力作用以后,在其内部所引起的各部分之间的相互作用力。现以弹簧为例进行说明。对一根弹簧两端施加一对轴向拉力,弹簧随之发生伸长变形,同时弹簧也必然产生一种阻止其伸长变形的抵抗力,这正是弹簧抵抗力。

在力学中构件对变形的抵抗力称为内力,构件的内力是由于外力的作用引起的。土木工程力学在研究构件及结构各部分的强度、刚度和稳定性问题时,首先要了解杆件的几何特性及其变形形式。

(1)杆件的几何特性

在工程中,通常把纵向尺寸远大于横向尺寸的构件称为杆件。杆件有两个常用到的元素:横截面和轴线。横截面是指沿垂直杆长度方向的截面,轴线是指各横截面的形心的连线,两者具有相互垂直的关系。

杆件按截面和轴线的形状不同又可分为等截面杆、变截面杆及直杆、曲杆与折杆等,如图5.19所示。

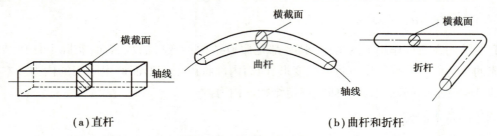

(a)直杆　　　　　　　　　　　　(b)曲杆和折杆

图5.19　杆件形式示意图

(2)杆件的基本变形

杆件在外力作用下,实际杆件的变形有时是非常复杂的,但复杂的变形总可以分解成几种基本的变形形式。杆件的基本变形形式有4种:

①轴向拉伸或轴向压缩。在一对大小相等,方向相反,作用线与杆轴线重合的外力作用下,杆件在长度方向发生长度的改变(伸长或缩短),如图5.20(a)、(b)所示。

②扭转。在一对转向相反,位于垂直杆轴线的两平面内的力偶作用下,杆任意两横截面发生相对转动,如图5.20(c)所示。

③剪切。在一对大小相等,方向相反,作用线相距很近的横向力作用下,杆件的横截面将沿力作用方向发生错动,如图 5.20(d)所示。

④弯曲。在一对大小相等,转向相反,位于杆的纵向平面内的力偶作用下,使直杆任意两横截面发生相对倾斜,且杆件轴线变为曲线,如图 5.20(e)所示。除了上述 4 种基本变形以外,杆件还存在着这 4 种基本变形组合的情形,这里不再叙述。

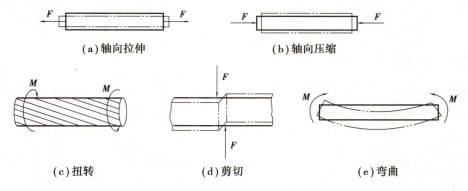

(a)轴向拉伸　　　　　　　(b)轴向压缩

(c)扭转　　　　　　(d)剪切　　　　　　(e)弯曲

图 5.20　杆件的基本变形

▶ 5.2.2　轴向拉(压)杆的内力

1)轴力

截面法是求杆件内力的基本方法。下面通过求解图 5.21(a)所示拉杆 $m\text{-}m$ 横截面上的内力来具体介绍截面法求内力。

第 1 步:沿需要求内力的横截面,假想地把杆件截成两部分。

第 2 步:取截开后的任意一段作为研究对象,并把截去段对保留段的作用以截面上的内力来代替,如图 5.21(b)、(c)所示。由于外力的作用线与杆的轴线重合,内力与外力平衡,所以横截面上分布内力的合力的作用线也一定与杆的轴线重合,即通过 $m\text{-}m$ 截面的形心且与横截面垂直。这种内力的合力称为轴力。

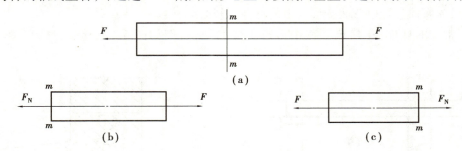

图 5.21　拉杆 $m\text{-}m$ 横截面上的内力

第 3 步:列出研究对象的平衡方程,求出未知内力,即轴力。由平衡方程

$$\sum F_x = 0 \quad F_N - F = 0 \tag{5.3}$$

得

$$F_N = F$$

轴力正负号的规定:拉力为正,压力为负。

2)轴力图

应用截面法可求得杆上所有横截面上的轴力。如果以与杆件轴线平行的横坐标表示杆的横截面位置,以纵坐标表示相应的轴力值,且轴力的正负值画在横坐标轴的不同侧,那么如此绘制出的轴力与横截面位置关系图,称为轴力图。

【例题5.2】 竖杆 AB 如图5.22所示,其横截面为正方形,边长为 a,杆长为 l,材料的堆密度为 ρ,试绘出竖杆的轴力图。

【解】 杆的自重根据连续性沿轴线方向均匀分布,如图5.22(a)所示。利用截面法取图5.22(b)所示段为研究对象,则根据静力平衡方程

$$\sum F_x = 0 \quad F_{N(x)} - W = 0$$

得

$$F_{N(x)} = \rho a^2 x$$

由此绘制出竖杆的轴力图,如图5.22(c)所示。

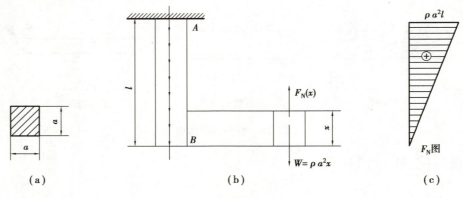

图5.22　轴力图的绘制

▶ 5.2.3 单跨静定梁的内力

1)弯曲

在工程中经常会遇到这样一类杆件,它们所承受的荷载是作用线垂直于杆轴线的横向力,或者是作用面在纵向平面内的外力偶矩。在这些荷载的作用下,杆件相邻横截面之间发生相对倾斜,杆的轴线弯成曲线,这类变形定义为弯曲。凡以弯曲变形为主的杆件,通常称为梁。

梁是一类很常见的杆件,在建筑工程中占有重要的地位,例如图5.23所示的吊车梁、过梁、轮轴、桥梁等。

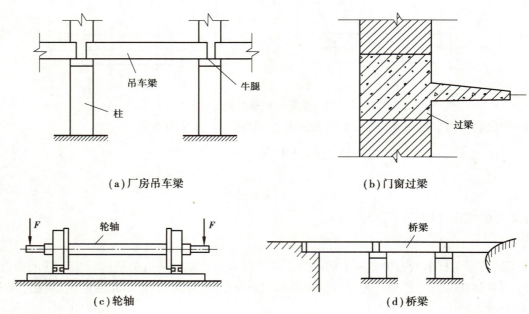

(a)厂房吊车梁　　　　　　　　　(b)门窗过梁

(c)轮轴　　　　　　　　　(d)桥梁

图5.23　受弯构件

2）平面弯曲的概念

工程中的梁的横截面一般都有竖向对称轴,且梁上荷载一般都可以近似地看成作用在包含此对称轴的纵向平面(即纵向对称面)内。则梁变形后的轴线必定在该纵向对称面内。梁变形后的轴线所在平面与荷载的作用面完全重合的弯曲变形称为平面弯曲,平面弯曲是工程中最常见的情况,也是最基本的弯曲问题,掌握了它的计算对工程应用以及研究复杂的弯曲问题都有十分重要的意义。

平面弯曲根据荷载作用的不同又分为横力平面弯曲[见图 5.24(a)]和平面纯弯曲[见图 5.24(b)]。本节研究的是平面弯曲梁的内力计算,绘图时采用轴线代替梁。

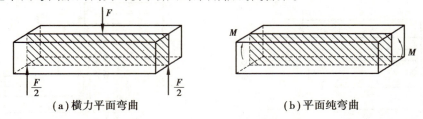

(a)横力平面弯曲　　　　　　　　(b)平面纯弯曲

图 5.24　平面弯曲

3）单跨静定梁的分类

（1）静定梁与超静定梁

如果梁的支反力的数目等于梁的静力平衡方程的数目,由静力平衡方程就完全能解出支反力,该类梁被称为静定梁。有时因工程需要,对梁设置多个支座约束,以致支座约束力的数目超过了梁的静力平衡方程的数目,仅用静力平衡方程不能完全确定支座的约束力,这类梁被称为超静定梁。

（2）单跨静定梁的类型

梁在两支座间的部分称为跨,其长度称为梁的跨长。常见的静定梁大多是单跨的。工程上将单跨静定梁划为 3 种基本形式,分别为悬臂梁、简支梁和外伸梁。

4）梁的内力——剪力和弯矩

为了计算梁的应力、位移和校核强度、刚度,首先应确定梁在荷载作用下任一截面上的内力。当作用在梁上全部荷载和支座约束力均为已知时,用截面法即可求出任意截面的内力。

现以图 5.25(a)所示受集中力 F 作用为例,来分析梁横截面上的内力。设任一横截面 $m\text{-}m$ 距左端支座 A 的距离为 x,即坐标原点取在梁的左端截面的形心位置。在由静力平衡方程算出支反力 F_A、F_B 以后,按截面法在 $m\text{-}m$ 处假想地把梁截开成两段,取其中任一段(现取截面左段)作为研究对象,将右段梁对左段梁的作用以截面上的内力来代替。由图 5.25(b)可知,为了使左段梁沿 y 方向保持平衡,则在 $m\text{-}m$ 横截面上必然存在一沿 y 方向的内力 F_Q。

根据平衡方程

$$\sum F_y = 0 \quad F_A - F_Q = 0$$

得

$$F_Q = F_A \tag{5.4}$$

F_Q 称为剪力。由于约束力 F_A 与剪力 F_Q 组成了一力偶,进而,由左段梁的平衡可知,此横截面上必然还有一个与其相平衡的内力偶矩。设此内力偶矩为 M,则根据平衡方程

$$\sum M_0 = 0 \quad M - F_A \cdot x = 0$$

得

$$M = F_A \cdot x \tag{5.5}$$

这里的矩心 O 为横截面 $m\text{-}m$ 的形心。此内力偶矩称为弯矩。

若取右段梁作为研究对象,同样可以求得横截面 $m\text{-}m$ 上的内力——剪力 F_Q 和弯矩 M,如图 5.25(b)所示。但必须注意,由于作用与反作用的关系,右段横截面 $m\text{-}m$ 上的剪力 F_Q 的指向和弯矩 M 的转向与左段

横截面 $m\text{-}m$ 上的剪力 F_Q 和弯矩 M 相反。

　　为了使无论从左段梁还是右段梁得到的同一横截面上的剪力和弯矩,不仅大小相等,而且有相同的正负号,现根据变形情况来规定剪力和弯矩的正负号。

　　剪力正负号的规定:凡使所取梁段具有作顺时针转动的剪力为正,反之为负,如图5.26(a)所示。

　　弯矩正负号的规定:凡使梁段产生"上凹下凸"弯曲的弯矩为正,反之为负,如图5.26(b)所示。

　　由上述规定可知,图5.26(a)、(b)所示两种情况,横截面 $m\text{-}m$ 上的剪力和弯矩均为正值。

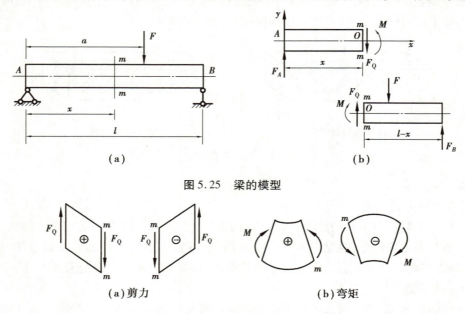

图5.25　梁的模型

图5.26　梁的内力

（a）剪力　　　　　　　　（b）弯矩

▶ 5.2.4　静定平面刚架

1)刚架的特点

　　①构造特点:一般由若干梁、柱等直杆组成且具有刚结点的结构,称为刚架。杆轴及荷载均在同一平面内且无多余约束的几何不变刚架,称为静定平面刚架;不在同一平面内无多余约束的几何不变刚架,称为静定空间刚架。

　　②力学特性:刚结点处夹角不可改变,且能承受和传递全部内力(弯矩、剪力、轴力)。

　　③刚架优点:内部空间较大,杆件弯矩较小,且制造比较方便。因此,刚架在土木工程中得到广泛应用。

2)静定平面刚架的组成形式

　　常见的静定平面刚架的组成形式有:悬臂刚架、简支刚架、三铰刚架、多跨刚架和多层刚架等,如图5.27所示。

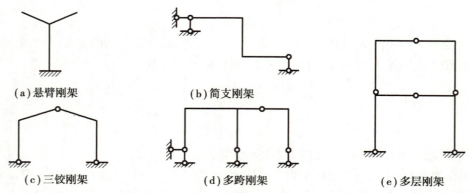

（a）悬臂刚架　　　　（b）简支刚架

（c）三铰刚架　　　（d）多跨刚架　　　（e）多层刚架

图5.27　静定平面刚架的组成形式

3) 静定平面刚架内力图的绘制

静定平面刚架的内力图有弯矩图、剪力图和轴力图。

静定平面刚架内力图的基本作法是杆梁法，即把刚架折合成杆件，其内力计算方法原则上与静定梁相同。通常是先由刚架的整体或局部平衡条件，求出支座反力或某些铰结点处的约束力，然后用截面法逐杆计算各杆的杆端内力，再利用杆端内力按照静定梁的方法分别作出各杆的内力图，最后将各杆内力图合在一起，就得到刚架的内力图。

【例题 5.3】　试作图 5.28(a)所示三铰刚架的内力图。

【解】　(1)计算反力。由

$$\sum M_B = 8F_{Ay} - 20 \times 4 \times 6 = 0$$

得

$$F_{Ay} = 60(\text{kN})$$

由

$$\sum Y = F_{By} + 60 - 20 \times 4 = 0$$

得

$$F_{By} = 20(\text{kN})$$

由 $\sum X = 0$，可知 $F_{Ax} = F_{Bx}$。

取 CB 部分为隔离体，见图 5.29(a)。由

$$\sum M_C = 8F_{Bx} - 20 \times 4 = 0$$

得

$$F_{Bx} = 10(\text{kN})$$

于是

$$F_{Ax} = 10(\text{kN})$$

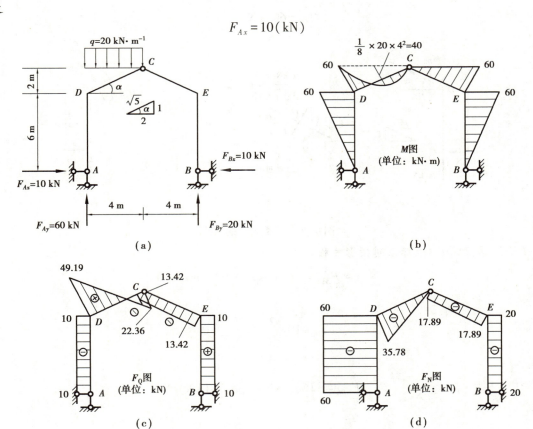

图 5.28　内力图的绘制

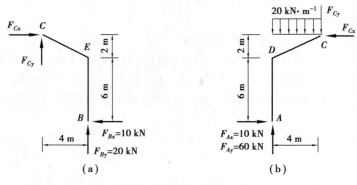

图 5.29　求解支座反力

为了校核反力,取 AC 部分为隔离体[见图 5.29(b)],根据弯矩平衡条件 $\sum M_C = 0$ 检验如下:

$$\sum M_C = 60 \times 4 - 10 \times 8 - 20 \times 4 \times 2 = 0$$

可知反力计算无误。

(2)绘制内力图。

根据荷载情况,可分为 AD、DC、CE 和 CB 这 4 个区段,分别计算出各区段控制截面的内力,即可作出如图 5.28(b)~(d)分别所示的弯矩图、剪力图和轴力图。下面对倾斜区段 DC 和 CE 有关控制截面的内力计算说明如下。

①求 DC 段控制截面的内力:

取图 5.30(a)所示隔离体,由

$$\sum M_D = M_{DC} - 10 \times 6 = 0$$

得

$$M_{DC} = 60(\text{kN} \cdot \text{m})$$

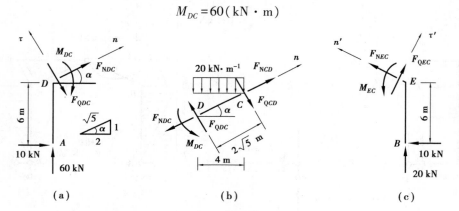

图 5.30　截面内力的求法

为了便于计算,取 $nD\tau$ 坐标系列投影方程。由

$$\sum n = F_{\text{NDC}} + 10 \cos \alpha + 60 \sin \alpha = 0$$

即

$$F_{\text{NDC}} + 10 \times \frac{2}{\sqrt{5}} + 60 \times \frac{1}{\sqrt{5}} = 0$$

得

$$F_{\text{NDC}} = -16\sqrt{5} \text{ kN} = -35.78(\text{kN})$$

由

$$\sum \tau = -F_{\text{QDC}} + 60 \cos \alpha - 10 \sin \alpha = 0$$

可得

$$F_{QDC} = 22\sqrt{5} \text{ kN} = 49.19 \text{ (kN)}$$

再取 DC 为隔离体[见图 5.30(b)]，由

$$\sum M_D = -60 + \frac{1}{2} \times 20 \times 4^2 + 2\sqrt{5}F_{QCD} = 0$$

得

$$F_{QCD} = -10\sqrt{5} \text{ (kN)} = -22.36 \text{ (kN)}$$

由

$$\sum n = F_{NCD} - 20 \times 4 \times \sin\alpha - F_{NDC} = 0$$

即

$$F_{NCD} - 20 \times 4 \times \frac{1}{\sqrt{5}} - (-16\sqrt{5}) = 0$$

得

$$F_{NCD} = 0$$

此外，因 C 为铰端，故 $M_{CD} = 0$。

②求 CE 段控制截面的内力：

取图 5.30(c)所示隔离体，由

$$\sum M_E = -M_{EC} + 10 \times 6 = 0$$

得

$$M_{EC} = 60 \text{ (kN} \cdot \text{m)}$$

同理，取 $n'E\tau'$ 坐标系列投影方程，由

$$\sum n' = F_{NEC} + 10\cos\alpha + 20\sin\alpha = 0$$

即

$$F_{NEC} = -8\sqrt{5} \text{ (kN)} = -17.89 \text{ (kN)}$$

由

$$\sum \tau' = F_{QEC} - 10\sin\alpha + 20\cos\alpha = 0$$

可得

$$F_{QEC} = -6\sqrt{5} \text{ (kN)} = -13.42 \text{ (kN)}$$

注意到该区段为无荷载区段，故剪力和轴力分别为一常数，即

$$F_{QCE} = F_{QEC} = -13.42 \text{ (kN)}, F_{NCE} = F_{NEC} = -17.89 \text{ (kN)}$$

求得上述两倾斜杆段有关控制截面的内力后，即可作出相应的内力图。至于 DC 段的弯矩图，可按叠加法作出。

▶ 5.2.5　超静定结构的一般特性

超静定结构与静定结构相比较，具有以下一些重要特征。了解这些特性有助于加深对超静定结构的认识，并更好地应用它们。

1) 温度和支座沉陷等变形因素的影响

"没有荷载，就没有内力"这一结论只适用于静定结构，而不适用于超静定结构。在超静定结构中，支座移动、温度变化、材料收缩、制造误差等因素都会引起内力。这是因为存在着多余联系，当结构受到这些因素影响而发生位移时，一般还会受到多余联系的约束，因而相应地要产生内力。

温度或支座移动因素在超静定结构中引起的内力,一般与各杆刚度的绝对值成正比。因此,简单地增加结构截面尺寸,并不能有效地抵抗由温度或支座移动引起的内力。为了防止温度变化或支座沉降产生过大的附加内力,在结构设计时,通常采用预留温度缝和沉降缝来减少这种附加内力。另外,也可以主动地利用这种自内力来调节超静定结构的内力,如对于连续梁,可以通过改变支座的高度来调整梁的内力,以得到更合理的内力分布。

2)结构的刚度分布对结构内力的影响

静定结构的内力只由平衡条件即可唯一确定,其值与结构的材料性质和截面尺寸无关。而超静定结构的内力仅由平衡条件无法全部确定,还必须考虑变形条件才能确定,因此其内力数值与材料性质和截面尺寸有关。

在超静定结构中,各杆刚度比值有任何改变,都会使结构的内力重新分布。这是因为在力法方程中,系数和自由项都与各杆刚度有关,如果各杆的刚度比值有改变,各系数与自由项之间的比值也会随之改变,因而内力分布也改变;如果杆件的刚度比值不变,内力分布就不会发生改变。由此可知,荷载作用下超静定结构的内力分布与各杆刚度的比值有关,而与其绝对值无关。

由于超静定结构的内力状态与各杆刚度比值有关,因此在设计超静定结构时,需事先根据经验拟定或用近似方法估算截面尺寸,以此为基础才能求出截面内力,然后再根据内力重新选择截面。所选的截面尺寸与事先拟定的截面尺寸不一定相符,这就需要调整截面进行计算,如此反复,直到得出一个满意的结果为止。因此可见,超静定结构的设计过程比静定结构设计复杂。另外,我们也可以利用超静定结构的这一特点,通过改变各杆的刚度大小来调整超静定结构的内力分布,以达到预期的目的。

3)多余约束的存在及其影响

从抵抗突然破坏的防护能力看,超静定结构在多余联系被破坏后,仍能维持几何不变,且具有一定的承载能力;而静定结构在任何一个联系被破坏后,便立即成为几何可变体系而丧失了承载能力。因此,从军事防卫及抗震方面来看,超静定结构具有较强的防御能力。从内力及变形的分布来看,超静定结构由于具有多余联系,刚度要比相应的静定结构大些,而内力和位移的峰值则小些,且内力分布也更均匀。此外,在局部荷载作用下,前者较后者的内力分布范围也更大。

4)"剪力分配法"计算等高排架

【例题5.4】 计算图5.31(a)所示等高排架。

(1)确定基本未知量数目

此等高排架(泛指各竖柱柱顶位于同一高度或同斜线上的排架)只有一个独立的结点线位移未知量,即A、C、E的水平位移Z_1。

(2)确定基本体系,如图5.31(b)所示。

(3)建立典型方程

根据结点E附加支座链杆中反力为零的平衡条件,有

$$k_{11}Z_1 + F_{1P} = 0$$

(4)求系数和自由项

作单位位移引起的弯矩图$\overline{M}_1$图和荷载弯矩图M_P图,如图5.31(c)、(d)所示。由截面平衡条件$\sum F_x = 0$,可求得

$$k_{11} = \frac{3EI_1}{h_1^3} + \frac{3EI_2}{h_2^3} + \frac{3EI_3}{h_3^3}$$

$$= \sum_{i=1}^{3} \frac{3EI_i}{h_i^3}$$

以及

$$F_{1P} = -F_P$$

（5）解方程，求基本未知量 Z_1

将 k_{11} 和 F_P 之值代入典型方程，解得

$$Z_1 = -\frac{F_{1P}}{k_{11}} = \frac{F_P}{\sum_{i=1}^{3} \frac{3EI_i}{h_i^3}}$$

按叠加原理即可作出弯矩图。

【讨论】　若令

$$\gamma_i = \frac{3EI_i}{h_i^3} \tag{5.6}$$

式中，γ_i 为当排架柱顶发生单位侧移时，各柱柱顶产生的剪力，它反映了各柱抵抗水平位移的能力，称为排架柱的侧移刚度系数。于是，各柱顶的剪力为

$$F_{Qi} = \gamma_i Z_i = \frac{\gamma_i}{\sum \gamma_i} F_P$$

再令

$$\eta_i = \frac{\gamma_i}{\sum \gamma_i} \tag{5.7}$$

称 η_i 为第 i 根柱的剪力分配系数，则各柱所分配的柱顶剪力为

$$F_{Qi} = \eta_i F_P \qquad (i = 1,2,3) \tag{5.8}$$

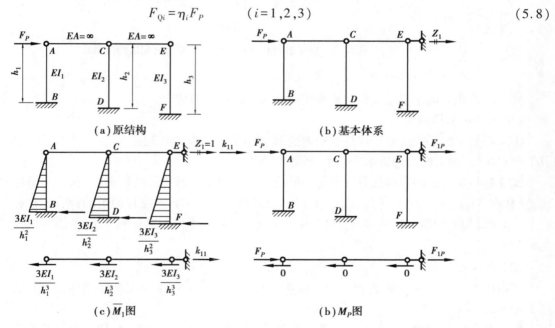

图 5.31　剪力分配法

以上分析表明，当等高排架仅在柱顶受水平集中力作用时，可首先由式（5.7）求出各柱的剪力分配系数 η_i，然后由式（5.8）算出各柱顶剪力 F_{Qi}，最后把每根柱视为悬臂柱绘出其弯矩图。这样就可不必建立典型方程而直接得到解答。这一方法称为剪力分配法，是计算等高排架很有效的方法。

必须注意，当任意荷载作用于排架时，则不能直接应用上述剪力分配法。例如，对于图 5.32（a）所示荷载情况，可首先在柱顶施加水平附加支座链杆，并求出该附加反力［见图 5.32（b）］为

$$F_R = F_P + \frac{3}{8}qh_1 \qquad (\leftarrow)$$

为了消除此附加反力,应在柱顶施加一个反向力 F_R[见图 5.32(c)]。显然,原结构的弯矩图应为图 5.32 (b)、(c)弯矩图(可直接利用剪力分配法绘出)的叠加,如图 5.32(d)所示。

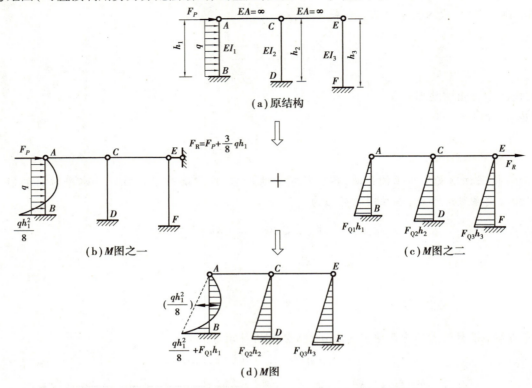

图 5.32　当任意荷载作用于排架时剪力分配法的运用

5)多层多跨刚架的近似计算法:分层计算法

分层计算法适用于多层多跨刚架承受竖向荷载作用时的情况。

(1)两个近似假设

①忽略侧移的影响。对于在任意竖向荷载作用下有侧移的多层多跨刚架,由力法或位移法计算可知,其侧移很小,因而对内力的影响也较小,可忽略不计。

②忽略每层梁上的竖向荷载对其他各层的影响。在不考虑侧移的情况下,从力矩分配法的过程可以看出,荷载在本层结点产生不平衡力矩,经过分配和传递,才影响到本层柱的远端;然后,在柱的远端再经过分配,才影响到相邻的层。这里经历了"分配——传递——分配"三道运算,余下的影响已经很小,因而可以忽略。

(2)基本做法

现以图 5.33(a)所示刚架为例,加以说明。将该刚架分成若干个无侧移刚架,如图 5.33(b)所示,均可用力矩分配法计算。

关于各柱的线刚度 i 及弯矩传递系数 C 的取值。在各个分层刚架中,柱的远端都假设为固定端。但实际上除底层柱外,其余各层柱的远端并不是固定端,而是弹性约束端(有转角产生)。为了减小因此引起的误差,在各个分层刚架中,可将上层各柱的线刚度乘以折减系数 0.9,并将弯矩传递系数由 1/2 改为 1/3[见图 5.33(b)]。

最终梁弯矩与分层计算的梁弯矩相同。最终柱弯矩由上、下两个分层刚架中同柱子的弯矩相叠加得到。

分层计算的结果,在刚结点上弯矩是不平衡的,但一般误差不会很大。如有需要,可对结点的不平衡力矩再进行一次分配。

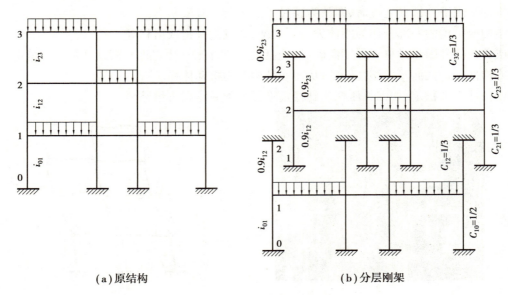

(a) 原结构　　　　　　　　　　　　　　(b) 分层刚架

图 5.33　分层计算法示意图

5.3　建筑结构的可靠性与极限状态

▶ 5.3.1　建筑结构的功能要求

结构设计的基本目的是采用最经济的手段,使结构在规定的时间内和规定的条件下,完成各项预定功能的要求。"规定的时间"是指我国规范规定的结构设计基准期 T,我国取 $T=50$ 年。当然,当建筑物的使用年限达到或超过设计基准期后,并不意味着该结构即行报废而不能再继续使用,而是说它的可靠性水平从此逐渐降低。"规定的条件"是指正常设计,正常施工,正常使用的条件,即不考虑人为的过失。"各项预定功能"包括结构的安全性、适用性和耐久性。结构各项预定功能的具体要求如下:

(1)安全性

安全性指结构在规定的条件下,应该能够承受可能出现的各种作用,包括荷载、外加变形、约束变形等作用。而且,在偶然荷载作用下或偶然事件发生时(如强风、爆炸等),结构应能保持必要的整体稳定性,不致倒塌。

(2)适用性

适用性指结构在正常使用时应能满足预定的使用要求,具有良好的工作性能,其变形、裂缝或振动振幅等均不超过规定的限度。

(3)耐久性

耐久性指结构在正常使用,正常维护的情况下应有足够的耐久性能,不致因材料变化或外界侵蚀而影响预期的使用年限。

以上 3 个方面的功能总称为建筑结构的可靠性。

▶ 5.3.2　建筑结构的极限状态

若整个结构或结构的一部分超过某一特定状态,就不能满足设计的某一项功能要求,则此特定状态就称为该功能的极限状态。结构的极限状态分为以下两类:

1)承载能力极限状态

这类极限状态对应于结构或结构构件(包括连接件)达到最大承载力或达到不能承载的过大变形。当

结构或结构构件出现下列情况之一时,即认为超过了承载能力极限状态:

①整个结构或结构的一部分作为刚体失去了平衡,如发生倾覆或滑移等。

②结构或其连接件因超过材料强度而破坏(包括疲劳破坏),或因过度的塑性变形而不能继续承载。

③结构或构件某些截面发生塑性转动,从而使结构变为机动体系。

④结构或构件丧失稳定,如细长压杆达到稳定临界荷载后压屈失稳破坏。

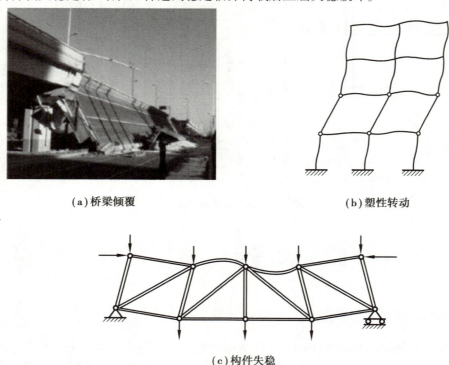

|(a)桥梁倾覆|(b)塑性转动|

(c)构件失稳

图 5.34 承载能力极限状态

2)正常使用极限状态

这类极限状态对应于结构或结构构件达到正常使用或耐久性能的某项规定极限值。当结构或结构构件出现下列情况之一时,即认为超过了正常使用极限状态:

①影响正常使用或有碍观瞻的变形,如吊车梁变形过大致使吊车不能正常行驶、梁挠度过大影响外观等。

②影响正常使用或耐久性能的局部损坏,如水池壁开裂漏水不能正常使用、钢筋混凝土构件裂缝过宽导致钢筋锈蚀等。

③影响正常使用的振动。

④影响正常使用的其他特定状态,如地基相对沉降量过大。

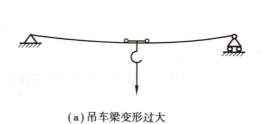

(a)吊车梁变形过大

(b)混凝土裂缝

（c）地基不均匀沉降

图 5.35 正常使用极限状态

承载能力极限状态主要考虑结构的安全性功能。结构或构件一旦超过这种极限状态，就可能造成倒塌或严重损坏，从而带来人身伤亡和重大经济损失。因此应把这种极限状态出现的概率控制得非常严格。正常使用极限状态主要考虑结构的适用性功能和耐久性功能。结构或构件达到这种极限状态虽会失去适用性和耐久性，但通常不会带来人身伤亡和重大经济损失，故可以把出现这种极限状态的概率放宽一些。

3）承载能力极限状态设计表达式

令 S_k 为荷载效应的标准值（下标 k 意指标准值），$\gamma_S(\geqslant 1)$ 为荷载分项系数，二者乘积为荷载效应的设计值，计算如式（5.9）：

$$S = \gamma_S S_k \tag{5.9}$$

同样，令 R_k 为结构抗力标准值，$\gamma_R(>1)$ 为抗力分项系数，二者之比为抗力的设计值。

$$R = \frac{R_k}{\gamma_R} \tag{5.10}$$

按承载能力极限状态设计时，应考虑荷载效应的基本组合，必要时尚应考虑荷载效应的偶然组合。《荷载规范》规定：对于基本组合，荷载效应组合的设计值应从由可变荷载效应控制的组合和由永久荷载效应控制的两组组合中取最不利值确定。

对由可变荷载效应控制的组合，其承载能力极限状态设计表达式一般形式为：

$$\begin{aligned} S &= \sum_{i\geqslant 1} \gamma_{G_i} S_{G_{ik}} + \gamma_P S_P + \gamma_{Q_1} \gamma_{L_1} S_{Q_{1k}} + \sum_{j>1} \gamma_{Q_j} \psi_{cj} \gamma_{L_j} S_{Q_{jk}} \leqslant R\left(\frac{f_{sk}}{\gamma_s}, \frac{f_{ck}}{\gamma_c}, a_k \cdots\right) \\ &= R(f_s, f_c, a_k \cdots) \end{aligned} \tag{5.11}$$

对由永久荷载效应控制的组合，其承载能力极限状态设计表达式的一般形式为：

$$\begin{aligned} S &= \sum_{i\geqslant 1} \gamma_{G_i} S_{G_{ik}} + \gamma_P S_P + \gamma_L \sum_{j\geqslant 1} \gamma_{Q_j} \psi_{cj} S_{Q_{jk}} \leqslant R\left(\frac{f_{sk}}{\gamma_s}, \frac{f_{ck}}{\gamma_c}, a_k \cdots\right) \\ &= R(f_s, f_c, a_k \cdots) \end{aligned} \tag{5.12}$$

式中　$S_{G_{ik}}$——第 i 个永久作用标准值的效应；

　　　S_P——预应力作用有关代表值的效应；

　　　$S_{Q_{1k}}$——第 1 个可变作用（主导可变作用）标准值的效应；

　　　$S_{Q_{jk}}$——第 j 个可变作用标准值的效应；

　　　γ_{G_i}——第 i 个永久作用的分项系数；

　　　γ_P——预应力作用的分项系数；

　　　γ_{Q_1}——第 1 个可变作用（主导可变作用）的分项系数；

　　　γ_{Q_j}——第 j 个可变作用的分项系数；

　　　$\gamma_{L_1}, \gamma_{L_j}$——第 1 个和第 j 个关于结构设计使用年限的荷载调整系数；

ψ_{cj}——第 j 个可变作用的组合值系数。

偶然事件本身属于小概率事件,两种不相关的偶然事件同时发生的概率更小,所以不必同时考虑两种偶然荷载。分别规定两种设计状况的偶然荷载组合如下:

4)偶然事件发生时,结构承载能力极限状态设计的组合为:

$$S_d = \sum_{j=1}^{m} S_{G_{jk}} + S_{A_d} + \psi_{f1}S_{Q1k} + \sum_{i=2}^{n} \psi_{qi}S_{Qik} \tag{5.13}$$

式中　S_{A_d}——偶然荷载设计值 A_d 的效应,如内力、位移等;

　　ψ_{f1}——第 1 个可变荷载的频遇值系数;

　　ψ_{qi}——第 i 个可变荷载的准永久值系数。

偶然事件发生后,受损结构整体稳固性验算的组合为:

$$S_d = \sum_{j=1}^{m} S_{G_{jk}} + \psi_{f1}S_{Q1k} + \sum_{i=2}^{n} \psi_{qi}S_{Qik} \tag{5.14}$$

设计人员和业主首先要尽可能控制偶然荷载发生的概率或减小偶然荷载的强度,其次才是进行偶然荷载设计。

偶然荷载的代表值不乘分项系数,这是因为偶然荷载标准值的确定本身带有主观的臆测因素。与偶然荷载同时出现的其他荷载可根据观测资料和工程经验采用适当的代表值。

式(5.11)和式(5.12)右侧为结构承载力,用承载力函数 R 表示,表明其为混凝土和钢筋强度标准值 (f_{ck}、f_{sk})、分项系数(γ_c、γ_s)、几何尺寸标准值(a_k)以及其他参数的函数。

5)正常使用极限状态设计表达式

按正常使用极限状态设计,主要是验算构件的变形和抗裂度或裂缝宽度。按正常使用极限状态设计时,变形过大或裂缝过宽虽影响正常使用,但危害程度不及承载力不足引起的结构破坏,所以可适当降低对可靠度的要求。

《建筑结构可靠度设计统一标准》规定按正常使用极限状态计算时取荷载标准值,无须乘分项系数,也不考虑结构重要性系数 γ_0。在正常使用状态下,可变荷载作用时间的长短对于变形和裂缝的大小显然是有影响的。可变荷载的最大值并非长期作用于结构之上,所以应按其在设计基准期内作用时间的长短和可变荷载超越总时间或超越次数,对其标准值进行折减。《建筑结构可靠度设计统一标准》采用一个小于 1 的准永久值系数和频遇值系数来考虑这种折减。荷载的准永久值系数是根据在设计基准期内荷载达到和超过该值的总持续时间与设计基准期内总持续时间的比值而确定的。荷载的准永久值系数乘以可变荷载标准值所得乘积称为荷载的准永久值。可变荷载的频遇值系数,是根据在设计基准期间可变荷载超越的总时间或超越的次数来确定的,荷载的频遇值系数乘可变荷载标准值所得乘积称为荷载的频遇值。

综上,可变荷载就有 4 种代表值,即标准值、组合值、准永久值和频遇值。其中标准值称为基本代表值,其他代表值可由基本代表值乘以相应的系数得到。

各类可变荷载和相应的组合值系数、准永久值系数、频遇值系数可在《荷载规范》中查到。

根据实际设计的需要,常需区分荷载的短期作用(标准组合、频遇组合)和荷载的长期作用(准永久组合)下构件的变形大小和裂缝宽度计算。所以,《建筑结构可靠度设计统一标准》规定按不同的设计目的,分别选用荷载的标准组合、频遇组合和准永久组合。标准组合主要用于当一个极限状态被超越时将产生严重的永久性损害的情况;频遇组合主要用于当一个极限状态被超越时将产生局部损害、较大变形或短暂振动的情况;准永久组合主要用于当长期效应是决定性因素的情况,例如最大裂缝宽度的验算。

①按荷载的标准组合时,荷载效应组合的设计值 S 应按式(5.15)计算:

$$S = \sum_{i \geq 1} S_{Gik} + S_P + S_{Q1k} + \sum_{j > 1} \psi_{cj}S_{Qjk} \tag{5.15}$$

式中,永久荷载及第 1 个可变荷载采用标准值,其他可变荷载均采用组合值。ψ_{cj} 为可变荷载组合值系数。

②按荷载的频遇组合时,荷载效应组合的设计值 S 应按式(5.16)计算:

$$S = \sum_{j \geqslant 1} S_{G_{jk}} + S_P + \psi_{f1} S_{Q_{1k}} + \sum_{j > 1} \psi_{cj} S_{Q_{jk}} \tag{5.16}$$

式中,ψ_{f1} 为可变荷载的频遇值系数。

③按荷载的准永久组合时,荷载效应组合的设计值 S 应按式(5.17)计算:

$$S = \sum_{i \geqslant 1} S_{G_{ik}} + S_P + \sum_{j \geqslant 1} \psi_{qj} S_{Q_{jk}} \tag{5.17}$$

式中,ψ_{qj} 为可变荷载的准永久值系数。

④对于偶然组合,偶然荷载(如爆炸力、撞击力)的代表值不乘分项系数,与偶然荷载可能同时出现的其他荷载可根据观测资料和工程经验采用适当的代表值。

荷载效应组合时需注意以下问题:

①不管何种组合,都应包括永久荷载效应。

②对于可变荷载效应,是否参与在一个组合中,要根据其对结构或结构构件的作用情况而定。对于建筑结构,无地震作用参与组合时,一般考虑以下 3 种组合情况(不包括偶然组合):

a.恒荷载+风荷载+其他活荷载;

b.恒荷载+除风荷载以外的其他活荷载;

c.恒荷载+风荷载。

5.4　建筑结构的失效行为

若构件超过正常使用极限状态,则称为结构或构件失效。对于一般结构或构件,失效的情况通常可分为以下 3 种:

1)强度失效

构件的最大工作应力值超过其许可应力值,则称结构或构件发生了强度失效。要使结构或构件不出现强度失效,就必须满足构件的最大工作应力值不大于构件的许可应力值。

2)刚度失效

刚度失效是指构件的最大变形量超过其许可变形值时所发生的一种失效。要使结构或构件不出现刚度失效,就必须满足构件的最大变形量不大于构件的许可变形值。

3)稳定失效

本书仅涉及受压杆的稳定失效。处在不稳定平衡状态的压杆,即使杆件的强度和刚度满足要求,但在实际工程使用中,由于种种原因不可能达到理想的中心受压状态,制作的误差、材料的不均匀性、周围物体振动的影响都相当于一种"干扰力"。压杆会因受到干扰而丧失稳定,最终导致受压杆件的失效,即压杆稳定失效。要使压杆不出现稳定失效,就必须满足压杆所受压力值不大于构件的临界压力值。

5.5　概率极限状态设计方法

概率极限状态设计方法,是指以概率理论为基础,视荷载效应和影响结构抗力的主要因素为随机变量,根据统计分析确定可靠概率来度量结构可靠度的结构设计方法。这种设计方法的特点是有明确的、用概率尺度表达的结构可靠度的定义,通过预先规定的可靠度指标,使得结构各构件之间,以及不同材料组成的结构之间有较为一致的可靠度水准。

　　概率极限状态设计方法是"以概率理论为基础的极限状态设计方法"的简称。承载能力的极限状态,即结构或结构构件达到最大承载力或不适于继续承载的变形状态。所谓"极限状态",就是当结构的整体或某一部分,超过了设计规定的要求时,这个状态就叫作极限状态。极限状态又分为:承载能力极限状态与正常使用极限状态。

　　这里讲"概率计算",就是以结构的失效概率来确定结构的可靠度。过去容许应力法采用了一个安全系数 K(单一系数法),就是只用一个安全系数来确定结构的可靠程度。多系数法采用了多个分项系数,把结构计算划分得更细更合理,分别不同情况,给出了不同的分项系数。这些分项系数是由统计概率方法进行确定的,所以具有实际意义。诸多的分项系数从不同方面对结构计算进行修订后,使其材料得以充分发挥和结构更加安全可靠。这些系数都是结构在规定的时间内,在规定的条件下,完成预定功能的概率(即可靠度),所以这个计算方法的全称应该为"以概率理论为基础的极限状态设计方法"。

第 **6** 章
建筑场地、地基与基础

6.1 地质构造

　　地球的内部结构为一同心状圈层构造,半径约为 6 371 km。由地心至地表依次分为地核、地幔、地壳。其分界面主要依据地震波传播速度的急剧变化推测而定。1909 年,奥地利科学家莫霍洛维奇(Mohorovici)发现,在陆地以下 33 km 左右和海洋底下 10 km 左右的深处,地震传播速度发生明显变化。1914 年,德国科学家古登堡(Cutenberg)发现类似的突变也发生在地下 2 885 km 深处。根据这些发现,可以推测出地下有两个明显的界面,界面上下的物质以及其物理性质有很大差异。因此,地球内部 3 个层次的界面分别为:莫霍面(地壳与地幔的分界面)、古登堡面(地幔与地核的分界面),如图 6.1 所示。

　　地壳平均厚度约 17 km,大陆平均厚度约 33 km,海洋平均厚度约 6 km。地壳上层为沉积岩和花岗岩层,主要由硅铝氧化物组成。地壳下层为玄武岩或辉长岩类层,主要由硅镁氧化物构成。海洋地壳几乎完全没有花岗岩,一般在玄武岩上面覆盖一层沉积岩,厚度为 0.4 ~ 0.8 km。地壳内部的温度一般随深度增加而逐步升高。

　　地幔的厚度约 2 900 km,在靠近地壳部分,其组成物质主要是硅酸盐类的物质,而靠近地核的部分,主要是由铁镍金属氧化物组成。地幔又可分成上地幔和下地幔两层。上地幔顶界面距地表 33 km,密度为 3.4 g/cm^3;下地幔顶界面距地表 1 000 km,密度为 4.7 g/cm^3。一般认为上地幔顶部存在一个软流层,是放射性物质集中的地方。由于放射性物质分裂的结果,整个地幔的温度都很高,在 1 000 ~ 3 000 ℃,这样高的温度足以使岩石熔化,可能成为岩浆的发源地。地幔层的压力也很大,相当于 50 万 ~ 150 万个标准大气压。在这样大的压力下,物质的熔点随之升高。在这种环境下,地幔物质具有一定可塑性,但没有熔成液体,可能局部处于熔融状态,这点已经从火山喷发出来的来自地幔的岩浆得到证实。下地幔温度、压力和密度均增大,物质呈可塑性固态。

　　地核又称铁镍核心,其物质组成以铁、镍为主,又分为内核和外核。内核的顶界面距地表约 5 100 km,约占地核直径的 1/3,可能是固态的,其密度为 $10.5 ~ 15.5 \text{ g/cm}^3$。外核的顶界面距地表 2 900 km,可能是液态的,其密度为 $9 ~ 11 \text{ g/cm}^3$。通常推测外核可能由液态铁组成,内核被认为是由刚性很高的,在极高压下结晶的固体铁镍合金组成。地核中心的压力可达到350万个标准大气压,温度约6 000 ℃。

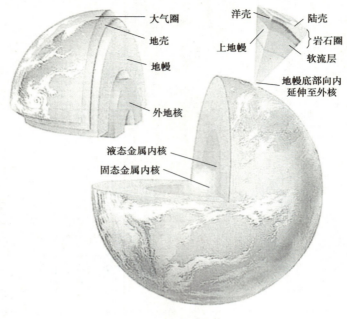

图6.1 地球构造

6.2 场地

▶ 6.2.1 场地选择

场地选择会涉及很多因素,这里重点研究地质构造的影响和自然因素的影响。场地选择涉及的法律问题和能源问题同样需要引起设计者的关注。

1)地质构造影响

地质构造对于场地选择极为重要,特别是在地震区进行场地选择时。《建筑抗震设计规范》规定,对于稳定的基石、坚硬土、开阔平坦密实均匀的中硬土的地段,在建筑场地选择中被认为是有利地段。对于软弱土、液化土地段,条状突出的山嘴,高耸孤立的山丘,陡坡,陡坎,河岸和边坡的边缘等地段,以及平面分布上成因、岩性、状态明显不均匀的土层,包括故河道、疏松的断层破碎带、暗埋的塘沟谷和半挖半填地基,还有高含水量的可塑黄土,地表存在结构性裂缝等地区,均被认为是建筑场地中的不利地段。对于地震时可能发生滑坡、崩塌、地陷、泥石流及地震断裂带上,可能发生地表错位的部位则被认为是危险地段。

2)自然因素影响

影响场地选择的自然因素包括:日照、温度、风向风速、水流方向和地面坡度等因素。

日照对于建筑功能有非常重要的影响。如对于幼儿园、医院和住宅等建筑,日照时间和日照面积极为重要。对于博物馆、图书馆,则要选择避光设计,保护书籍和文物。对于油库和危险品库,更要注意避免由日照引起的燃烧和爆炸。

温度,特别是环境温度对人体感觉有很大影响,对工作环境也有很重要的影响。因此,很多数据中心选择建在温度较低的地区。在场地选择时,不仅要考虑场地全年温度分布,而且还要考虑最低、最高温度的极值天气。

风向风速在一个地区不是一成不变的,一般采用风向频率作为统计指标,来表明一个地区的风向特点。风速在气象学上常用空气每秒钟的流动距离来表示,风速大小决定风力大小。

因此，一般建筑不宜建在山顶和山脊处，因为这些地方风速很大。也要避开隘口地区，因为这种地形条件容易造成气流集中，风速会成倍增加，形成风口。还要尽量避免选择山谷盆地，这些地方风速过小，容易造成不流动的沉闷的覆盖气层，出现严重的空气污染。比较理想的场地是受冬季主导风向较小，夏季主导风向常来，以及近距离内常年主导风向上无大气污染源的地方。

► 6.2.2　场地土层

从对地壳的研究，深入到场地的选择，已经可以为建筑确定建造的场地。然而建筑不是摆在地面上，而是植根于场地的土层之中。因此，下一步的工作是研究场地的土层，进一步为建造工作和建筑全生命周期的稳定打下基础。

土是岩石经过风化、剥蚀、搬运、沉积等过程后的产物，由不同直径的土粒组合而成。土粒的孔隙中还存在气体、液体，因此土被称作三相体系。

土的来源是岩石，岩石按照成因分为岩浆岩、沉积岩和变质岩。岩浆岩是从地壳下面喷出的熔融的岩浆冷凝结晶而成的。岩石如果破碎成土后，继而又被压紧，随着化学胶结作用、再结晶作用和硬结成岩作用等过程，再一次形成岩石，这种岩石称为沉积岩。沉积岩基本是在常温常压下完成的。如果温度、压力足以使原来的岩石结构、矿物成分发生改变，形成一种新的岩石，这种岩石则称为变质岩。变质岩基本是在高温高压下形成的。

岩石在构造运动的影响下，逐步开裂，同时受到风化作用。岩石受到的风化作用包含了机械破碎作用、化学作用和生物影响作用。在经过风化和搬运过程后，逐渐破碎成更小的碎块，继而成土。同一粒径的颗粒聚集在同一地区，细小的颗粒被带到较远的地方沉积下来。在地壳漫长的演变过程中，岩石和土交替反复形成，周期性地破碎及集合。

第四纪土按照成因又可以细分为残积物、坡积物、洪积物、冲积物、海洋沉积物、湖泊沉积物、冰川沉积物和风积物。

► 6.2.3　地下水

水可以以各种物态存在于土中，其中水蒸气对土的性质影响不大，冰可以使地基土冻胀或融陷，使建筑产生不均匀沉降。对土的性质影响最大的是液态水。

地下水的状况对建筑在设计和施工阶段会产生不同的影响。在这里将这些问题归结为重点分析的8个问题。

（1）地下水埋深对基础埋深的影响

一般情况尽量将建筑基础置于地下水位以上，特别是对于寒冷地区，如果基础底面与地下水位之间是粉砂或黏性土，还要考虑冬季由于毛细水上升引起的地基冻胀和基础被顶起问题。

（2）地下水位升降对地基变形的影响

地下水上升会导致黏性土软化、湿陷性黄土下沉和膨胀土吸水膨胀。地下水下降又会导致建筑出现明显的沉降。因此在设计过程中，要认真研究地下水稳定状况。

（3）地下水对建筑的浮托作用

当基础底面低于地下水位时，地下水对基础底面会产生静水浮力，如控制不当，会造成建筑上浮，可能对建筑造成极大的不利影响。

（4）地下室防水设计问题

当基础底面低于地下水位时，有地下室的建筑要进行地下室外墙和底板的防水设计，防止地下水渗入建筑内部，对内部设施造成影响，如图6.2所示。

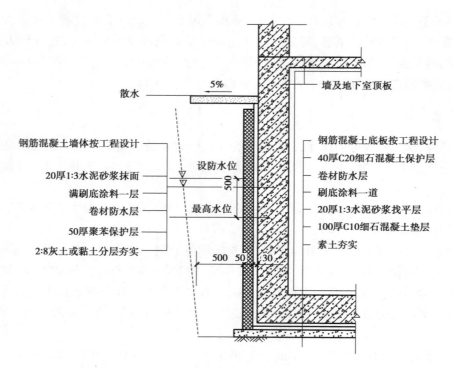

图6.2 地下室防水示意图

（5）地下水的侵蚀性

地下水的流动会破坏土的结构，形成空洞。同时，地下水溶解土中的易溶盐分会破坏土颗粒间的结合力，也会形成空洞。因此，水的侵蚀作用会破坏地基强度，形成空洞，影响建筑的稳定性。

（6）施工降水问题

当基础底面低于地下水位时，施工过程中往往要组织降水。降水可能对周围建筑和路面产生影响。因此降水设计非常重要，如图6.3所示。

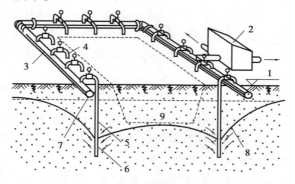

图6.3 施工降水示意图
1—地面；2—水泵房；3—总管；4—弯联管；5—井点管；
6—滤管；7—原有地下水位线；8—降低后地下水位线；9—基坑

（7）流砂问题

流砂是地下水自下而上渗流时土产生流动的现象。也就是当地下水的动水压力大于土的浮重度时，就会出现流砂问题，流砂会导致地面塌陷和建筑地基破坏。因此在分析土层时应避开流砂层，或对流砂层进行处理。

（8）基坑突涌问题

工程基坑下有承压含水层时，开挖基坑减小了底部隔水层的厚度。当隔水层重力小于承压水向上的压力时，承压水会冲破基坑底板，这就造成了基坑突涌。有效的方法是通过设计保证向下的重力始终大于承压水向上的压力。

6.3　地基的承载力与变形

▶ 6.3.1　地基承载力

地基承载力是指地基承担荷载的能力。地基承载力是地基土抗剪强度的一种宏观表现。在上部结构传至基础的荷载作用下，地基开始变形。荷载增加，地基变形增大。土是有弹性的材料，因此在荷载作用初期，地基处于弹性平衡阶段，具有安全承载的能力，当荷载进一步增加时，地基内某点或某几点达到土的抗剪强度，土中应力重分布。这种点或几个点连接的小区域，称为塑性区。此时，如果上部荷载减小，还可以恢复弹性平衡状态，因此在这一阶段地基仍具有弹性承载能力。但这个阶段要进行地基变形验算，防止地基产生过大变形，直至丧失承载力，造成地基破坏，地基达到极限承载能力。

由于不同地区地基的性质差别很大，因此确定地基承载力是一个比较复杂的问题。一般可以通过4种途径获得地基承载力值，分别为：现场原位试验法、强度理论计算法、模型试验法、参考周围建筑地基条件的经验判别法。地基容许承载力是指地基稳定有足够安全度的承载能力，它相当于地基极限承载力除以一个安全系数，这个方法即定值法确定的地基承载力。地基承载力特征值是指地基稳定有保证可靠度的承载能力，因此，地基容许承载力或地基承载力特征值的定义是，在保证地基稳定的条件下，使建筑物基础沉降的计算值不超过允许值的地基承载力。

加拿大特朗斯康谷仓事故是由于地基承载力不足造成建筑物地基破坏的典型工程案例，如图6.4所示。

图6.4　加拿大特朗斯康谷仓事故

▶ 6.3.2　地基变形特点

土与钢材、混凝土材料相比，颗粒分散，因此在受力作用下，其变形有两个特征。第一个特征，土的压缩变形是由3个部分变形引起的，包括：土颗粒的压缩，土孔隙中水和封闭气体的压缩，土孔隙中水和空气被排出产生的压缩。由于土的压缩变形从而导致第二个特征：土的压缩需要一定时间才能完成。当然，土在外力作用下，除了压缩变形以外，还会产生侧向变形和剪切变形，但是在工程中讨论的作为建筑物地基的土的变形以压缩变形为主，称为地基沉降或基础沉降。

地基变形受到两个因素的影响：一个是地基土沉积历史的影响；另一个是上部荷载的影响。

沉积历史的影响指土层沉积过程中先期固结压力影响。天然土层在历史上受过最大的固结压力，指土体在固结过程中所受的最大有效压力,称为先期固结压力,按照它与现有压力相对比的状况,可将土(主要为黏性土和粉土)分为正常固结土、超固结土和欠固结土3类,如图6.5所示。图6.5(a)中A类覆盖土层是逐渐沉积到现在地面上,由于经历了漫长的地质年代,在土的自重作用下已经达到固结稳定状态,其先期固结压力 p_c 等于现有覆盖土自重 $p_1 = \gamma h$,其中 γ 为均质土的天然重度,h 为现在地面下的计算点深度,所以A类土是正常固结土。B类覆盖土层在历史上是相当厚的覆盖沉积层,在土的自重作用下也已达到稳定状态,图6.5(b)中虚线表示当时沉积面的地表,后来由于流水或冰川等的剥蚀作用而形成现在的地,因此先期固结压力 p_c 大于现有覆盖土自重 p_1,所以B类土是超固结的。C类土层也和A类土层一样是逐渐沉积到现在地面的,但不同的是C类土没有达到固结稳定状态。例如新近沉积黏性土、人工填土等,由于沉积后经历年代时间不久,其自重固结作用尚未完成,图6.5(c)中虚线表示将来固结完毕后的地表,因此 p_c 小于现有土的自重 p_1,所以C类土是欠固结的。

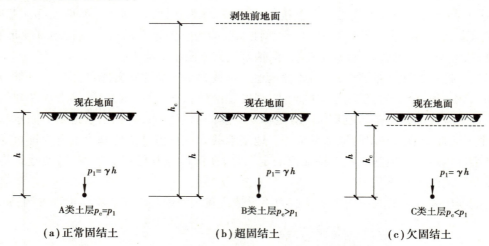

图6.5 沉积土层按先期固结应力分类

尽管土中前期固结压力不同,但在建筑物施工前,土中已有应力作用。施工时挖去部分土体,相当于卸去部分荷载,上部结构的重量相当于新加至地基持力层的荷载。新加荷载如果小于卸去土的重量,则地基会向上隆起。新加荷载如果大于卸去土的重量,则地基会产生沉降。

另一个因素是上部结构荷载的差异。由于建筑物荷载差异,基础各部分的沉降或多或少总是不均匀的,使得上部结构相应地产生额外的应力和变形。地基不均匀沉降超过了一定的限度,将导致建筑物的开裂、歪斜甚至破坏。

▶ 6.3.3 地基破坏形态

直接支承建筑物的土层称为地基。在场地确定以后,重要的工作是进行地基设计,因为地基破坏对建筑而言是致命破坏。地基破坏是由于地基上的剪切破坏而造成的,一般有3种形式:整体剪切破坏、局部剪切破坏和冲切剪切破坏,如图6.6所示。

整体剪切破坏是一种在基础荷载下地基发生连续剪切滑动面的地基破坏模式,其破坏特征表现为:当剪切破坏区在地基中形成一片,成为连续的滑动面时,基础就会急剧下沉并向一侧倾斜、倾倒,挤出两侧的地面向上隆起,地基发生整体剪切破坏,地基基础失去了继续承载能力。整体剪切破坏一般在密砂和坚硬的黏土中最有可能发生。

局部剪切破坏是一种在基础荷载作用下地基某一范围内发生剪切破坏区的地基破坏形式,其破坏特征表现为:随着荷载的继续增大,地基变形增大,剪切破坏区继续扩大,基础两侧土体有部分隆起,但剪切破坏区滑动面没有发展到地面,基础没有明显的倾斜和倒塌。基础由于产生过大的沉降而丧失继续承载能力。

冲切剪切破坏是一种在荷载作用下地基土体发生垂直剪切破坏,是基础产生较大沉降的一种地基破坏模式,也称刺入剪切破坏。其破坏特征表现为:在荷载作用下,基础产生较大沉降,基础周围的部分土体也产生下陷,破坏时基础好像"刺入"地基土层中,不出现明显的破坏区和滑动面,基础没有明显的倾斜。在压缩性较大的松砂、软土地基或基础埋深较大时,相对容易发生冲切剪切破坏。

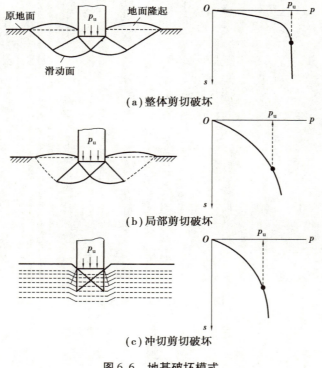

(a)整体剪切破坏

(b)局部剪切破坏

(c)冲切剪切破坏

图 6.6 地基破坏模式

▶ 6.3.4 地基变形

由于地基的变形特点,因此在建筑重力的作用下,地基会发生沉降,地下水的作用有时还会造成建筑上浮。地基设计的一个重要原则就是控制地基变形,保持结构竖向平衡。

1)地基沉降

当建筑物通过它的基础将荷载传给地基以后,在地基中将产生附加应力和变形,从而引起建筑物基础的下沉,在工程上将荷载引起的基础下沉称为基础的沉降。土体受力后引起的变形可分为体积变形和形状变形。变形主要是由正应力引起的,当剪应力超过一定范围时,土体将产生剪切破坏,此时的变形将不断发展。通常在地基设计中是不允许发生大范围剪切破坏的。本书研究的基础沉降主要是由正应力引起的体积变形。因此,研究合理地计算地基的变形,保证建筑物不发生过度沉降,对保证建筑物的安全和正常使用是极其重要的。

1954 年兴建的上海工业展览馆中央大厅是发生过度沉降的工程实例(见图 6.7)。由于建筑基础下面的地基大约存在 14 m 厚的淤泥质软黏土,因此尽管采用了箱形基础,但是建成后当年建筑就下沉了600 mm。1957 年 6 月,展览馆中央大厅四角的沉降最大达 1 465.5 mm,最小沉降量为 1 228 mm。同年 7 月,经鉴定,沉降属于均匀沉降,对裂缝修补后建筑可以继续使用。1979 年 9 月时,展览馆中央大厅平均沉降达 1 600 mm,直到此时地基沉降才逐渐趋向稳定。

墨西哥首都墨西哥城艺术宫,是一座巨型的具有纪念意义的早期建筑。此艺术宫于 1904 年落成,至今已有近 120 年的历史。该市处于四面环山的盆地中,古代原是一个大湖泊。因周围火山喷发的火山沉积和湖水蒸发,经漫长年代,湖水干涸形成目前的盆地。地表层为人工填土与砂夹卵石硬壳层,厚度为 5 m;其下为超高压缩性淤泥,天然孔隙比高达 7 ~ 12,天然含水量高达 150% ~ 600%,为世界罕见的软弱土,层厚达25 m。因此,这座艺术宫严重下沉,沉降量竟高达 4 m。邻近的公路下沉 2 m,公路路面至艺术宫门前高差达2 m。参观者需步下 9 级台阶,才能从公路进入艺术宫。其下沉量相当于一般房屋一层楼的层高,造成室内外连接困难和交通不便,内外网管道修理工程量增加。这也是地基设计不当,地基出现过度沉降的典型实例(见图6.8)。

图6.7　上海工业展览馆

图6.8　墨西哥城艺术宫

　　地基变形大不仅表现为沉降量过大,更糟糕的是出现不均匀沉降问题,造成建筑物倾斜甚至倒塌。对于地基变形的设计除了要重视土层的压缩性之外,还必须注意周围场地环境对地基的影响。环境影响可能会造成地基出现长期的不均匀沉降。

　　著名的意大利比萨斜塔,全塔共8层,高度55 m。向南倾斜,塔顶离中垂线达5.27 m。北侧沉降量约90 cm,南侧约270 cm,塔倾斜约5.5°。比萨斜塔在工程开始后不久便由于地基不均匀和土层松软而倾斜,由于斜塔倾斜角度的逐渐加大,到20世纪90年代,斜塔已濒于倒塌。1990年1月7日,意大利政府关闭了斜塔,不对游人开放,1992年成立比萨斜塔拯救委员会,向全球征集解决方案。斜塔的拯救曾有很多的方案,而最终的拯救方案是一项看似简单的新技术——地基应力解除法。其原理是,在斜塔倾斜的反方向,即其北侧塔基下面掏土,利用地基的沉降,使塔体的重心后移,从而减小倾斜幅度。该方法于1962年,由意大利工程师 Terracina 针对比萨斜塔提出,当时称为"掏土法",由于显得不够深奥而遭长期搁置,直到该方法在墨西哥城主教堂的纠偏中成功应用,政府才决定采用这个方法为比萨斜塔纠偏。拯救工程于1999年10月开始,采用斜向钻孔方式,从斜塔北侧的地基下缓慢向外抽土,使北侧地基高度下降,斜塔重心在重力的作用下逐渐向北侧移动。2001年6月,倾斜角度回到安全范围之内,关闭了十年的比萨斜塔又重新开放,如图6.9所示。

2)基础上浮

建筑不仅有向下失稳的危险,而且也有向上浮起的可能,如图6.10所示。前面在介绍地下水对建筑的影响时曾经谈到,当基础底面低于地下水位时,由于静水压力的作用,基础会受到浮力的作用。引起地下室上浮的原因是地下水浮力大于建筑物当时的上部荷重,造成这种情况可能是设计上的疏失,也可能是施工的大意。特别是设计人员忽视了大体积地下室主体建筑外上部荷重较轻的受力单元的浮力验算,或者浮力的设计地下水位标高取值有误。

图6.9　比萨斜塔

在施工过程中,太早停止人工降低地下水的措施,地下室回填土的回填质量太差无法形成有效摩擦力,以及施工场地排水不畅、地表水倒灌等,都是地下室发生上浮事故的主要原因。

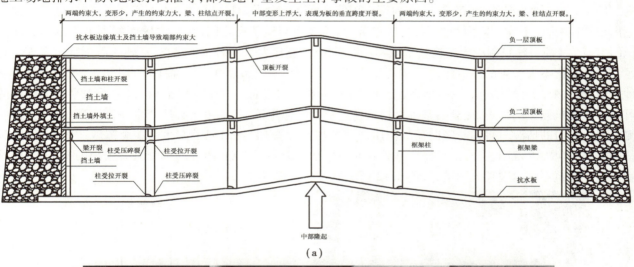

(a)

(b)

图6.10　地下室上浮示意图

尽管我国现行的规范不论在设计方面还是在施工方面,都对地下室抗浮作了相应的规定,但是地下室上浮造成结构严重受损的事故却屡屡发生。特别是在地下土层含水丰富的沿海城市,由地下水浮力所造成的地下室不均匀上浮、上部结构倒塌、倾斜、严重受损的事故时有发生,给国家造成了巨大的经济损失。

▶ 6.3.5 地基抗倾覆

结构侧向平衡主要是指保证结构在水平力作用下不产生整体倾覆,水平力不仅包括风荷载、地震作用,也包括作用在建筑地下部分的水平土压力和水平水压力。侧向平衡强调通过合理的地基基础设计,使建筑具有抵抗整体倾覆的能力。大量的工程案例说明,设计、施工中的问题可能导致建筑整体倾覆,且此类事故一旦发生,损失极为惨重。

2009年6月27日5时30分许,上海市闵行区莲花南路罗阳路口,一个在建楼盘工地发生楼体倾覆事故,造成一名工人死亡。事故发生在淀浦河南岸的莲花河畔景苑小区。此楼上部结构为钢筋混凝土剪力墙结构,它不可思议地连根拔起,整体性突然倾覆,没有出现粉碎性破坏,确实十分罕见。调查结果显示,造成倾覆的主要原因是,楼房北侧在短期内堆土高达10 m,南侧正在开挖4.6 m深的地下车库基坑,两侧压力差导致土体产生水平位移,过大的水平力超过了桩基的抗侧能力,导致房屋倾覆,如图6.11所示。

《建筑抗震设计规范》明确规定:在地震作用效应标准组合下,对高宽比大于4的高层建筑,基础底面不应出现拉应力,即零应力区面积为零;其他建筑,基础底面与地基土之间,零应力区面积不大于基础底面面积的15%。《高层建筑混凝土结构技术规程》规定:对高宽比大于4的高层建筑,基础底面不宜出现零应力区。对高宽比不大于4的高层建筑,基础底面零应力区面积不应超过基础底面面积的15%。规范介绍了一种分析抵抗倾覆的设计方法。一般假设上部建筑嵌固在基础顶面,作用在基础结构以上的水平荷载引起的可能导致建筑倾覆的力矩,完全由基础承担。在这个力矩作用下,基础边缘必然产生一侧出现拉应力,另一侧出现压应力的情况。将其与竖向荷载作用产生的压应力叠加,就出现了上述两本规范叙述的情形,限制基础底面零应力区范围,实际上是保证基础底面与地基不能离开,或者离开的部分只有很小的一个区域,这就保证了建筑不会出现整体倾覆,如图6.12所示。

图6.11 建筑倾覆实例

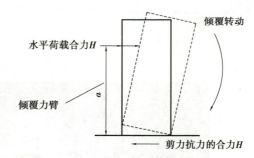

图6.12 抵抗倾覆设计

▶ 6.3.6 土坡稳定性

建在土坡上的建筑,一旦遇到土坡滑动,建筑将彻底失去平衡,发生土坡失稳问题。

土坡会产生滑动失稳,进而坍塌,滑动土体与不滑动土体的界面称为滑移面,如图6.13所示。

土坡在重力和其他作用下都有向下和向外移动的趋势。如果在土坡内,土的抗剪强度能够抵抗住这种趋势,则此土坡是稳定的,否则就会发生滑坡,如图6.14所示。

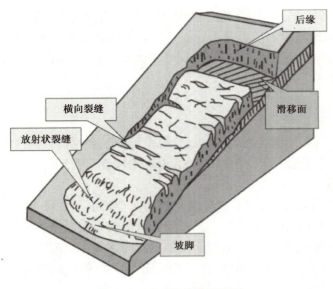

图 6.13　土坡滑移面示意图

图 6.14　滑坡

6.4　基础设计

▶　6.4.1　基础的概念

上部结构通过基础将荷载传递到地基中去,因此建筑结构的安全不仅取决于上部结构的安全储备,也取决于基础结构的安全储备。基础结构一旦出现损伤,修复的难度极大。《建筑结构可靠度设计统一标准》规定结构在规定的设计使用年限内应满足下列功能要求。

①在正常施工和正常使用时,能承受可能出现的各种作用;

②在正常使用时具有良好的工作性能;

③在正常维护下具有足够的耐久性能;

④在设计规定的偶然事件发生时和发生后,仍能保持必需的整体稳定性。

对基础结构而言,具体表现为必须有足够的强度、足够的刚度和良好的耐久性。在基础上既要考虑上部结构的影响,又要考虑到地基的影响,只有综合考虑上下两方面因素,才能使基础设计安全可靠。

▶　6.4.2　上部结构与地基和基础相互作用

在结构设计中常规方法将上部结构、地基及基础作为彼此分开、各自独立的结构单元进行考虑。在上部结构计算中,不考虑地基基础的刚度,将基础作为上部结构的固定端,将上部结构的底部荷载直接加载到基础上。在验算地基承载力和变形时也忽略了基础和上部结构的刚度,并假设基底反力直线分布。这种分析方法的问题在于,首先忽略了上部结构与地基、基础三者在荷载作用下的变形连续性,实际情况是三者相互联系成为整体共同作用,承担荷载并发生变形。同时,这三部分依照各自的刚度,对变形产生相互制约作用,从而使整体结构的内力和变形发生变化。其次,这种方法往往造成上部结构内力偏小、基础内力偏大的问题。

共同作用分析方法是将上部结构、地基及基础三者看作整体,在满足静力平衡条件的同时,还要满足三者接触部位的变形协调条件。利用共同作用来分析三者的内力和变形。基础在荷载作用下发生挠曲是进行共同作用分析的条件,由于基础和上部结构刚度的影响,当基础承受的荷载逐步加大时,其挠曲变形的速度会逐渐变慢。考虑基础和上部结构共同作用,基础的整体挠曲和弯曲应力减小,这部分作用将由上部结构承担。因此,在分析上部结构时,这部分作用不能被忽略。与此同时,地基附加反力的大小与基础的抗弯刚度和挠曲变形有关。基础的挠曲变形越大,则地基附加反力越大。硬土与软土地基相比,软土地基使基础产生较大的挠曲变形,需要较大的基础和上部结构刚度与之配合,确保整体结构的安全,因此硬土地基对结构设计更为有利。

▶ 6.4.3 基础埋深

基础埋置深度是指基础底面到室外地面的距离。《建筑地基基础设计规范》规定,在抗震设防区天然地基上的箱形和筏形基础埋置深度不宜小于建筑物高度的1/15,桩箱或桩筏基础的埋置深度(不计桩长)不宜小于建筑物高度的1/18。

从土力学试验中发现,在地基中心受压且土质均匀时,地基破坏面是四周对称挤出。如果土质不均匀或有偏心荷载时,地基内的滑动面就不再对称,有可能从一侧挤出。基础埋深对滑动面的形状有很大影响。当埋深较大时,在竖向荷载作用下地基滑动面一般不露出地面,只封闭在基础底面不太大的范围内,此时还可以利用基础埋深部分的被动土压力来抵抗水平力产生的倾覆力矩。因此,设置一定的基础埋深,实质相当于将建筑物嵌固在土层中,保证了建筑的侧向平衡。

基础埋置深度不仅受到上部结构类型和荷载大小的影响,而且还受到以下4个方面的影响,即地基持力层的影响、地下水的影响、冻结深度的影响和相邻基础的影响。基础埋深与相邻基础的关系如图6.15所示。

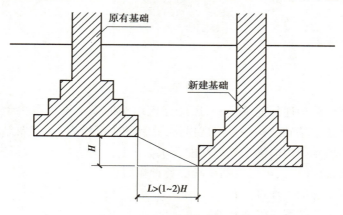

图6.15 基础埋深与相邻基础的关系

▶ 6.4.4 浅基础形式

基础按其埋置深度划分为浅基础和深基础。一般埋深小于5 m的基础为浅基础,埋深大于5 m的基础为深基础。浅基础大多位于天然地基或人工地基上,有多种形式。对于每一幢建筑结构而言,选择哪一种基础形式,如何确定基础面积,取决于"上、下"两个因素。所谓"上",指的是上部结构形式及上部结构传至基础底面的荷载大小。所谓"下",指的是地基的承载力和变形特性。式(6.1)提供了确定基础底面积的方法。

$$A \geqslant \frac{F_k + G_k}{f_a} \tag{6.1}$$

式中 A——基础底面积;

F_k——上部结构传至基础底面的竖向力值;

G_k——基础自重和基础上的土重;

f_a——修正后的地基承载力特征值。

从式(6.1)可以看出,同一幢建筑,在上部荷载不变的前提下,作用在承载力不同的土层,其基础面积会有差别。例如,同一幢房子建在松软的土上和建在坚硬的岩石上,其基础面积肯定不同,导致基础形式也随之不同。这是土对基础结构的影响。从另外一个角度分析,针对同一土层而言,其承载力是一定的,即 f_a 的取值不会改变。针对不同的结构,由于荷载不同,结构形式不同,为满足承载力要求,需要调整基础面积。随着上部结构荷载增加,基础面积不断增大,基础形式也随之改变。

1) 独立基础

当上部结构为框架结构,荷载不太大的时候,可以采用柱下独立基础,其形式如图 6.16 所示。

图 6.16 独立基础

独立基础比较适用于中心受压的受力状态,当柱根部有弯矩作用时,一般在设计中会在独立基础之间加设拉梁,依靠拉梁承担弯矩作用。在有些设置地下室的建筑中,拉梁之间还会有一块底板,以解决建筑物地下室防水防潮的问题。

对于基底压力小或地基承载力高的 6 层以下民用建筑,还可以采用刚性基础。刚性基础多采用砖、毛石、灰土及混凝土为材料,如图 6.17 所示。只要 α 角不大于基础材料的刚性角限值 $[\alpha]_{max}$,就能保证在基础内产生的拉应力和剪应力不超过材料的容许抗拉和抗剪强度,如图 6.18 所示。从而使上述建筑材料发挥抗压强度高的特点,同时又不会因抗拉和抗剪强度低出现破坏。这种基础挠曲变形很小,故称刚性基础。刚性基础台阶宽高比容许值可参见《建筑地基基础设计规范》的规定。

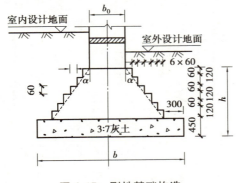

图 6.17 刚性基础构造

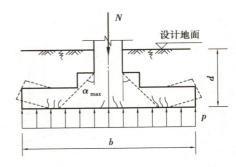

图 6.18 刚性基础受弯破坏

2) 条形基础

当上部荷载有一定增加,不论是框架结构还是墙结构,都可以采用条形基础,其形式如图 6.19 所示。若形象地进行比喻,条形基础好像是将一个个柱下独立基础联系起来。由式(6.1)可知,由于上部荷载加大,因此基础底面积也加大了。两种结构的基础形式设计方法基本相同,但是因为荷载分布不均,需要加强基础结构的刚度,调整变形,所以在条形基础之间加设连梁,如图 6.20 所示。连梁通常和基础分开,只起拉结作用。

3) 联合基础

当上部结构两根柱子距离较近时,可以将两个独立基础合并,设计成为联合基础,如图 6.21 所示。在设计联合基础时,要尽量使基础的形心和柱荷载的重心重合,否则将在基础上增加一个附加弯矩作用。

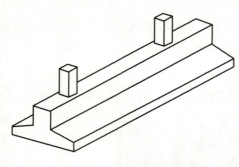

图 6.19 条形基础

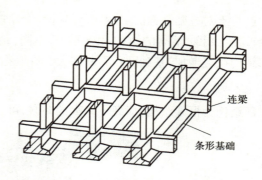

图 6.20 条形基础连梁

4)交叉梁基础

当上部荷载继续增大时,可以采用交叉梁基础,其形式如图 6.22 所示。由于荷载增加,一个方向的条形基础底面不能满足承载力大小时,则可以设置交叉梁基础。另外,当地基在两个方向分布不均,需要基础在两个方向都具有一定刚度来调整不均匀沉降时,也可采用交叉梁基础。交叉梁基础和条形基础之间设拉梁不同,交叉梁基础中两个方向都是基础结构的一部分。

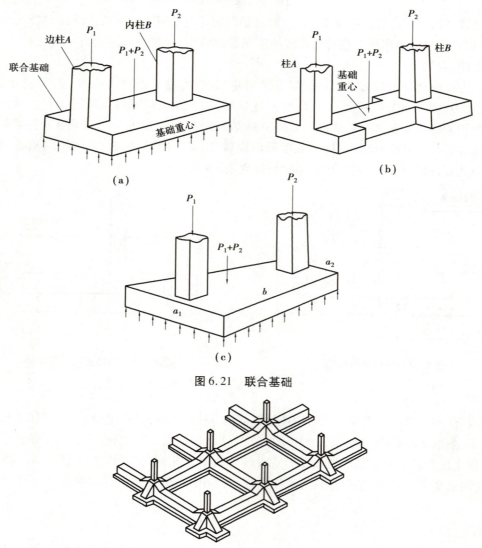

图 6.21 联合基础

图 6.22 交叉梁基础

5) 筏形基础

当上部结构荷载有显著增加,交叉梁基础在两个方向基底面积都增加。当两个方向基底面积增大到一定程度时,连成一片,便形成了筏形基础。筏形基础有两种形式:平板式和梁板式。平板式筏形基础为一块厚板,相当于无梁楼盖。梁板式筏形基础在柱之间设地梁,相当于梁式板,由底板、梁等整体组成。建筑物荷载较大,地基承载力较弱时,常采用混凝土筏形基础,其整体性好,能很好地抵抗地基不均匀沉降。筏板形基础埋深比较浅,甚至可不做埋深式基础。建筑物采用何种基础形式,与地基土类别及土层分布情况密切相关。高层建筑地下室通常作为地下停车库,建筑上不允许设置过多的内墙,因而限制了箱形基础的使用。筏形基础既能充分发挥地基承载力,调整不均匀沉降,又能满足停车库的空间使用要求,因而成为较理想的基础形式,如图6.23所示。

(a) 平板式筏形基础

(b) 梁板式筏形基础

图6.23　筏形基础

6) 箱形基础

箱形基础是由钢筋混凝土底板、顶板、侧墙及一定数量的内隔墙构成封闭的箱体,基础中部可在内隔墙开门洞作地下室,其形式如图6.24所示。这种基础整体性和刚度都好,调整不均匀沉降的能力较强,可消除因地基变形使建筑物开裂的可能性,减少基底处原有地基自重应力,降低总沉降量。它适合用作软弱地基上的面积较小,平面形状简单,荷载较大或上部结构分布不均的高层建筑物的基础。在一定条件下采用,如能充分利用地下部分,则在技术上、经济效益上也是较好的。

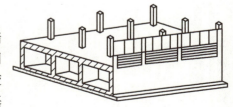

图6.24　箱形基础

▶ ### 6.4.5 深基础形式

深基础是埋深较大,以下部坚实土层或岩层作为持力层的基础。其作用是把所承受的荷载相对集中地传递到地基的深层,而不像浅基础那样,是通过基础底面把承受的荷载分布于地基的浅层。因此,当建筑场地的浅层土质不能满足建筑物对地基承载力和变形的要求,而又不适宜采取地基处理措施时,就要考虑深基础方案。深基础主要以桩基础为主。

桩是设置于土中的竖直或倾斜的柱形基础构件,其横截面尺寸比长度小得多,与连接桩顶和承接上部结构的承台组成深基础,简称桩基,如图 6.25 所示。承台将各桩连成一整体,把上部结构传来的荷载转换,调整分配于各桩,由穿过软弱土层或水的桩传递到深部较坚硬的、压缩性小的土层或岩层。桩所承受的荷载是通过作用于桩周土层的桩侧摩阻力和桩端地层的桩端阻力来支承的,而水平荷载则依靠桩侧土层的侧向阻力来支承。

桩的分类有很多方法,依照受力情况可以分为端承桩和摩擦桩,如图 6.26 所示。端承桩是指桩顶竖向荷载由桩侧阻力和桩端阻力共同承受,但桩端阻力分担荷载较多的桩,其桩端一般进入密实的砂类、碎石类土层。这类桩的侧摩阻力虽属次要,但不可忽略。摩擦桩是指桩顶竖向荷载由桩侧阻力和桩端阻力共同承受,但桩侧阻力分担荷载较多的桩。一般摩擦型桩的桩端持力层多为较坚实的黏性土、粉土和砂类土,且桩的长径比不是很大。按照成桩方式又可以将桩分为预制桩和灌注桩。

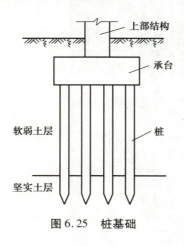

图 6.25 桩基础

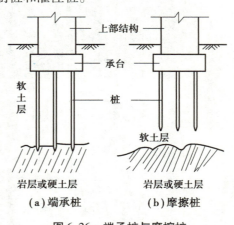

(a)端承桩 (b)摩擦桩

图 6.26 端承桩与摩擦桩

第2篇
多高层建筑结构体系及工程实例

"在设计时,我把自己置身于整个建筑物中,去充分感觉到身处其中时每个建筑结构部件。"结构大师法兹勒·汗(Fazlur Khan)在接受《工程新闻记录》采访时说,"在我的脑海中,我可以形象地看到建筑物承受的压力、变形和扭转。"

第 **7** 章
多高层建筑结构体型与结构布置

7.1 多高层建筑结构的基本要求

▶ 7.1.1 结构布置

1）结构布置总原则

高层建筑结构的总体布置，系指其对高度、平面、立面和体型等的选择。高层结构总体布置原则为：必须同时满足建筑、施工和结构 3 个方面的要求。

建筑方面：应考虑建筑使用功能，包括服务设施所提出的要求，对确定开间、进深层高、层数平面关系和体型等，都有着直接的关系。满足使用要求，不但要方便，还要合理、经济，包括服务设施的使用效率要高，投资和维持费用要低。此外，尚应考虑美学要求。

施工方面：要尽量采用先进施工技术，提高工业化程度，且应便于施工，以达到经济合理的目的。

结构方面：应满足强度、刚度、稳定性和耗能能力要求，在高层的设计中，首要的是选择适当的结构体系，结构体系确定后，结构总体布置应结合建筑设计进行，使建筑物具有良好的造型和合理的传力路线。结构体系受力性能与技术经济指标能否达到先进、合理的目标，与结构布置密切相关。

理论和实践均证明，一个工程设计要达到安全适用、技术先进、经济合理、保证质量的要求，往往不能仅靠力学分析来解决，对一些复杂部位常常无法进行精确计算，特别是地震区的建筑物。地震动是一种随机振动，影响因素众多，故其计算分析难以精确，有鉴于此，概念设计至关重要，结构总体布置就是概念设计中的主要部分。

建筑物的动力性能与建筑布局和结构布置相关。若建筑布置简单合理，结构布置符合抗震设计原则，从设计一开始就把握好地震能量输入、房屋体型、结构体系、刚度分布、延性等几个主要方面，从根本上消除建筑结构中的抗震薄弱环节，并配合必要的抗震计算和构造措施，就可从根本上保证建筑物具有良好的抗震性能。反之，建筑布局奇特、复杂，结构布置存在薄弱环节，即使进行精细的地震反应分析，在构造上采用补强措施，也不一定能达到减轻震害的预期目的，甚至会影响安全。

因此,建筑结构的总体布置,是从根本上改善结构整体的地震响应和提高抗震能力的重要措施,是抗震概念设计的重要一环,设计者应予以充分重视。

结构总体布置时需考虑以下4个方面:

(1)高度

建筑物的高度是设计中的一个敏感指标,高度越高,建筑物所受地震作用和倾覆力矩越大,遭受破坏的可能性越大。国内外震害经验表明,地震区钢筋混凝土建筑物的总高度是确定结构造型的重要因素之一,《高层建筑混凝土结构技术规程》规定了各类结构体系的适用最大高度,当突破其中限值时,应进行专门研究。

(2)高宽比

高宽比(H/B)是高层建筑设计中的一个重要控制指标,不论是否在地震区,建筑物均应考虑高宽比。

(3)平面要简单、对称、规则、均匀

地震区高层建筑的几何平面,以有利于抗震的具有对称轴的简单图形为准。其中以正方形、矩形、圆形最好;正六角形、正八角形、椭圆形、扇形也较好,其原因在于,非对称的几何平面建筑,往往会引起质心和刚心的偏心,产生扭转振动,从而加大结构分析结果的误差。但需指出的是,即使是对称建筑,也可能产生扭转,只不过扭矩较小而已。

几何图形的对称性是必要的,但不是充分条件。其一,应避免带长翼的对称。其二是应避免虚假对称,所谓虚假对称指建筑平面对称,但抗侧构件布置不对称,刚心偏在一侧,质心和刚心不重合,即使在地面平动作用下,也会产生扭转振动。

鉴于城市规划、建筑艺术和使用功能等需要,对平面形状的要求,常常不全是非常简单的,故而又提出了"规则"的要求,即平面长度不宜过长,突出部分长度宜减小,凹角处宜采取加强措施。

(4)立面变化要均匀、规则

震区高层建筑的立面,宜采用沿主轴对称的矩形、梯形、金字塔形等均匀变化的几何形状,尽量避免立面突然变化,因为立面形状的突然变化,必然会带来质量和抗侧刚度的剧烈变化,地震时,几何形状突变部位会发生强烈振动或塑性变形集中效应,从而加重破坏。

为考虑建筑美学要求和使用功能,建筑立面除要求简单、对称之外,又提出"规则"的概念,规则在高度方向的要求是:

①突出屋顶小建筑的尺寸不宜过大,局部缩进的尺寸也不宜大,一般可缩进原宽的1/6～1/4。

②抗侧力构件上、下层连续,不发生错位,且横截面面积改变不大。

③相邻层的质量变化不大,一般相邻层的质量比要大于1/2～3/5。

④结构的侧向刚度宜下大上小,逐渐均匀变化,当某楼层侧向刚度小于上层时,不宜小于相邻上部楼层的70%。

⑤结构楼层层间抗侧力结构的承载力(指在所考虑的水平地震作用方向上,该层全部柱有剪力墙的屈服抗剪强度之和),不宜小于上一层的80%,不应小于上一层的65%。

2)竖向布置要求

(1)基本原则

在建筑体型中,平面布置和竖向布置是两个重要方面,对于地震区的高层建筑,竖向体型应符合以下3点原则:

①竖向体型应力求规则、均匀、连续;

②结构的侧向刚度宜下大上小,逐渐均匀变化;

③避免有过大的外挑和内收。

高层建筑都在向多功能发展。多种功能集中在同一幢大楼中,提高了大楼的经济效益和社会效益。但由于各楼层功能不同,故各楼层结构布置也不同,从而导致结构在竖向上的不规则。对此,在抗震计算时,应采用进一步的计算分析,以保证薄弱层的安全。高层建筑沿高度方向符合下列情况之一时,即属于竖向不规则结构。

①相邻楼层质量比值大于 1.5；

②下一楼层的侧向刚度小于上一楼层的 70%；

③楼层连续三层刚度均小于上层的 80%；

④楼层层间抗侧力结构的承载力（指在所考虑的水平地震作用方向上，该层全部柱及剪力墙的屈服抗剪强度之和），不宜小于上一层的 80%，不应小于上一层的 65%；

⑤顶层取消部分墙、柱形成空旷房间，底部采用部分框支剪力墙或中部楼层部分剪力墙被取消。

具体设计时，尚应注意以下问题：

①屋顶建筑物的尺寸不宜过大，局部缩进的尺寸也不宜过大，一般可缩进原宽的 1/6 ~ 1/4；

②外挑长度不大于 2 m；

③剪力墙厚度每次减薄 50 ~ 100 mm，柱截面边长每次减少 100 mm；

④混凝土强度等级的改变与构件截面改变，不宜在同一楼层同时出现；

⑤H/B 宜按表 7.1、表 7.2 采用：

表 7.1　A 级高度钢筋混凝土高层建筑结构适用的最大高宽比 H/B

结构体系	非抗震设计	抗震设防烈度		
		6 度、7 度	8 度	9 度
框架、板柱-剪力墙	5	4	3	2
框架-剪力墙	5	5	4	3
剪力墙	6	6	5	4
筒中筒、框架-核心筒	6	6	5	4

表 7.2　B 级高度钢筋混凝土高层建筑结构适用的最大高宽比 H/B

非抗震设计	抗震设防烈度	
	6 度、7 度	8 度
8	7	6

⑥立面收进部分的尺寸不大于该方向总尺寸的 25%，如图 7.1 所示。

⑦对于底层大空间结构，应对柔弱底层的主要问题（即主体结构竖向不连续，强度和刚度突变，强震时应力集中，抗震强度和刚度严重不足等）采取措施，常用的有效办法是加强柔层，尽量避免主体结构上下层之间强度和刚度变异，使其接近或相同。

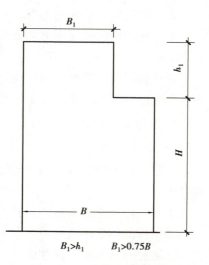

图 7.1　立面收进尺寸要求

▶ 7.1.2　力学特征

1）整体工作特性

在低层结构的设计中，常采用将整个结构划分为若干平面结构，按间距分配荷载，然后，逐片按平面结构进行力学分析和设计。然而，这种分析和设计方法对高层建筑不适用。高层建筑在水平荷载作用下，各楼层总水平力是已知的，但这水平力如何分配到各榀框架、各片剪力墙却是未知的。由于各抗侧结构的刚度、形式不同，变形特征也不同，故不能简单地按受荷面积分配，否则会使抗侧刚度大的结构分配到的水平力过小，偏于不安全。高层建筑的整体工作特性,主要是各层楼板作用的结果,楼板在自身平面内的刚度是很大的,几乎不产生变形,故在高层建筑中,一般都假定楼板在自身平面内只有刚体位移,不改变形状,并不考虑平面外的刚度。因而,在高层建筑中的任一楼层高度处,各抗侧结构都要受到楼板刚度移动的制约,即所谓的位移协调。此时,对于抗侧刚度大的竖向平面结构,必然要分担较多的水平力。高层建筑是一个复杂的空间结构,对这样的高次超静定结构,要精确地按三维空间结构进行内力与位移分析是十分困难的,因而在实际上,都对结构进行了不同程度的简化(简化时,应注意充分反映主要因素,忽略或近似反映次要因素),进行简化计算,但计算的结果必须满足工程上对精度的要求。用简化方法进行内力和位移计算时,采用其抗侧力刚度分配水平力;用计算机进行计算时,采用整体协同工作分析或将整个结构作为三维空间体系的分析方法。

2)水平荷载影响大

震区多层与高层结构,都要抵抗竖向荷载和水平荷载。在非震区的多层结构设计中,往往是竖向荷载起控制作用,而在震区,不论是单层、多层的结构设计,抑或高层的结构设计,起控制作用的是水平荷载,之所以如此,其根本原因在于侧移和内力随高度的增加而增长迅速。例如,一根悬臂杆件,在竖向荷载作用下,产生的轴力仅与高度成线性关系,但在水平荷载作用下,其弯矩与高度成二次方的关系上升,水平荷载下的侧移与高度呈四次方的关系上升。可见,到一定高度后,内力与侧移均大幅度增加,因此,在高层建筑的结构设计中,抗侧力的设计是关键,水平荷载是决定因素,侧移是控制指标,如图7.2所示。

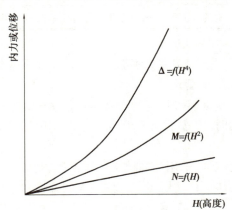

图7.2　结构内力、位移随高度增长关系

3)构件需考虑多种变形的影响

结构构件在外力作用下产生的位移,包括弯曲变形、轴向变形和剪切变形3部分。通常在多层结构的分析中,可只考虑弯曲项,轴向和剪切项的影响很小,一般可不考虑。而高层建筑由于层数多,轴力大,再加上沿高度积累的轴向变形显著,轴向变形会对高层结构的内力产生很大影响。此外,高层结构中的柱和剪力墙的截面也往往很大,此时剪切变形的影响不可忽略。

▶ 7.1.3　建筑形体及其构件布置的规则性

建筑设计应根据抗震概念设计的要求明确建筑形体的规则性。不规则的建筑应按规定采取加强措施;特别不规则的建筑应进行专门研究和论证,采取特别的加强措施;严重不规则的建筑不应采用。其中,形体指建筑平面形状和立面、竖向剖面的变化。

建筑设计应重视其平面、立面和竖向剖面的规则性对抗震性能及经济合理性的影响,宜择优选用规则的形体,其抗侧力构件的平面布置宜规则对称,侧向刚度沿竖向宜均匀变化,竖向抗侧力构件的截面尺寸和材料强度宜自下而上逐渐减小,避免侧向刚度和承载力突变。

建筑形体及其构件布置的平面、竖向不规则性,应按下列要求划分:
①混凝土房屋、钢结构房屋和钢-混凝土混合结构房屋存在表7.3所列举的某项平面不规则类型,或表

7.4 所列举的某项竖向不规则类型以及类似的不规则类型,应属于不规则的建筑。

表7.3　平面不规则的主要类型

不规则类型	定义和参考指标
扭转不规则	在规定的水平力作用下,楼层的最大弹性水平位移或(层间位移),大于该楼层两端弹性水平位移(或层间位移)平均值的1.2倍
凹凸不规则	平面凹进的尺寸,大于相应投影方向总尺寸的30%
楼板局部不连续	楼板的尺寸和平面刚度急剧变化,例如,有效楼板宽度小于该层楼板典型宽度的50%,或开洞面积大于该层楼面面积的30%,或较大的楼层错层

表7.4　竖向不规则的主要类型

不规则类型	定义和参考指标
侧向刚度不规则	该层的侧向刚度小于相邻上一层的70%,或小于其上相邻三个楼层侧向刚度平均值的80%;除顶层或出屋面小建筑外,局部收进的水平向尺寸大于相邻下一层的25%
竖向抗侧力构件不连续	竖向抗侧力构件(柱、抗震墙、抗震支撑)的内力由水平转换构件(梁、桁架等)向下传递
楼层承载力突变	抗侧力结构的层间受剪承载力小于相邻上一楼层的80%

②砌体房屋、单层工业厂房、单层空旷房屋、大跨屋盖建筑和地下建筑的平面和竖向不规则性的划分,应符合《建筑抗震设计规范》有关章节的规定。

③当存在多项不规则或某项不规则超过规定的参考指标较多时,应属于特别不规则的建筑。

建筑形体及其构件布置不规则时,应按下列要求进行地震作用计算和内力调整,并应对薄弱部位采取有效的抗震构造措施:

①平面不规则而竖向规则的建筑,应采用空间结构计算模型,并应符合下列要求:

a.扭转不规则时,应计入扭转影响,且楼层竖向构件最大的弹性水平位移和层间位移分别不宜大于楼层两端弹性水平位移和层间位移平均值的1.5倍,当最大层间位移远小于规范限值时,可适当放宽;

b.凹凸不规则或楼板局部不连续时,应采用符合楼板平面内实际刚度变化的计算模型;高烈度或不规则程度较大时,宜计入楼板局部变形的影响;

c.平面不对称且凹凸不规则或局部不连续,可根据实际情况分块计算扭转位移比,对扭转较大的部位应采用局部的内力增大系数。

②平面规则而竖向不规则的建筑,应采用空间结构计算模型,刚度小的楼层的地震剪力应乘以不小于1.15的增大系数,其薄弱层应按《建筑抗震设计规范》有关规定进行弹塑性变形分析,并应符合下列要求:

a.竖向抗侧力构件不连续时,该构件传递给水平转换构件的地震内力应根据烈度高低和水平转换构件的类型、受力情况、几何尺寸等,乘以1.25~2.0的增大系数;

b.侧向刚度不规则时,相邻层的侧向刚度比应依据其结构类型符合《建筑抗震设计规范》相关章节的规定;

c.楼层承载力突变时,薄弱层抗侧力结构的受剪承载力不应小于相邻上一楼层的65%。

③平面不规则且竖向不规则的建筑,应根据不规则类型的数量和程度,有针对性地采取不低于上述①、②条要求的各项抗震措施。特别不规则的建筑,应经专门研究,采取更有效的加强措施或对薄弱部位采用相应的抗震性能化设计方法。

体型复杂、平立面不规则的建筑,应根据不规则程度、地基基础条件和技术经济等因素的比较分析,确定是否设置防震缝,并分别符合下列要求:

①当不设置防震缝时,应采用符合实际的计算模型,分析判明其应力集中、变形集中或地震扭转效应等

导致的易损部位,采取相应的加强措施。

②当在适当部位设置防震缝时,宜形成多个较规则的抗侧力结构单元。防震缝应根据抗震设防烈度、结构材料种类、结构类型、结构单元的高度和高差以及可能的地震扭转效应的情况,留有足够的宽度,其两侧的上部结构应完全分开。

③当设置伸缩缝和沉降缝时,其宽度应符合防震缝的要求。

▶ 7.1.4 结构平面布置原则

高层建筑的开间、进深尺寸和构件类型应尽量减少规格,以利于建筑工业化。建筑平面的形状宜选用风压较小的形式,并应考虑临近高层建筑对其风压分布的影响,还必须考虑有利于抵抗水平作用和竖向荷载,受力明确,传力直接,宜使结构平面形状和刚度均匀对称,减少扭转的影响。在地震作用下,建筑平面要力求简单规则,风荷载作用下可适当放宽。明显不对称的结构应考虑扭转对结构受力的不利影响。

建筑平面的长宽比不宜过大,一般宜小于6,以避免两端相距太远,振动不同步,产生扭转等复杂的振动而使结构受到损害。为了保证楼板平面内刚度较大,使楼板平面内不产生大的振动变形,建筑平面的突出部分长度 l 应尽可能小。平面凹进时,应保证楼板宽度 B 足够大。Z形平面则应保证重叠部分 l' 足够长。另外,由于在凹角附近,楼板容易产生应力集中,要加强楼板的配筋。平面各部分尺寸(见图7.3)宜满足表7.5的要求。

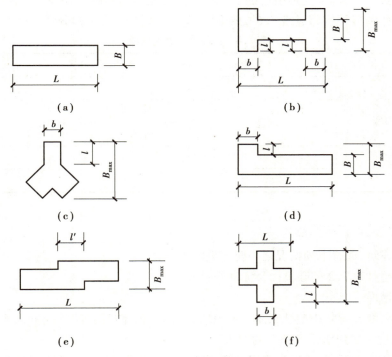

图 7.3 结构平面布置

表 7.5 平面尺寸的 L、l、l' 的限值

设防烈度	L/B	L/B_{max}	l/b	l'/B_{max}
6度、7度	≤6	≤5	≤2	≥1
8度、9度	≤5	≤4	≤1.5	≥1

在设计中,L/B 在7度设防时最好不超过4;8度设防时最好不超过3。l/b 最好不超过1.0,当平面突出部分长度 l/b≤1 且 l/B_{max}≤0.3,质量和刚度分布比较均匀对称时,可以按规则结构进行抗震设计。

在规则平面中,如果结构平面刚度不对称,仍然会产生扭转。所以,在布置抗侧力结构时,应使结构均匀分布,令荷载作用线通过结构刚度中心,以减少扭转的影响。尤其是布置刚度较大的楼(电)梯间时,更要注意保证其结构对称性。但有时从建筑功能考虑,在平面拐角部位和端部布置楼(电)梯间,此时则应采用剪力墙筒体等加强措施。

框架-筒体结构和筒中筒结构更应选取双向对称的规则平面,如矩形、正方形、正多边形、圆形,当采用矩形平面时,L/B 不宜小于 1.5,不应大于 2。如果采用了复杂的平面而不能满足表 7.5 的要求,应进行更细致的抗震验算并采取加强措施。

剪力墙结构较为显著的问题是剪力墙间距小、数量多,致使结构刚度过大,地震力过大。这样不仅使结构自重大,消耗材料过多,而且还使基础设计因难。在方案阶段应使结构专业与建筑专业密切配合,适当调整和优化建筑平面布置,在满足建筑功能和建筑表现的前提下,使结构布置得更为合理。

▶ 7.1.5 结构立面布置原则

结构立面布置原则与 7.1.1 节结构"竖向布置要求"相同,此处不再叙述。

▶ 7.1.6 变形缝的合理设置

1)高层建筑结构的伸缩缝

如果房屋的长度过大,由温度变形引起的内力将导致房屋结构的破坏,因此《高层建筑混凝土结构技术规程》规定,伸缩缝间距一般不宜超过表 7.6 的限制。伸缩缝只要上部结构分开,基础可以不分开。

表 7.6　伸缩缝的最大间距

结构类型	施工方法		最大间距/m
框架 框架-剪力墙	装配式		75
	现浇	外墙装配	65
		外墙现浇	55
剪力墙	外墙装配		65
	外墙现浇		45

2)防震缝和沉降缝的设置与构造

对有抗震设防的建筑,遇有下列情况之一时宜设防震缝:
①平面各项尺寸超过表 7.2 的限值而又无加强措施;
②房屋有较大的错层;
③各部分结构的刚度或荷载相差悬殊而又未采取有效措施。防震缝的基础可以不分开,其宽度一般不宜小于 5 cm。最小宽度一般应满足表 7.7 的要求。

当房屋各部分地基土质不同,或者当房屋的高度和荷载相差很大时,应设置沉降缝将两部分分开,以避免不均匀沉降而导致房屋结构的破坏。沉降缝必须从上到下将整个建筑分开,包括基础在内。沉降缝可以兼作温度缝和防震缝,兼作防震缝时应符合防震缝宽度的要求。

高层建筑与裙房之间,当采用必要的措施时,可连为整体而不设沉降缝,具体措施如下:
①采用桩基,桩支承在基岩上,或采取减少沉降的有效措施并经计算,沉降差在允许范围内;
②主楼与裙房采用不同的基础形式,宜先施工主楼,后施工裙房,调整压力使后期沉降基本接近;
③地基承载力较高、沉降计算较为可靠时,主楼与裙房的标高预留沉降差,先施工主楼,后施工裙房,使最后两者标高基本一致。

在上述②、③两种情况下,施工时应在主楼与裙房之间先留出后浇带,待沉降基本稳定后再连成整体。设计中应考虑后期沉降差的不利影响。

表 7.7　防震缝的最小宽度

单位:mm

结构类型	设防烈度			
	6 度	7 度	8 度	9 度
框架	4H+10	5H−5	7H−35	10H−80
框架-剪力墙	3.5H+9	4.2H−4	6H−30	8.5H−68
剪力墙	2.8H+7	3.5H−3	5H−25	7H−55

注:H 为相邻结构单元中较低单元的屋面高度(m),H 至少取为 15。

7.2　楼盖屋盖

▶ 7.2.1　楼盖作用及特点

楼盖结构的作用非常重要。首先它是用来承受作用在其上的使用荷载,建筑构造和结构本身的自重。同时,它还承受作用在房屋上的水平荷载,由它作为水平深梁,并具有足够的刚度,将水平荷载分配到房屋结构的竖向构件墙和柱上。另外,楼盖结构作为水平构件,还与墙柱形成房屋的空间结构来抵抗地基可能出现的不均匀沉降和温差引起的附加内力。所以,楼盖结构的选型、结构布置和构造处理非常重要。房屋结构的寿命,一方面要用计算分析来保证,同时还要通过概念设计来完成。这里所说的概念设计,是指结构选型、结构布置和构造措施的合理性。通过概念设计和计算分析,一方面保证结构构件的承载能力,另一方面使房屋结构具有足够的整体性,保证房屋结构的空间工作能力。

房屋的高度超过 50 m 时,宜采用现浇楼面结构,框架-剪力墙结构应优先采用现浇楼盖结构。楼盖结构在房屋结构中所用材料的比例较大。特别是在多层和高层房屋中,它是重复使用的构件,所以楼盖结构经济合理与否,影响较大。混合结构建筑的用钢量主要在楼盖中;6 ~ 12 层的框架结构建筑,楼盖的用钢量也要占全部用钢量的 50% 左右。因此,选择和布置合理的楼盖形式对建筑的使用、经济、美观有着重要的意义。

▶ 7.2.2　楼盖类型

楼盖的结构类型有 3 种分类方法。

(1)按结构形式分

按结构形式,楼盖可分为单向板肋梁楼盖、双向板肋梁楼盖、井式楼盖、密肋楼盖和无梁楼盖(又称板柱结构),如图 7.4 所示。其中,单向板肋梁楼盖和双向板肋梁楼盖用得最普遍。

(2)按预应力情况分

按预加应力情况,楼盖可分为钢筋混凝土楼盖和预应力混凝土楼盖两种。预应力混凝土楼盖用得最普遍的是无粘结预应力混凝土平板楼盖;当柱网尺寸较大时,预应力楼盖可有效减小板厚,降低建筑层高。

(3)按施工方法分

按施工方法,楼盖可分为现浇楼盖、装配式楼盖和装配整体式楼盖 3 种。现浇楼盖的刚度大,整体性好,抗震抗冲击性能好,防水性好,对不规则平面的适应性强,开洞容易。缺点是需要大量的模板,现场的作业量大,工期也较长。楼、屋盖起着把水平力传递和分配给竖向结构体系的作用,并且在高层建筑中通常假定楼、屋盖在自身平面内的刚度是无限大的,因此楼、屋盖的整体性和在自身平面内的刚度是十分重要的。为此,我国《高层建筑混凝土结构技术规程》规定,在高层建筑中,楼盖宜现浇;对抗震设防的建筑,当高度大于等于 50 m 时,楼盖应采用现浇;当高度小于等于 50 m 时,在顶层、结构转换层和平面复杂或开洞过大的楼层,也应采用现浇楼盖。

随着商品混凝土、泵送混凝土以及工具式模板的广泛使用,钢筋混凝土结构,包括楼盖在内,大多采用现浇。目前,我国装配式楼盖主要用在多层砌体房屋,特别是多层住宅中。在抗震设防区,有限制使用装配式楼盖的趋势。装配整体式楼盖是提高装配式楼盖刚度、整体性和抗震性能的一种改进措施,最常见的方法是在板面做 50 mm 厚的配筋现浇层。

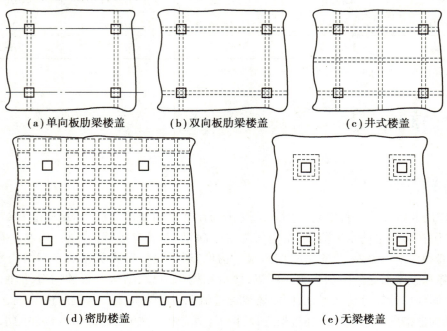

(a)单向板肋梁楼盖　　(b)双向板肋梁楼盖　　(c)井式楼盖

(d)密肋楼盖　　　　　　(e)无梁楼盖

图 7.4　楼盖的结构类型

▶ 7.2.3　楼盖受力特征及构造

肋形楼盖在多、高层建筑中广泛应用,一般采用现浇式。要求混凝土等级不应低于 C20,不宜高于 C40。在框架-剪力墙结构中也采用装配整体式楼面(灌板缝加现浇面层)形成肋形楼盖方案。

密肋楼盖多用于跨度较大而梁高受限制的情况,在筒体结构的角区楼板也常用密肋楼盖。肋间距为 0.9~1.5 m,以 1.2 m 较经济;密肋板的跨度一般不大于 9 m;预应力混凝土密肋楼盖的跨度一般不超过 12 m。

平板楼面一般用于剪力墙结构或筒体结构。板底平整,可不另加吊平顶;结构厚度小,适应于层高较低的情况;缺点是适用的跨度不能太大,一般非预应力平板跨度不大于 6~7 m,预应力平板不大于 9 m,否则厚度太大不经济。

无梁楼盖是在柱网尺寸近似方形以及层高受限制时采用的现浇结构,分为现浇带柱帽(托板)和不带柱帽(托板)两种。普通混凝土结构,无柱帽时楼盖跨度不宜大于 7 m,有柱帽时跨度不宜大于 9 m;预应力混凝土结构,楼盖跨度不宜大于 12 m。在地震区,无梁楼盖应与剪力墙结合,形成板柱-剪力墙结构。

组合式楼盖常与钢竖向承重结构一起使用。

现浇肋梁楼盖是最常见的楼盖形式之一。肋梁楼盖一般由板、次梁和主梁 3 种构件组成,如图 7.5 所示。肋梁结构体系可作为房屋结构的楼盖,也可用于片筏基础、水池的顶板和底板结构等。

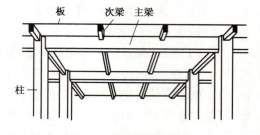

当楼盖中的板为单向板时则称为单向板肋梁楼盖;当板为双向板时则称为双向板肋梁楼盖。

图 7.5　现浇肋梁楼盖

单向板肋梁楼盖垂直荷载传递路线为:板→次梁→主梁→柱(或墙)→基础→地基。

双向板肋梁楼盖垂直荷载传递路线为:板→梁→柱(或墙)→基础→地基。

肋梁楼盖的传力途径与计算简图见表7.8所示。

表7.8 肋梁楼盖传力途径与计算简图

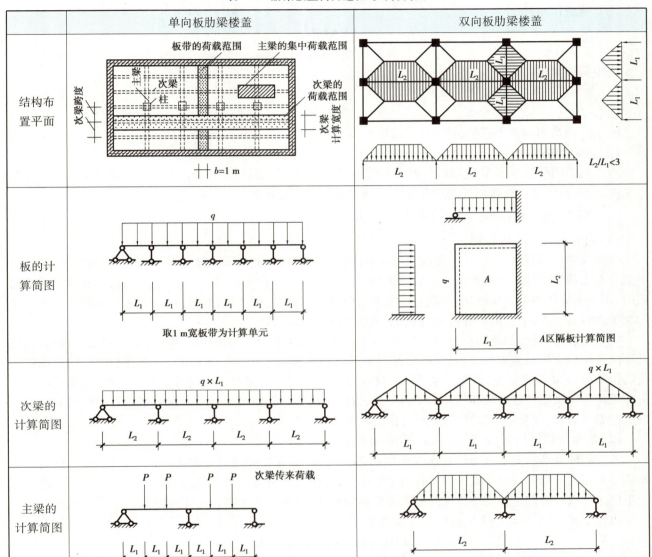

▶ 7.2.4 连续肋梁楼盖计算及构造

肋梁楼盖中板、次梁和主梁一般均为多跨连续超静定结构。设计连续梁(板)时,内力计算是比较重要的内容。其内力计算的方法有两种,一是按弹性理论计算;二是考虑塑性变形内力重分布的计算方法。

1)按弹性理论计算的方法

按弹性理论计算是将钢筋混凝土梁看成弹性匀质材料,内力计算是按结构力学中所述的方法进行。

(1)荷载的最不利组合

连续梁所承受的荷载为活荷载及恒载两部分。活荷载的作用位置是变动的,可能不同时作用在各跨上。要使构件在多种可能的荷载布置下,都能安全使用,就需要确定构件多截面上可能发生的最大内力。因此,就有一个活荷载如何布置,与恒载相组合,使指定截面的内力为最不利的问题。这就是荷载的最不利组合。

（2）等跨连续梁（板）的内力计算

根据荷载的不利组合确定荷载位置后，即可按结构力学的方法进行连续梁的内力计算。为计算简便，对于 2~5 跨等跨连续梁，在不同的荷载布置作用下的内力计算已制成表格，查得相应的内力系数，即可求得相应截面的内力（弯矩 M、剪力 V）。

均布荷载作用：

$$M = kqL^2$$
$$V = k_1 qL$$

集中荷载作用：

$$M = kpL$$
$$V = k_1 p$$

k 与 k_1 为弯矩与剪力系数，可由计算表格查出。

（3）内力包络图

内力包络图包括弯矩 M 包络图与剪力 V 包络图。作包络图的目的，是求出梁（板）各截面可能出现的最不利内力，并以此来进行截面配筋计算及沿梁（板）长度布置钢筋和确定切断点。

2）考虑塑性变形内力重分布的塑性计算方法

（1）内力重分布的基本概念

按弹性理论计算的方法，认为结构上任一截面的内力达到该截面承载能力极限时，整个结构即破坏，这个概念对于静定结构来说是对的。而对于钢筋混凝土超静定结构来说，某一个截面的内力达到承载能力极限时，不一定导致整个结构破坏，它还有一定的安全储备。另外，按弹性理论计算的方法把钢筋混凝土看作匀质弹性材料，忽略了它的塑性性能，也反映了这种计算方法的局限性。

对于超静定结构，如钢筋混凝土连续梁，由于存在多余联系，某一截面的屈服，即某一截面出现塑性铰，并不能使结构立即成为破坏结构，而还能承受继续增加的荷载。当继续加荷时，先出现塑性铰的截面所承受的极限弯矩 M 维持不变，截面产生转动。没有出现塑性铰的截面所承受的弯矩继续增加，即结构的内力分布规律与出现塑性铰前的弹性计算不再一致，直到结构形成几何可变体系。这就是塑性变形引起的结构内力的重新分布。塑性铰转动的过程就是内力重新分布的过程。

（2）均布荷载作用下，等跨连续梁（板）按塑性计算内力的公式

考虑塑性变形内力重分布计算连续梁（板）的内力，就是先按弹性计算方法求出弯矩包络图，然后人为地调整某截面的弯矩。由于按弹性计算的结果，一般支座截面负弯矩较大，这就使得支座配筋密集，造成施工不便。所以一般都是将支座截面的最大负弯矩调低，即减少支座弯矩。一般调整的精度不大于 30%。

根据上述原则，可得到下面的内力计算公式：

$$M = \alpha(q+p)l^2 \text{（单位：kN·m）}$$
$$V = \beta(q+p)l_0 \text{（单位：kN）}$$

式中　α, β——弯矩和剪力系数，可从《高层建筑混凝土结构技术规程》中查得；

　　　l, l_0——计算跨度及净跨，m；

　　　q, p——均布恒载及活载，kN/m^2。

3）两种内力计算方法的选择

考虑塑性变形内力重分布的计算方法虽比按弹性方法计算节省钢筋，降低造价，并使构造简单便于施工，但会使结构较早出现裂缝，构件的裂缝宽度及变形均较大。因此，在下列 3 种情况下不宜采用塑性计算法，而应采用弹性计算法。

①直接承受动荷载作用的构件；

②在使用阶段不允许有裂缝，或对裂缝开展宽度有较高要求的结构；

③构件处于重要部位，要求有较大的强度储备。

对于一般民用房屋中的肋形楼盖的板和次梁，均可采用塑性计算法；对于主梁，一般选用弹性计算法。

7.3　楼梯电梯

▶ 7.3.1　楼梯类型

楼梯形式的选择取决于其所处的位置。设计时需综合权衡楼梯间的平面形式与大小,楼面高低与层数、人流多少与缓急等因素。按不同的分类标准,楼梯类型的划分也不同。

①楼梯按材料分为钢筋混凝土楼梯、钢楼梯、木楼梯和组合楼梯等。

②楼梯按其在建筑物中所处的位置分为室内楼梯和室外楼梯。

③楼梯按使用性质分为主要楼梯、辅助楼梯、疏散楼梯和消防楼梯等。

a.主要楼梯。它一般布置在建筑门厅内明显的位置或者靠近主入口处的位置。

b.辅助楼梯。它设置在建筑物次要出入口或者建筑物适当的位置,如建筑物走道拐角处,容纳比较小的人流或者仅供紧急疏散用。

c.疏散楼梯、消防楼梯等。它专为防火使用,当建筑物内部楼梯的数量与位置满足不了防火要求时,经常在建筑物的两端设置开敞式疏散楼梯。

④楼梯按照楼梯间的平面形式分为封闭楼梯、非封闭楼梯、防烟楼梯等。

⑤楼梯按其平面形式分为单跑楼梯、双跑楼梯、双跑平行楼梯、三跑(多跑)楼梯、双分式平行楼梯、双分转角楼梯、剪刀式楼梯、螺旋楼梯、弧形楼梯等,如图7.6所示。

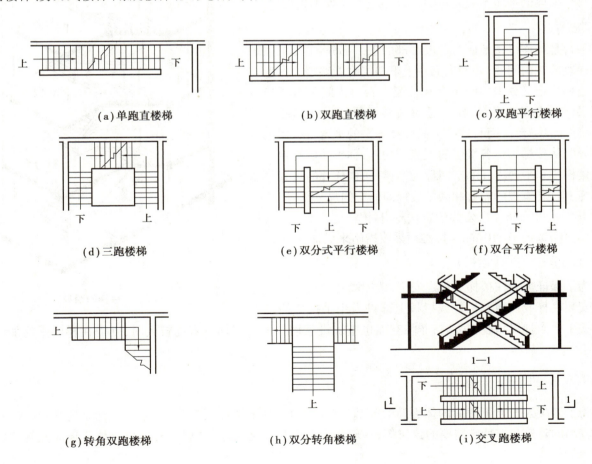

(a)单跑直楼梯　　　　(b)双跑直楼梯　　　　(c)双跑平行楼梯

(d)三跑楼梯　　　　(e)双分式平行楼梯　　　　(f)双合平行楼梯

(g)转角双跑楼梯　　　　(h)双分转角楼梯　　　　(i)交叉跑楼梯

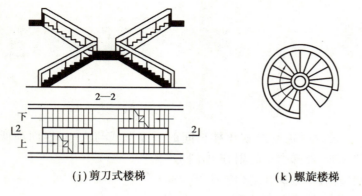

（j）剪刀式楼梯　　　　　　（k）螺旋楼梯　　　　　（1）弧形楼梯

图7.6　楼梯平面形式

▶ 7.3.2　楼梯

一般楼梯由楼梯段、平台（楼梯平台和中间平台）、扶手与栏杆（或栏板）3大部分组成。它所处的空间称为楼梯间，如图7.7所示。

1）楼梯段

设有踏步供建筑物楼层之间上下通行的通道称为梯段。踏步又分为踏面（供行走时踏脚的水平部分）和踢面（形成踏步高差的垂直部分）。

每个梯段的踏步不应超过18级，但也不应少于3级。

2）平台

平台是指连接楼地面与梯段端部的水平部分，主要用来解决楼梯段的转向问题，并使人们在上下楼层时能够缓冲休息。

楼梯平台又分为中间平台和楼层平台。中间平台是指位于两层楼面之间的平台，作用是解决楼梯段的转折和缓解疲劳，也称休息平台。而与楼层地面标高齐平的平台具有用来缓冲并分配从楼梯到达各楼层的人流的功能，称为楼层平台。

楼梯段和平台之间的空间称为楼梯井，楼梯井的尺寸根据楼梯施工时支模板的需要和满足楼梯间的空间尺寸来确定，一般为100～200 mm。当公共建筑楼梯井净宽大于200 mm，住宅楼梯井净宽大于110 mm时，必须采取措施来保证其安全。

3）扶手、栏杆（或栏板）

为了保证人们在楼梯上行走安全，楼梯段和平台的临空边缘应安装栏杆或栏板。栏杆或栏板上部供人用手扶持的配件称为扶手。当梯段宽度较大时，非临空面也应加设靠墙扶手。当梯段宽度较大时，则需在梯段中间加设中间扶手。

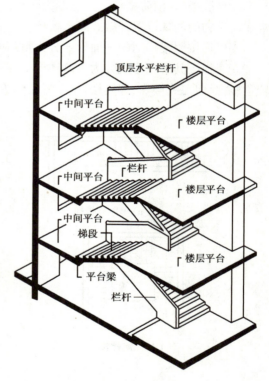

图7.7　楼梯的组成

▶ 7.3.3　电梯

为了解决人们上下楼时的体力及时间消耗问题，对于住宅7层以上（含7层）、楼面高度在16 m以上，标准较高的建筑和有特殊需要的建筑等，一般需设置电梯。无论建筑物是否设电梯，楼梯还应照常规做法设置。

对于高层住宅应根据服务层数、服务人数和服务面积来确定是否设置电梯。一台电梯的服务人数在

400 人以上,服务面积在 450~500 m^2,服务层数在 10 层以上,才比较经济。

1)电梯的类型

（1）按使用性质分

①客梯。它主要用于人们在建筑物中的垂直联系。

②货梯。它主要用于运送货物及设备。

③消防电梯。它主要用于发生火灾、爆炸等紧急情况下安全疏散人员和消防人员的紧急救援。

④观光电梯。它是把竖向交通工具和登高流动观景相结合的电梯,透明的轿厢使电梯内外景观相互沟通。

（2）按电梯行驶速度分

①高速电梯。其速度大于 2 m/s,梯速随层数增加而提高,消防电梯常用高速电梯。

②中速电梯。其速度在 2 m/s 之内,为一般货梯,按中速考虑。

③低速电梯。运送食物电梯常用低速电梯,速度在 1.5 m/s 以内。

（3）其他分类

电梯还可按数量分;按驱动方式分;按轿厢容量分;按电梯门开启方向分等。

2)电梯的组成

（1）电梯井道

电梯井道是电梯运行的通道,井道内包括出入口、电梯轿厢、导轨、导轨撑架、平衡锤及缓冲器等。不同用途的电梯,井道的平面形式不同,如图 7.8 所示。

（2）电梯机房

电梯机房一般设在井道的顶部。机房和井道的平面相对位置允许机房任意向一个或两个相邻方向伸出,并满足机房有关设备安装的要求。机房楼板应按机器设备的要求在部位预留孔洞。

（3）井道地坑

井道地坑是在最底层平面标高下大于或等于 1 400 mm 处,考虑电梯停靠时的冲力,作为轿厢下降时所需缓冲器的安装空间。

（4）组成电梯的有关部件

①轿厢。它是直接载人、运货的厢体。电梯轿厢应造型美观、经久耐用,当今轿厢普遍采用金属框架结构,内部用光洁的有色钢板壁面或有色有孔钢板壁面及花格钢板地面,荧光灯局部照明以及不锈钢操纵板等。入口处采用钢材或坚硬铝材制成的电梯门槛。

②井壁导轨和导轨支架。它是支承、固定厢上下升降的轨道。

③牵引轮及其钢支架、钢丝绳、平衡锤、轿厢开关门、检修起重吊钩等。

④有关的电器部件。具体包括交流电动机、直流电动机、控制柜、继电器、选层器、动力、照明、电源开关、厅外层数指示灯和厅外上下召唤盒开关等。

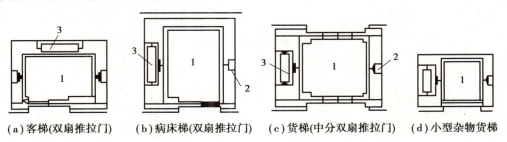

（a）客梯(双扇推拉门)　（b）病床梯(双扇推拉门)　（c）货梯(中分双扇推拉门)　（d）小型杂物货梯

图 7.8　电梯分类及井道平面

1—电梯厢;2—导轨及撑架;3—平衡锤

3）电梯与建筑物相关部位的构造

电梯构造如图 7.9 所示。细部的构造要求如下：

①通向机房的通道和楼梯宽度不小于 1 200 mm，楼梯坡度不大于 45°；

②机房楼板应平坦整洁，能承受 6 kPa 的均布荷载；

③井道壁多为钢筋混凝土井壁或框架填充墙井壁。井道壁为钢筋混凝土时，应预留 150 mm 见方，150 mm 深孔洞，垂直中距为 2 000 mm，以便安装支架；

④框架（圈梁）上应预埋铁板，铁板后面的焊件与梁中钢筋焊牢。每层中间加圈梁一道，并需设置预埋铁板；

⑤电梯为两台并列时，中间可不用隔墙而按一定的间隔放置钢筋混凝土梁或型钢过梁，以便安装支架。

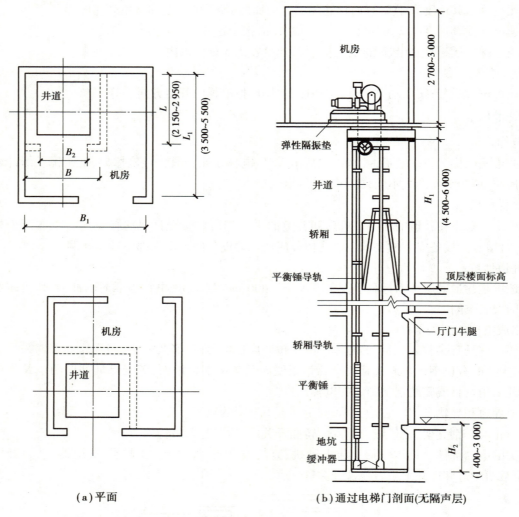

（a）平面　　　　　　　（b）通过电梯门剖面（无隔声层）

图 7.9　电梯构造示意图

第 **8** 章
框架结构

8.1　框架的结构特点

　　框架结构体系是以由梁、柱组成的框架作为竖向承重和抗水平作用的结构体系。优点是在建筑上能够提供较大的空间,平面布置灵活,因而很适合于多层工业厂房以及民用建筑中的多高层办公楼、旅馆、医院、学校、商店和住宅建筑。缺点是框架结构抗侧刚度较小,在水平荷载作用下位移大,抗震性能较差,故也称框架结构为"柔性结构"。因此这种体系在房屋高度较高时和地震区的使用受到限制。图 8.1 为一些框架结构的平面形式。

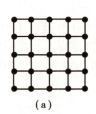 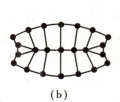 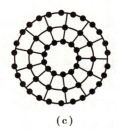

(a)　　　　　　　　(b)　　　　　　　　(c)

图 8.1　框架结构的平面形式

　　框架是由梁和柱刚性连接的骨架结构。国外多用钢材作为框架材料,国内主要为钢筋混凝土框架。设计钢筋混凝土框架时,要求构造上把节点制成刚接,刚节点的处理要有足够数量的钢筋,满足一定的构造要求,便可认为是刚节点。

　　由于框架结构的节点是刚节点,对杆件的转动具有约束作用,使结构成为几何不变体,合理地发挥了各杆件的承载作用。框架结构具有强度高、自重轻、整体性和抗震性好等优点,且由于它不靠砖墙承重,建筑平面布置灵活,可以获得较大的使用空间,所以它的应用极为广泛。框架结构体系是六层以上的多层与高层房屋的一种理想的结构形式。

8.2　框架的类型

框架结构按施工方法的不同,分为全现浇式、半现浇式、装配式和装配整体式 4 种。

▶ 8.2.1　全现浇式框架

承重构件梁、板、柱均由在现场绑扎钢筋、支模、浇筑、养护而成,其整体性和抗震性都非常好。但也存在缺点:现场工程量大,模板耗费多,工期较长。近年来,随着施工工艺及技术水平的发展和提高,如定型钢模板、商品混凝土、泵送混凝土、早强混凝土等工艺和措施的逐步推广,这些缺点正在逐步克服。全现浇式框架是框架结构中使用最广泛的,大量应用于多高层建筑及抗震地区。

▶ 8.2.2　半现浇式框架

半现浇式框架结构是指梁、柱为现浇,板为预制的结构。由于楼板采用预制,减少了混凝土浇筑量,节约了模板,降低了成本,但其整体及抗震性能不如全现浇式框架,其应用也较少。

▶ 8.2.3　装配式框架

装配式框架结构是指梁、柱、板均为预制,然后通过焊接拼装连接成整体的结构。这种框架的构件由构件预制厂预制,在构件的连接处预埋钢连接件,现场进行焊接装配。具有节约模板、工期短、便于机械化生产、改善劳动条件等优点。但构件预埋件多,用钢量大,房屋整体性差,不利抗震,因此在抗震设防地区不宜采用。

▶ 8.2.4　装配整体式框架

装配整体式框架结构是指将预制的梁、板、柱安装就位后,焊接或绑扎节点区钢筋,通过对节点区浇筑混凝土,使之结合成整体,故兼有现浇式和装配式框架的一些优点,但节点区现场浇筑混凝土施工复杂。其应用较为广泛。

框架结构按承重方式不同可分为全框架结构、内框架结构、底层框架结构 3 种。

全框架结构是房屋的楼(屋)面荷载全部由框架承担,外墙仅起围护作用,它具有较好的整体性和抗震性。

内框架结构房屋内部由梁、柱组成框架承重体系,外部由砖墙承重,楼(屋)面荷载由框架与砖墙共同承担。这种框架称内框架或半框架,也称多层内框架砖房。这种房屋由于钢筋混凝土与砌体材料弹性模量不同,两者刚度以及在荷载作用下的变形不协调,所以房屋整体性和总体刚度都比较差,抗震性能差,震害较多层砖砌体房屋更重。对有抗震要求的房屋不宜采用。

底层框架砖房是指底层为框架-抗震墙结构,上层为承重砖墙和钢筋混凝土楼板的混合结构房屋。这种结构是因为底层建筑需要较大平面空间而采用框架结构,上层为节省造价,仍用混合结构。这类房屋上刚下柔,抗震性能差,但它具有较好的经济性以及上层房间中不凸柱等美观功能优点,这种结构在中小城镇中底层为商用,门面上部为住宅的多层建筑仍非常广泛。

8.3　框架的布置、柱网及构件截面尺寸估算

▶ 8.3.1　框架结构的组成

框架结构是由梁和柱连接而成的。梁、柱连接处一般为刚性连接,也可为铰接连接,当为铰接连接时通

常称它为排架结构。为利于结构受力合理,框架结构一般要求框架梁宜连通,框架柱在纵横两个方向应有框架梁连接,梁、柱中心线宜重合,框架柱宜纵横对齐、上下对中等。但有时由于使用功能或建筑造型的要求,框架结构也可做成抽梁、抽柱、内收、外挑、斜梁、斜柱等形式,如图8.2所示。

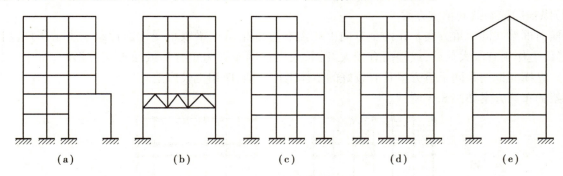

图8.2　框架结构的梁、柱布置

8.3.2　框架结构的布置

框架结构布置包括框架柱布置和梁格布置两个方面。房屋结构布置是否合理,对结构的安全性、实用性及造价影响很大。因此结构设计者对结构的方案选择尤为重要,要确定一个合理的结构布置方案,需要充分考虑建筑的功能、造型、荷载、高度、施工条件等。虽然建筑千变万化,但结构布置终究有其基本的规律。

1)框架柱的布置

框架结构柱网的布置应满足以下3个方面的要求:

(1)柱网布置应满足建筑功能的要求

在住宅、旅馆等民用建筑中,柱网布置应与建筑隔墙布置相协调,一般常将柱子设在纵横墙交叉点上,以尽量减少柱网对建筑使用功能的影响。

(2)柱网布置应规则、整齐、间距适中

框架结构是全部由梁、柱构件组成的,同时承受竖向荷载和水平荷载,并且框架结构只能承受自身平面内的水平力,为使结构传力体系明确,受力合理,应沿建筑物的两个主轴方向都设置框架。柱网的尺寸还受到梁跨度的限制,一般常使梁跨度在6~9 m为宜。

(3)柱网布置应便于施工

结构布置应考虑施工方便,以加快施工进度,降低工程造价。设计时应尽量考虑到构件尺寸的模数化、标准化,尽量减少构件规格,柱网布置时应尽量使梁、板布置简单、规则。

2)梁格布置

柱网确定后,用梁把柱连起来,即形成框架结构。实际的框架结构是一个空间受力体系。但为计算分析方便起见,可把实际框架结构看成纵横两个方向的平面框架。沿建筑物长向的称为纵向框架,沿建筑物短向的称为横向框架。纵向框架和横向框架分别承受各自方向上的水平力,而楼面竖向荷载则依楼盖结构布置方式而按不同的方式传递。

按楼面竖向荷载传递路线的不同,框架的布置方案有横向框架承重、纵向框架承重和纵横向框架共同承重3种。

(1)横向框架承重方案

横向框架承重方案是在横向布置框架承重梁,而在纵向布置连系梁,横向框架处在建筑短向,跨数较少,主框架梁沿横向布置,梁截面加大有利于提高建筑物的横向抗侧刚度。而纵向框架则往往跨数较多,其刚度较大,这样布置有利于使结构在纵横两方向的刚度更趋接近,使结构受力合理。因此,宜优先采用横向框架承重方案。

（2）纵向框架承重方案

纵向框架承重方案是在纵向布置框架承重梁,在横向布置连系梁。纵向框架承重方案的缺点是房屋的横向抗侧刚度较差,当为大开间柱网且房屋进深较小时可采用。这种方案受力不合理,设计中较少采用。

（3）纵横向框架共同承重方案

纵横向框架共同承重方案是在两个方向上均需布置框架承重梁以承受楼面荷载。当采用现浇板楼盖时,或楼面上作用有较大荷载,或楼面有较大开洞,或当柱网布置为正方形或接近正方形时,常采用这种承重方案。纵横向框架共同承重方案具有较好的整体工作性能,应用也较广泛。

框架的布置方案如图8.3所示。

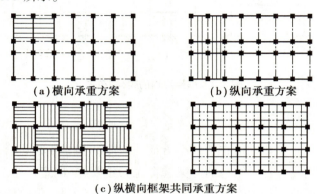

（a）横向承重方案　　　　（b）纵向承重方案

（c）纵横向框架共同承重方案

图8.3　框架的布置方案

3）变形缝的设置

前文已介绍了框架结构的基本布置原则,但在实际设计中我们经常遇到房屋纵向太长、立面高差太大、体型比较复杂的情况,这时我们应对建筑进行变形缝的设置,使结构受力合理。变形缝有伸缩缝、沉降缝、防震缝3种。

①伸缩缝也称温度缝,其设置主要与结构的长度有关,当未采取可靠措施时,伸缩缝间距不宜超过表8.1。

表8.1　钢筋混凝土结构伸缩缝最大间距

单位:m

结构类别		室内或土中	露天
排架结构	装配式	100	70
框架结构	装配式	75	50
	现浇式	55	35
剪力墙结构	装配式	65	40
	现浇式	45	30
挡土墙、地下室墙壁等结构	装配式	40	30
	装配式	30	20

注:①装配整体式结构房屋的伸缩缝间距宜按表中现浇式的数值取用;

②框架-剪力墙结构或框架-核心筒结构房屋的伸缩缝间距可根据结构的具体布置情况取表中框架结构与剪力墙结构之间的数值;

③当屋面无保温或隔热措施时,框架结构、剪力墙结构的伸缩缝间距宜按表中露天栏的数值取用;

④现浇挑檐、雨篷等外露结构的伸缩缝间距不宜大于12 m。

对于不具有独立基础的排架、框架结构,当设置伸缩缝时,双柱基础可以不断开。

②沉降缝的设置:主要与基础受到的上部荷载及场地的地质条件有关。当上部荷载差异较大,或地基土的物理力学指标相差较大,应设沉降缝,沉降缝可利用挑梁、搁置预制板、预制梁、设双柱等方法处理。

沉降缝与温度缝的缝宽一般不小于 50 mm。

③防震缝的设置:主要与建筑平面形状、质量分布、刚度、地理位置等有关;防震缝的设置,应力求使各结构单元简单、规则,刚度和质量分布均匀,避免发生地震作用下的扭转效应。

框架结构房屋的防震缝宽度,当高度不超过 15 m 时可采用 70 mm;超过 15 m 时,6 度、7 度、8 度和 9 度相应每增加高度 5 m、4 m、3 m 和 2 m,宜加宽 20 mm。

在多层及高层建筑结构中,在设缝时宜尽可能地将"三缝合一",应尽量少设缝或不设缝,这可简化构造、方便施工、降低造价、增强结构整体性和空间刚度。在进行建筑设计时,应通过调整平面形状、尺寸、体型等措施;在进行结构设计时,应通过选择节点连接方式、配置构造钢筋、设置刚性层等措施;在施工方面,应通过分阶段施工、设置后浇带、做好保温隔热层等措施,防止由于温度变化、不均匀沉降、地震作用等因素所引起的结构或非结构构件的损坏。

▶ 8.3.3　框架结构的柱网尺寸及构件截面尺寸

1)柱网形式

由定位轴线纵横交叉形成的,用以确定建筑物的开间(柱距)和进深(跨度)的平面网格称为柱网。柱网形式和网格大小的选择,首先应满足建筑的使用功能要求,同时应力求使建筑形状规则、简单整齐,符合建筑模数协调统一标准的要求,以使建筑构件类型和尺寸规格尽量减少,有利于建筑结构的标准化和提高建筑工业化的水平。

常见的框架结构柱网形式有以下 3 种,如图 8.4 所示。

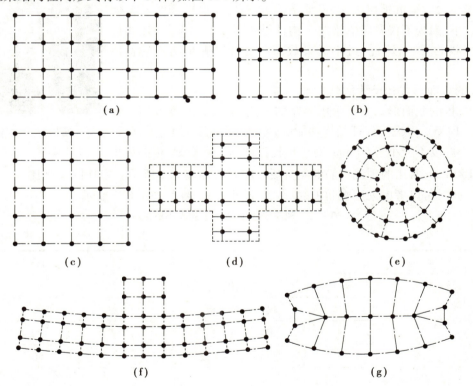

图 8.4　框架结构柱网布置形式

(1)方格式柱网

开间尺寸和进深尺寸相同或相近的柱网平面称为方格式柱网,如图 8.4 中的(a)、(c)、(d)、(f)所示。这种柱网形式的适应性比较强,应用范围非常广泛,各种民用建筑和多层工业厂房等类型的建筑都有采用。

(2)内廊式柱网

内廊式柱网的平面特点是,柱网的开间尺寸是一致的,而进深尺寸呈现大、小、大的三跨形式,例如开间尺寸为 4 000 mm(或 8 000 mm),进深尺寸为 8 000 mm+3 000 mm+8 000 mm,如图 8.4(b)所示。这种柱网形式的应用范围也很广泛,适用于内廊式平面的教学楼、宾馆客房以及中间设通道两侧布置流水线的工业厂房等类型的建筑。

(3)曲线形柱网

曲线形柱网的类型是多种多样的,适用于各种不同类型建筑平面的要求,其形成规律和特点就是方格式柱网和内廊式柱网曲线化的结果,如图 8.4(e)—(g)所示。

2)框架柱、梁、板的截面形式和尺寸估算

(1)框架柱的截面形式和尺寸估算

框架柱采用现浇方法施工时,多采用矩形截面或圆形截面;在多层工业厂房等建筑中,由于经常采用预制装配式的施工方法,采用工字形截面的情况也比较普遍。框架柱截面尺寸的估算可根据经验确定,也可以根据结构的刚度条件估算,即取柱的长细比为 1/20 ~ 1/10,并且截面的边长不得小于 300 mm。框架柱截面的边长一般应比同方向的梁宽至少多取 50 mm,以便于梁、柱节点钢筋的布置,使构造简单合理,施工方便。

(2)框架承重梁的截面形式和尺寸估算

框架承重梁在采用现浇方法施工时多采用矩形截面,且梁高一般均含板厚,这样设计比较经济;当采用较大跨度的预制装配式方法施工时,普遍采用 T 形截面和工字形截面。承重梁的截面高度一般可根据设计荷载的大小按跨度的 1/15 ~ 1/10 取值,截面宽度一般取截面高度的 1/3 左右。

(3)框架连系梁的截面形式和尺寸估算

单纯的连系梁的截面形式主要采用矩形,其确定的依据和方法与承重梁基本相同。连系梁与承重梁相比,少了承受楼板荷载的功能,但是其截面高度不宜取得过小,因为不仅要考虑梁这个构件是否承受竖向荷载,还要考虑其承受水平荷载的要求,因此,过小的梁截面高度难以满足结构的整体要求。

(4)框架板的截面形式和尺寸估算

框架结构中,板的截面形式主要采用等厚的板式结构,其厚度取值一般为跨度的 1/45 ~ 1/35。考虑到保证结构功能的合理实现和施工工艺的可行性因素,板的最小厚度不应小于 60 mm,对于板柱体系的无梁框架,板的最小

图 8.5 双向密肋楼板

厚度不应小于 150 mm,常用的现浇钢筋混凝土板厚度要求如表 8.2 所示。当柱网间距比较大时,板的跨度增大,板厚增加,此时可以考虑采用密肋板的形式以减小板的厚度,如图 8.5 所示。

表 8.2 现浇钢筋混凝土板的最小厚度

单位:mm

板的类别		最小厚度
单向板	屋面板	60
	民用建筑楼板	60
	工业建筑楼板	70
	行车道下的楼板	80
双向板		80
密肋板	肋间距≤700 mm	40
	肋间距>700 mm	50
悬臂板	板的悬臂长度≤500 mm	60
	板的悬臂长度>500 mm	80
无梁楼板		150

8.4　框架结构与建筑技巧

　　框架结构既可用于多层建筑,也可以用于高层建筑,它有很多的优点,已普遍应用在工程中。如果能够运用和发挥框架结构的优势,来塑造富有艺术的建筑造型,就能实现建筑与结构共同的良好效果。

▶ 8.4.1　框架悬挑与建筑艺术的有效结合

　　连续梁端部适当悬挑有利于减少跨中弯矩,把建筑底层以上的室内空间向周边延伸,这是现代建筑中比较多用的一种设计手法,如图 8.6(a)所示。这种方法的设计思想起源于意图以"底层收进"使立向上下强烈对比的愿望。采用悬挑框架梁,不必打断柱子的竖向连续性而取得底层收进的设计做法,不仅对结构有利,且扩大了建筑使用面积,同时在室内空间艺术处理方面也有新意。

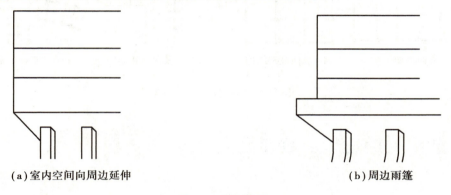

(a)室内空间向周边延伸　　　　　　　　　　(b)周边雨篷

图 8.6　框架悬挑

　　有些建筑物把底层的楼盖悬挑出很厚的周边雨篷,如图 8.6(b)所示,可使高层建筑立面给人以高中有宽,耸而不危,周边开阔舒坦的感觉。这种多层次空间处理,也是现代建筑中常用的一种设计手法。上面两种设计手法都是框架悬挑的巧妙运用。

　　框架悬挑的外伸长度要讲究局部与整体的比例关系,悬挑的长度不能单从建筑美学上的比例来考虑,而且还要从力学结构上的经济合理来考虑。从力学结构的角度来说,悬臂外伸越长(跨中弯矩减少),悬臂的挠度也就越大(因挠度随跨长的 4 次方而增长),故悬挑太长就可能会造成受力不合理和经济的浪费。所以,经济合理的悬臂外伸长度应以悬臂弯矩与内梁跨中弯矩的大小接近为宜,此时悬臂支座与内梁跨中的配筋数量也比较接近。

　　影响弯矩大小的因素有荷载情况,内梁跨度和外伸长度等。所以,外伸长度的取值不能一概而论。一般地,在均布荷载作用情况下,外伸长度不应大于 1/2 内跨长度,也不宜小于 1/4 内跨长度,比较合适的是约为 1/3 内跨长度,且一般小于 2.1 m,如图 8.7 所示。

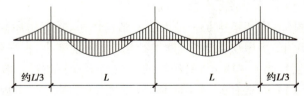

约 L/3　　　　L　　　　L　　　　约 L/3

图 8.7　均布荷载下框架悬挑的外伸长度

　　框架的悬挑,最好是框架的两端同时挑出,这样在结构上可以维持框架外形的对称而减少侧移。而且最好是纵横两向框架同时悬挑,此时框架角柱的受力和建筑造型更能达到合理协调。

　　建筑上幕墙的做法与悬挑类似,建筑效果主要是为了获得完全通透的整片玻璃立面,但在结构效果上却不如悬挑。因幕墙离开柱轴线不远,且幕墙材料也很轻,故它可直接挂在楼板上面而不需要框架横梁悬挑外伸的处理。

▶ 8.4.2 复杂平面体型的简单框架柱网布置

框架柱网布置得越简单、规则、整齐,对结构就越有利,经济效果就越好。但是,从建筑角度出发,高层建筑常常采用周边复杂的形式以提高建筑艺术的效果。因此,在复杂的建筑平面形式上,力求简单的框架柱网布置,这是一个重要的建筑与结构配合问题。图8.8中列出了几种典型的房屋平面形式及其柱网布置方式。

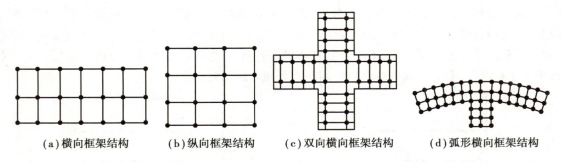

(a)横向框架结构	(b)纵向框架结构	(c)双向横向框架结构	(d)弧形横向框架结构

图8.8 框架柱网布置方式

8.5 框架结构的适用层数和高宽比

▶ 8.5.1 框架结构房屋最大适用高度

根据国内外大量震害调查和工程设计经验,为了达到既安全又经济合理的要求,多层与高层钢筋混凝土房屋高度不宜太高。在水平荷载作用下,框架的变形或弯矩与框架的层数密切相关,框架层数越多,产生的水平位移越大,框架的内力也随层数的增加而迅速增长。当框架超过一定高度后,水平荷载产生的内力远远超过竖向荷载产生的内力。这时,水平荷载对设计起主要控制作用,而竖向荷载对设计已失去控制作用,框架结构的优越性就不能表现出来。层数越多,框架柱的截面也就越大,甚至达到不合理的地步。框架的适用层数正是从这个意义上提出的。

首先,从强度方面来看,由于层数和高度的增加,竖向荷载和水平荷载(风力、地震作用)产生的内力都要相应加大,特别是水平荷载产生的内力增加得更快。因此,当高度达到一定数值后,在框架内将产生相当大的内力。其次,从刚度方面来看,框架结构本身柔性较大,随着房屋高度增加,高宽比也逐渐增大,在水平荷载作用下,水平位移成为重要的控制因素。因此,当层数较高时,如果要满足强度和刚度的要求,框架下部的梁、柱截面尺寸就会增大到不经济甚至不合理的地步。

综合以上的讨论和分析可知,框架结构是一种柔性的结构体系,随着房屋高度的增加,侧向力作用的效应更为显著。在水平荷载作用下,房屋层数越多,框架结构“抗侧刚度小,水平位移大”的弱点越明显,对框架越不利。框架结构的合理层数为6~15层,最经济的层数是10层左右,一般高宽比为3~5。同时,房屋最大适用高度与烈度、场地类别等因素有关,我国《高层建筑混凝土结构技术规程》规定了框架结构最大适用高度应不超过表8.3的规定。

表8.3所列房屋最大适用高度是指Ⅰ、Ⅱ和Ⅲ类场地上的规则的现浇钢筋混凝土结构,对平面和竖向均不规则的结构或Ⅳ类场地上的结构,应适当降低房屋最大适用高度。

表 8.3　房屋最大适用高度

单位:m

结构体系	设防烈度			
	6 度	7 度	8 度	9 度
框架结构	60	55	45	25

注:①房屋高度指室外地面至主要屋面高度,不包括局部突出屋面的电梯机房、水箱、构架等;

　　②表中框架不含异形柱框架结构。

8.5.2　框架结构抗震等级

在同样地震烈度下不同结构类型的钢筋混凝土房屋有不同的抗震要求。例如,次要的抗侧力结构单元的抗震要求可低于主要抗侧力结构,如框架-抗震墙结构中的框架,其抗震要求可低于框架结构中的框架。再如,多层房屋的抗震要求可低于高层房屋,因为前者的地震反应小,延性要求可低于后者。《建筑抗震设计规范》根据房屋设防烈度、结构类型和房屋高度,将框架结构和框架-抗震墙结构划分为 4 个抗震等级并规定不同抗震等级的结构应符合相应的计算和构造措施。框架抗震等级可查表 8.4。

表 8.4　框架结构的抗震等级

结构体系与类型		设防烈度						
	烈度	6 度		7 度		8 度		9 度
	高度/m	≤30	>30	≤30	>30	≤30	>30	≤25
框架结构	框架	四	三	三	二	二	一	一
	剧场、体育馆等大跨度公共建筑	三		二		一		一

8.5.3　规则结构与不规则结构

地震震害调查表明,在抗震设计中,对不规则结构如未妥善处理,则会给建筑带来不利影响甚至造成严重震害。区别规则结构和不规则结构的目的,是为了在抗震设计中予以区别对待。对不规则结构的不利部位,应采取有效措施,以提高其抗震能力;对规则结构则应按《建筑抗震设计规范》的一般规定进行设计。

根据理论分析和设计经验,框架结构和框架-抗震墙结构,平面、立面尺寸和刚度沿房屋平面和高度变化符合下列各项要求时,结构扭转效应和鞭梢效应都较小,同时,楼层屈服强度系数沿房屋高度分布也比较均匀。因此,可认为是规则结构。

结构平面要求:

①平面宜简单、规则、对称,减少偏心;

②平面长度不宜过长,突出部分长度 l 不宜过大(见图 8.9),L、l 等值宜满足表 8.5 的要求;

③不宜采用角部重叠的平面图形或细腰形平面图形。

结构竖向布置要求:

①竖向体系宜规则、均匀、对称,避免过大的外挑和内收;

②结构上部楼层收进部位到室外地面的高度 H_1 与房屋高度 H 之比大于 0.2 时,上部楼层收进后的水平尺寸 B_1 不宜小于下部楼层水平尺寸 B 的 0.75 倍[见图 8.10(a)、(b)];当上部结构楼层相对于下部楼层外挑时,下部楼层的水平尺寸 B 不宜小于上部楼层水平尺寸 B_1 的 0.9 倍,且水平外挑尺寸不宜大于 4 m[见图 8.10(c)、(d)]。

当不能满足上述各项要求时,应调整建筑平面、立面尺寸和刚度沿房屋平面和高度的分布,选择合理的建筑结构方案,避免设置防震缝。因为按《建筑抗震设计规范》规定的防震缝宽度,有时仍难免出现相邻结构局部碰撞而造成装修损坏,但防震缝宽度过大,又会给建筑立面处理和抗震构造带来较大的困难。

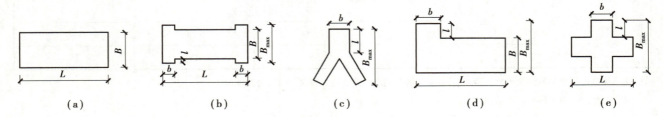

图8.9 建筑平面

表8.5 L、l 的限值

设防烈度	L/B	l/B_{max}	l/b
6、7度	≤6.0	≤0.35	≤2.0
8、9度	≤5.0	≤0.30	≤1.5

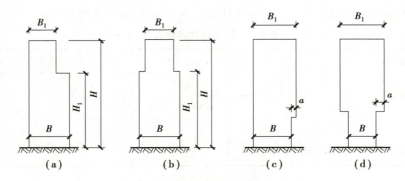

图8.10 结构竖向收进和外挑示意

▶ 8.5.4 框架结构的布置要求

在抗震设防区,框架体系房屋的建筑体型以及结构布置应注意如下要求:

①房屋的平面及立面宜简单、规则。

平面和立面不规则的体型,在水平荷载作用下,由于体型突变,受力比较复杂,因此建筑体型在平面及立面上尽量避免部分突出及刚度突变。若不能避免时,应在结构布置上局部加强。立面上有局部突出和刚度突变的建筑,应考虑地震力作用下突变部分的影响。震害调查表明,房屋顶部突出结构,包括女儿墙以及屋顶的烟囱、水箱、电梯间等部位,地震时破坏率最大,这主要是由于地震力作用下的鞭梢效应。因此,房屋顶部不宜有局部突出和刚度突变。若不能避免,凸出部分应逐步收小,使刚度不发生突变,且需做抗震验算。同时,抗侧力结构的布置应尽可能使房屋的刚度中心与地震力合力作用线接近或重合且刚度均匀不应过分悬殊,如过分悬殊会使房屋产生扭转变形,并在框架柱中产生由于扭矩而引起的附加内力。在地震烈度较高时,即使通过计算增加柱子配筋,但仍有可能使一些构件破坏,特别是非结构构件,如填充墙、门窗等。

②楼、电梯间不宜布置在结构单元的两端和拐角部位。

在地震力作用下,由于结构单元的两端扭转效应最大,拐角部位受力更是复杂,而各层楼板在楼、电梯间处都要中断,致使受力不利,容易发生震害。如果楼(电)梯间必须布置在两端和拐角处,应采取加强措施。

③各层楼板应尽量设置在同一标高上,尽可能不采用复式框架。框架因楼板中断,柱子刚度又相差过大,且结构刚度沿高度分布不均匀,容易引起震害。

④房屋高低层不宜用牛腿相连,宜用缝分开。

由于高低层相连,高度和自重相差悬殊,振动时频率不同,必然互相推拉挤压,使牛腿连接处产生很大的应力集中,在反复的拉力与压力作用下,容易引起牛腿破坏。

8.6 框架结构的近似计算方法

框架是杆件体系,近似计算的方法很多,最实用的是力矩分配法及 D 值法,前者用于竖向荷载作用下求解,后者用于水平荷载作用下求解,框架的近似计算方法有以下一些假定:

①忽略梁、柱轴向变形及剪切变形;

②杆截面为等截面(等刚度),以杆件轴线作为框架计算轴线;

③在竖向荷载下结构的侧移很小,假定竖向荷载作用下结构无侧移。

▶ 8.6.1 竖向荷载下的近似计算——分层力矩分配法

在多层框架中,梁上作用的竖向荷载除其产生的柱轴力向下传递外,对其他层构件内力的影响不大,因此可采用分层法计算。分层法将框架分解成多个开口的框架计算,每个开口框架包括该层所有的梁以及与之直接相连的框架柱,柱的远端按照嵌固考虑。假定结构无侧移,采用力矩分配法进行计算。其计算要点是:

①计算各层梁上竖向荷载值和梁的固端弯矩。

②将框架分层,各层梁跨度及柱高与原结构相同,柱端假定为固端。

③计算梁、柱线刚度。有现浇楼面的梁,宜考虑楼板的作用。每侧可取板厚的 6 倍作为楼板的有效宽度计算梁的截面惯性矩,也可近似按式(8.1a)或式(8.1b)计算梁的截面惯性矩。梁、柱线刚度的计算如式(8.1c):

一侧有楼板

$$I = 1.5I_r \tag{8.1a}$$

两侧有楼板

$$I = 2.0I_r \tag{8.1b}$$

梁、柱线刚度

$$i = EI/l \tag{8.1c}$$

式中 I_r——按矩形截面计算的梁截面惯性矩;

E——弹性模量;

l——梁或柱的计算长度。

对于柱,分层后中间各层柱的柱端假设为嵌固与实际不符,因而除底层外,上层各柱线刚度均乘以 0.9 的修正系数。

④计算和确定梁、柱弯矩分配系数和传递系数。按修正后的刚度计算各节点周围杆件的杆端分配系数。所有上层柱的弯矩传递系数取 1/3,底层柱的传递系数取 1/2。

⑤按力矩分配法计算单层梁、柱弯矩。

⑥将分层计算得到的,但属于同一层柱的柱端弯矩叠加得到柱的弯矩。一般情况下,分层计算法所得杆端弯矩在各节点不平衡。如果需要更精确的结果时,可将节点的不平衡弯矩再在本层内进行分配,但是不向柱远端传递。

柱的轴力可由其上柱传来的竖向荷载和本层轴力(与梁的剪力平衡求得)叠加得到。

【例题8.1】 用分层力矩分配法作如图 8.11 所示框架的弯矩图,括号内为构件线刚度 $i = EI/l$ 的相对值。

【解】 分两层,见图8.12。上层柱线刚度先乘0.9,然后计算刚度分配系数,各杆分配系数写在长方框内,带 * 号的数据为固端弯矩;各节点都分配了两次,上层各柱远端弯矩等于柱分配弯矩的1/3(即传递系数为1/3),下柱底截面弯矩为柱分配弯矩的1/2(传递系数为1/2),最底行数据是最终分配弯矩。上层柱的分配弯矩要叠加,各构件的弯矩如图8.12所示。

为了了解分层计算的误差,图8.13括号内给出了精确解的数值。本例题中梁的误差较小,而柱的误差较大。

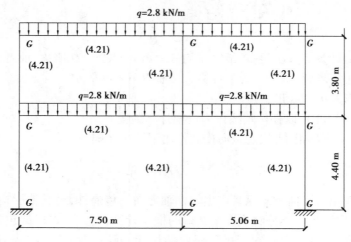

图8.11 例题8.1题

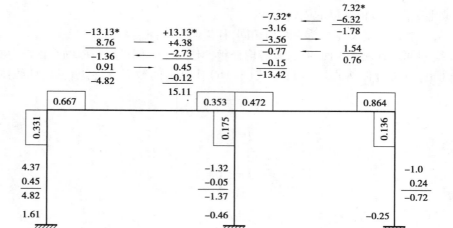

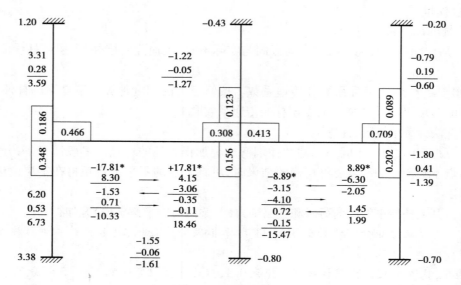

图8.12 各构件的弯矩

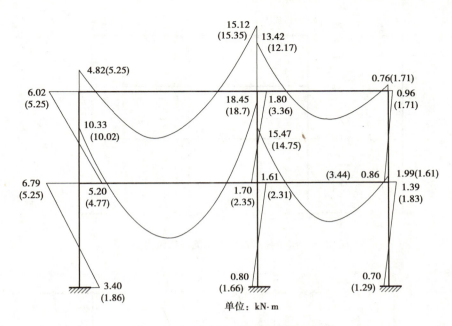

图 8.13　分层力矩分配法与精确解比较

▶ 8.6.2　水平荷载下的近似计算——D 值法和反弯点法

对比较规则的、层数不多的框架结构,当柱轴向变形对内力及位移影响不大时,可采用 D 值法或反弯点法计算水平荷载作用下的框架内力及位移。

1)柱抗侧刚度 D 值(d 值)和剪力分配

在水平力作用下,平面框架的侧移变形及内力分布分别如图 8.14 和图 8.15 所示。

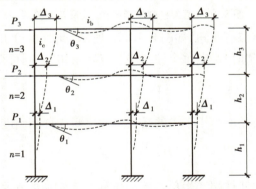

图 8.14　水平荷载作用下平面框架变形

一般情况下,框架节点都有转角。如果梁刚度无限大,则转角很小,可忽略而近似认为柱端固定,如图 8.16 (a)所示。根据结构力学的杆端部侧移与内力关系的推导,可得柱剪力 V 与层间位移 δ 的关系如式(8.2):

$$V=\frac{12i_{c}}{h^{2}}\delta \tag{8.2}$$

令

$$d=\frac{V}{\delta}=\frac{12i_{c}}{h^{2}} \tag{8.3}$$

式中　　d——柱的抗侧刚度,物理意义为单位位移所需的水平推力;

　　　　h——层高;

　　　　i_{c}——柱的线刚度,$i_{c}=EI_{c}/h$,EI_{c} 为柱的抗弯刚度。

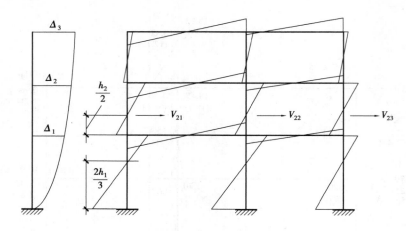

图 8.15　水平荷载作用下平面框架内力分布

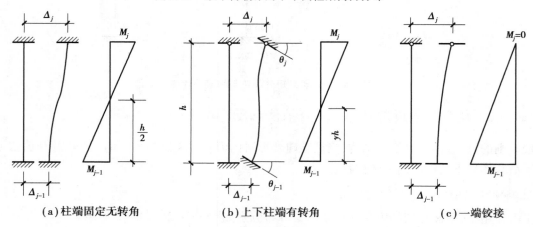

（a）柱端固定无转角　　　　（b）上下柱端有转角　　　　（c）一端铰接

图 8.16　框架柱端转角与内力、反弯点关系

如果梁的刚度较小，则梁柱节点有转角，如图 8.16（b）所示，此时也可根据结构力学原理推导出转角位移方程，用于如图 8.14 所示的框架时，假定每个柱各层节点转角相等，则可得到：

$$V = \alpha \frac{12i_c}{h^2}\delta \qquad (8.4)$$

式（8.4）中，α 称为刚度修正系数，是一个小于 1 的系数。如果写成抗侧刚度的表达式，则可得式（8.5）：

$$D = \frac{V}{\delta} = \alpha \frac{12i_c}{h^2} \qquad (8.5)$$

D 值定义为：柱节点有转角时使柱端产生单位水平位移所需施加的水平推力。由式（8.5）可见，抗侧刚度 D 值小于 d 值，即梁刚度较小时，柱的抗侧刚度减小了。α 系数与梁柱刚度相对大小有关，梁刚度越小，α 值越小，即柱的抗侧刚度越小。表 8.6 分别给出了一般柱、底层柱、中柱和边柱 α 值的计算式，其中 K 为梁柱线刚度比，中柱必须考虑与柱相连的上、下、左、右 4 根梁的线刚度之和，边柱则令 $i_1 = i_3 = 0$，式中分子为柱线刚度。底层柱的底端为固定端，其 α 值计算式与上层柱有所不同，但物理概念相同。

有了 D 值后，根据平面框架内各柱侧移相等，即可得各柱剪力按刚度分配的计算式（8.6）：

$$V_{ij} = \frac{D_{ij}}{\sum_{j=1}^{s} D_{ij}} V_{pi} \qquad (8.6)$$

式中　V_{pi}——该片平面框架 i 层总剪力；

　　　V_{ij}——i 层第 j 根柱分配到的剪力；

　　　D_{ij}——i 层第 j 根柱的抗侧刚度；

$\sum\limits_{j=1}^{s} D_{ij}$——$i$ 层 s 根柱的抗侧刚度之和。

用 D 值分配框架剪力的方法称为 D 值法。由于假定了楼板在平面内无限刚性,各片框架在同一楼层处侧移相等,因此可知框架结构所有各柱的剪力都可按式(8.6)计算,此时 V_{pi} 为整个框架结构 i 层总剪力,式中 $\sum\limits_{j=1}^{s} D_{ij}$ 为框架 i 层所有柱(共有 s 根柱)的抗侧刚度总和。也就是说,在框架结构中分配剪力时,可直接将水平总剪力分配到柱,分配的结果与将总剪力先分配到每片框架,再在每片框架中将剪力分配到各柱是相同的,而前者计算更为简单。

表 8.6 刚度修正系数 α 计算式

楼层	简图		K	α
	边柱	中柱		
一般层柱	i_2 / i_c / i_4	i_1 i_2 / i_c / i_3 i_4	$K=\dfrac{i_1+i_2+i_3+i_4}{2i_c}$	$\alpha=\dfrac{K}{2+K}$
底层柱	i_2 / i_c	i_1 i_2 / i_c	$K=\dfrac{i_1+i_2}{i_c}$	$\alpha=\dfrac{0.5+K}{2+K}$

当梁比柱的抗弯刚度大很多时,刚度修正系数 α 值接近 1,可近似认为 $\alpha=1$,此时第 i 层柱的侧移刚度为 d 值,在剪力分配公式(8.6)中可用 d 值代替 D 值,这种方法称为反弯点法。工程中用梁柱线刚度比判断,当 $i_b/i_c \geqslant 3$ 时可采用反弯点法,反之,则采用 D 值法。D 值法是更为一般的方法,普遍适用,而反弯点法是 D 值法的特例,只在层数很少的多层框架中适用。

2)柱反弯点位置

得到柱剪力后,只要确定反弯点位置就可以确定柱的内力。由图 8.16 可知,柱反弯点位置与柱端转角有关,即与柱端约束程度有关。当两端固定[见图 8.16(a)],或两端转角相等时,反弯点在柱中点;当柱一端约束较小,即转角较大时,反弯点向该端靠近[见图 8.16(b)],极端情况为一端铰接,弯矩为 0,即反弯点在铰接端[见图 8.16(c)],规律就是反弯点向约束较弱的一端靠近。

因此,如果应用反弯点法作近似计算,即可设定上部各层柱子反弯点在柱中点,因为底层柱的底端为固定端,底层反弯点设在 $2h_i/3$ 处。

对于更为一般适用的 D 值法,要考虑柱上下端约束不同的情况,影响柱两端约束刚度的主要因素是:

①结构总层数及该层所在位置;

②梁柱线刚度比;

③荷载形式;

④上层梁与下层梁线刚度比。

具体方法是令反弯点距柱下端距离为 yh,y 为反弯点高度比。由力学分析推导求得标准情况下(即各层等高,各跨相等,各层梁、柱线刚度均不变的情况)的反弯点高度比 y_n,再根据各种影响因素,对 y_n 进行修正,这种方法得到的反弯点位置相对精确些,但比较烦琐,本书不做介绍。作为近似计算,D值法的反弯点位置也可采用近似方法确定,即取底层柱反弯点在$2h_1/3$高度处,其余各层反弯点在柱层高的中点。当框架规则,各层层高及梁柱截面尺寸相差不大时,近似方法确定的反弯点位置的误差不大。

3) 计算步骤与内力

当只考虑结构平移时,内力计算的步骤及方法如下:

①计算作用在第i层结构上的总层剪力$V_i(i=1,2,\cdots,n)$,并假定它作用在结构刚心处。

②计算各梁、柱的线刚度i_b、i_c。梁刚度按式(8.1)计算(考虑现浇楼板的作用)。

③计算各柱抗推刚度D。

④计算总剪力在各柱间的剪力分配。

⑤确定柱反弯点高度系数y。

⑥根据各柱分配到的剪力及反弯点位置yh计算第i层第j个柱端弯矩:

上端弯矩

$$M_{ij}^t = V_{ij}h(1-y) \tag{8.7a}$$

下端弯矩

$$M_{ij}^b = V_{ij}hy \tag{8.7b}$$

⑦由柱端弯矩,并根据节点平衡计算梁端弯矩:

对于边跨梁端弯矩

$$M_{bi} = M_{ij}^t + M_{i+1,j}^t \tag{8.8}$$

对于中跨,由于梁的端弯矩与梁的线刚度成正比,因此,

$$M_{bi}^l = (M_{ij}^t + M_{i+1,j}^b)\frac{i_b^l}{i_b^l + i_b^r} \tag{8.9a}$$

$$M_{bi}^t = (M_{ij}^t + M_{i+1,j}^b)\frac{i_b^r}{i_b^l + i_b^r} \tag{8.9b}$$

⑧根据力的平衡原理,由梁端弯矩和作用在该梁上的竖向荷载求出梁跨中弯矩和剪力。

框架结构内力分布规律见图8.15,一般情况下每根柱子都有反弯点,底层柱子的轴力、剪力和弯矩最大,由下向上减小。注意,当柱子线刚度比梁线刚度大很多时,柱子可能没有反弯点(计算得到的反弯点高度比大于1.0)。

【例题8.2】 用D值法计算图8.17所示框架结构的内力,剖面图中给出了水平力及各杆件的线刚度的相对值。

【解】 表8.7计算了各柱的D值以及各层所有柱D值之和,也给出了每根柱分配到的剪力。请注意中柱与边柱的区别,每层有5根中柱与10根边柱。

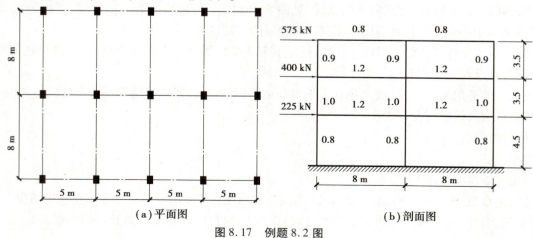

(a)平面图　　　　　　　　　　(b)剖面图

图8.17 例题8.2图

表8.8 计算了各柱的反弯点位置,是按相对精确方法计算的反弯点位置,表中 y 值是修正后确定的反弯点高度比。图8.18 给出了弯矩图。

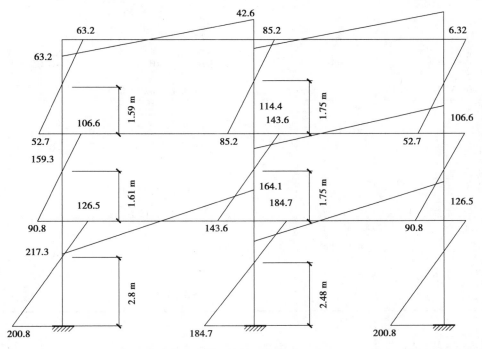

图8.18 结构弯矩图(单位:kN・m)

表8.7 各柱 D 值以及各层所有柱 D 值之和

层数	层剪力 /kN	边柱 D 值	中柱 D 值	$\sum D$	每根边柱剪力 /kN	每根中柱剪力 /kN
3	575	$K=\dfrac{0.8+1.2}{2\times0.9}=1.11$ $D=\dfrac{1.11}{2+1.11}\times0.9\times\dfrac{12}{3.5^2}$ $=0.315$	$K=\dfrac{2\times(0.8+1.2)}{2\times0.9}$ $=2.22$ $D=\dfrac{2.22}{2+2.22}\times0.9\times\dfrac{12}{3.5^2}$ $=0.464$	5.47	$V_3=\dfrac{0.315}{5.47}\times5.75\times10^2$ $=33.1$	$V_3=\dfrac{0.464}{5.47}\times5.75\times10^2$ $=48.8$
2	975	$K=\dfrac{1.2+1.2}{2\times1}=1.2$ $D=\dfrac{1.2}{2+1.2}\times1\times\dfrac{12}{3.5^2}$ $=0.367$	$K=\dfrac{4\times1.2}{2\times1.0}=2.4$ $D=\dfrac{2.4}{2+2.4}\times1\times\dfrac{12}{3.5^2}$ $=0.534$	6.34	$V_2=\dfrac{0.367}{6.34}\times9.75\times10^2$ $=56.4$	$V_2=\dfrac{0.534}{6.34}\times9.75\times10^2$ $=82.1$
1	1 200	$K=\dfrac{1.2}{0.8}=1.5$ $D=\dfrac{0.5+1.5}{2+1.5}\times0.8\times$ $\dfrac{12}{4.5^2}$ $=0.271$	$K=\dfrac{1.2+1.2}{0.8}=3$ $D=\dfrac{0.5+3}{2+3}\times0.8\times\dfrac{12}{4.5^2}$ $=0.332$	4.37	$V_1=\dfrac{0.271}{4.37}\times12\times10^2$ $=74.4$	$V_1=\dfrac{0.332}{4.37}\times12\times10^2$ $=91.2$

· 第 8 章 框架结构□·

· 163 ·

表8.8　各柱反弯点位置

层数	边柱		中柱	
3	$n=3$ $K=1.11$ $\alpha_1=\dfrac{0.8}{1.2}=0.67$ $y=0.4055+0.05=0.455$	$j=3$ $y_0=0.4055$ $y_1=0.05$	$n=3$ $K=2.22$ $\alpha_1=\dfrac{0.8}{1.2}=0.67$ $y=0.45+0.05=0.5$	$j=3$ $y_0=0.45$ $y_1=0.05$
2	$n=3$ $K=1.2$ $\alpha_1=1$ $\alpha_3=\dfrac{4.5}{3.5}=1.28$ $y=0.46$	$j=2$ $y_0=0.46$ $y_1=0$ $y_3=0$	$n=3$ $K=2.4$ 同左 $y=0.5$	$j=2$ $y_0=0.5$ $y_1=y_2=y_3=0$
1	$n=3$ $K=1.5$ $\alpha_2=\dfrac{3.5}{4.5}=0.78$ $y=0.625$	$j=1$ $y_0=0.625$ $y_2=0$	$n=3$ $K=3$ 同左 $y=0.55$	$j=1$ $y_0=0.55$ $y_1=y_2=y_3=0$

8.7　工程实例及概况

▶ 8.7.1　北京长富宫中心

1) 建筑概况

① 1987 年建成,地下两层,地上 26 层,高 94 m,典型楼层的层高为 3.3 m。抗震设防烈度为 8 度。

② 采用钢框架体系,建筑平面尺寸为 48 m×25.8 m,基本柱网尺寸为 8 m×9.8 m,典型层的结构平面如图 8.19 所示。

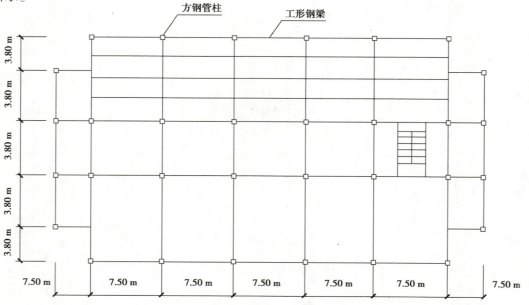

图 8.19　北京长富宫大厦典型层结构平面

③底部两层及地下室,采用型钢混凝土结构;3 层以上,采用钢结构。外墙采用预制的厚 200 mm,带饰面的钢筋混凝土挂板。

2)结构方案比较

在初步设计阶段,曾进行了两种结构方案比较,其结果如下:

①框架体系。基本周期为 3.6 s,周期长,地震作用小;构造简单,施工方便。缺点是结构抗推刚度小,变形较大,地震作用下的最大层间侧移角为 1/340。

②框架支撑体系。基本周期为 2.4 s。结构刚度大,最大层间侧移角仅为 1/1 400,对非结构部件、建筑装修及设备管线有利。缺点是构造比较复杂,施工较繁。最后决定,采用方案①——框架体系。

3)杆件截面尺寸

钢框架及型钢混凝土框架中各杆件的实际截面尺寸,摘录如下:

①钢柱。钢框架柱是采用坡口熔透焊缝将 4 块钢板拼装成方管截面,外边尺寸为 450 mm×450 mm,壁厚自上而下为 19 ~ 42 mm;柱的预制件为每 3 层 1 根,长约 10 m。

②钢梁。钢框架梁是采用截面高度为 650 mm 的焊接工字钢,翼缘宽 200 ~ 250 mm,厚 19 ~ 32 mm;腹板厚 12 mm。多数钢梁为变截面,靠近支座处,翼缘加宽、加厚。

③节点。纵、横向钢梁与钢柱之间均采用刚性连接,上下翼缘为坡口熔透焊,腹板与柱采用高强螺栓连接。

④型钢混凝土柱。截面为 850 mm×850 mm 及 1 200 mm×1 200 mm,其中型钢芯柱为 450 mm×450 mm方管,即与上层钢柱截面相同。

⑤型钢混凝土梁。截面为 500 mm×950 mm 及 500 mm×1 100 mm,其中型钢骨架分别为 650 mm 和 850 mm 高的焊接工字钢。

⑥楼板。三层以上钢结构楼层的楼板,采用在厚 1.2 mm 压型钢板之上浇筑混凝土的组合板,压型钢板搁置在间距约为 2.5 m 的型钢次梁上。

整座大楼钢结构的总用钢量约为 4 200 t。

4)结构分析

采用反应谱振型分解法和时程分析法进行结构地震反应分析,其计算结果分别列于表8.9 和表8.10。

表 8.9　反应谱振型分解法计算结果

验算方向	自振周期(s)			最大层间侧移角			
	(1)	(2)	(3)	(1)	(2)	(3)	设计控制指标
纵向	3.6	3.16	2.23	1/360(第 12 层)	1/460(第 12 层)	1/3 030(第 7 层)	1/200
横向	3.6	3.27	1.64	1/340(第 12 层)	1/410(第 11 层)	1/2 710(第 8 层)	1/200

表 8.10　时程分析法计算结果

输入地震波	弹性阶段分析(150Gal)					弹塑性阶段分析(300Gal)				
	层剪力系数		最大塑性率	最大层间侧移角		层剪力系数		最大塑性率	最大层间侧移角	
	底层	第 24 层		计算值	控制指标	底层	第 24 层		计算值	控制指标
EL Centro(NS)1940	0.072	0.193	0.83(第 5 层)	1/210(第 18 层)	1/200	0.126	0.285	1.97(第 2 层)	1/120(第 8 层)	1/95
Taft(EW)1952	0.079	0.164	0.60(第 5 层)	1/310(第 6 层)	1/200	0.134	0.286	1.90(第 2 层)	1/180(第 14 层)	1/95
北京外交公寓1976	0.081	0.268	1.20(第 12 层)	1/130(第 12 层)	1/200	0.123	0.319	2.94(第 12 层)	1/50(第 12 层)	1/95

▶ **8.7.2 美国印第安纳广场大厦**

1)建筑概况

美国休斯敦市的印第安纳广场大厦,其建筑场址位于美国地震烈度区划图上的 2 区,地震动峰值加速度为 0.2g。结构设计用的基本风速取 145 km/h。该大厦地面以上有 29 层,高 121 m;建筑平面尺寸为 43.7 m ×43.7 m。

2)结构方案比较

经过多方案比较后,决定采用钢框架体系。基本柱网尺寸为 7.6 m×7.6 m,其典型楼层的结构平面布置如图 8.20 所示。

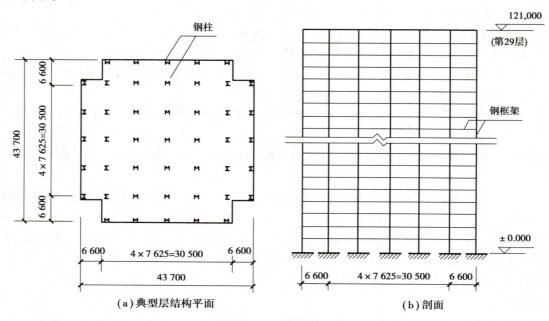

(a)典型层结构平面　　　　(b)剖面

图 8.20　8 度设防的印第安纳广场大厦

3)杆件布置

框架柱采用轧制 H 型钢。考虑到地震可能来自任何方向,各根柱的腹板布置方向是,一半平行于房屋纵轴,一半平行于房屋横轴。

4)结构分析

对该大楼进行的结构分析指出,地震作用控制着构件截面设计。最后验算结果表明,钢框架体系既满足了抗风的各项要求,也符合抗震的各项指标。

▶ **8.7.3 美国加州太平洋公园广场公寓**

1)建筑概况

太平洋公园广场公寓 1984 年建成,位于加利福尼亚州的旧金山湾区,地上 31 层,高 94.6 m,是公寓建筑,层高 2.9 m,共有 583 套高档公寓,平面为三叉形,对称面均匀地伸出三个翼,如图 8.21 所示,结构沿高度布置规则。这是建于旧金山湾区(地震高烈度区)的第一幢钢筋混凝土高层建筑,经过方案及造价比较,采用了钢筋混凝土延性框架结构。采用钢筋混凝土结构的原因是钢可以降低造价,与一幢同地区,同时建造的类似钢结构相比,在结构和防火方面每平方米造价大约可减少 1/3(建筑造价与装修标准有关)。

该建筑建成后在 1989 年 10 月 17 日 Loma Prieta 地震时,经受了强烈地震考验,在建筑物中安置的强震记录仪记录到该建筑的震动,基础处震动峰值为 0.22g,屋顶震动峰值为 0.39g,这个震动不算小。相邻的一个 5 层停车库楼板和少数柱子均发现裂缝,邻近 3 英里范围内有一些建筑物破坏。但是,这幢 31 层的钢筋混凝土结构震后经过专家仔细检查,没有发现肉眼可见的裂缝,剪力墙上也没有裂缝,甚至玻璃也没有破碎,证明了钢筋混凝土框架结构可以实现较好的抗震性能,也证明了这个结构的设计安全。

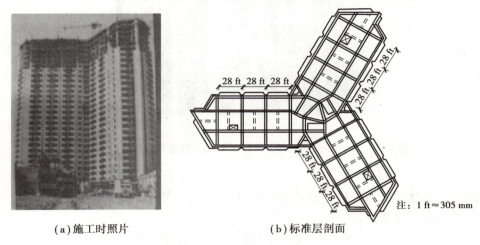

（a）施工时照片　　　　　　（b）标准层剖面

注：1 ft≈305 mm

图 8.21　太平洋公园广场公寓

结构是由美国 T Y. Lin 设计顾问有限公司设计,林同炎教授直接指导,Clough、Bertero 等伯克利加州大学的知名教授都作为设计顾问参与了设计,采用了在多级地震作用下进行弹性计算,并分级考虑构件承载力安全系数和延性配筋构造要求的设计方法。

2）结构体系

该建筑为钢筋混凝土框架结构。最底层平面的每个翼中加了一片 L 形剪力墙,因为最底层增加了一个夹层,层高较大。其余部分都是由梁、柱构件组成,标准柱网尺寸为 8.53 m×8.53 m,柱板面尺寸为 91 cm×122 cm,梁的宽度只比柱每侧小 50 mm,加大梁宽可降低梁高度,以便实现强柱弱梁设计。

基础由 1.5 m 厚的混凝土底板和 900 根 18～21 m 长的预应力混凝土桩组成。1～9 层采用了强度为 45 MPa 的混凝土,10 层以上强度降低,到顶部降为 35 MPa。

梁、柱、节点都采取延性配筋构造措施。采用强度较高的钢筋做约束箍筋,梁端、柱端以及节点区箍筋加密。为了使边柱节点钢筋不过分拥挤,还将梁延伸到柱外皮以外 127 mm,如图 8.22（a）所示,梁主筋在节点区的弯折都在这凸出的范围内。梁的箍筋采用网片方式,网片及其弯钩（箍筋 135°弯钩）在工厂中加工,如图 8.22（b）所示,柱钢筋骨架在工厂加工,每 3 层一根钢筋骨架,在现场吊装,这种方式可以保证配筋的位置准确,约束箍筋可以发挥最大作用。受力主筋的连接都采用锥螺纹机械连接,由于锥螺纹是工厂加工,保证了它的准确性与可靠,也减少了现场的焊接工作量。

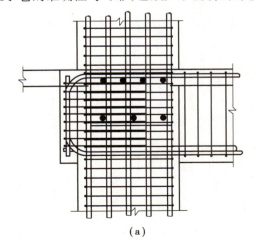

（a）

（b）

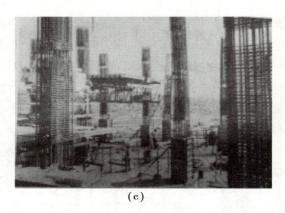

(c)

图8.22　太平洋公园广场公寓钢筋混凝土框架节点和梁、柱配筋图

3）自振特性

建成后用脉动方法实测了自振周期，地震时强震仪记录分析得到周期，均列于表8.11。设计时第一自振周期用2.8 s，与地震记录周期值接近。

表8.11　太平洋公园广场公寓实测自振周期

单位:s

测定方法	1 南—北	2 东—西	3 扭转	4 南—北	5 东—西	6 扭转
脉动实测	1.77	1.69	1.68	0.6	0.6	0.59
地震记录	2.69	2.59	—	1.07	0.89	—

地震记录所得周期比脉动实测周期长，由此可见，在地震时结构或非结构构件上可能出现过裂缝，由于裂缝很小，震后裂缝闭合，肉眼不能发现。这个现象为后来所作的计算分析证明了：如果考虑构件刚度降低，分析结果与地震时实测接近，如果不考虑构件刚度降低，结果与脉动实测值十分接近。由此说明，设计使用的周期与地震时的周期接近，是合理的。

第 **9** 章

剪力墙结构

9.1 剪力墙的概念和结构效能

剪力墙结构是利用建筑物的外墙和永久性内隔墙的位置布置钢筋混凝土承重墙的结构。剪力墙既能承受竖向荷载,又能承受水平力。一般来说,剪力墙的宽度和高度与整个房屋的宽度和高度相同,宽达十几米或更大,高达几十米以上。而它的厚度则很薄,一般为 160~300 mm,较厚可达 500 mm。

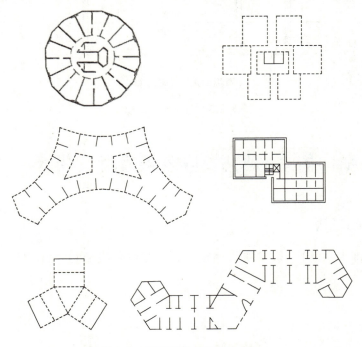

图 9.1 剪力墙结构平面布置

由于受楼板跨度的限制,剪力墙结构的开间一般为 3~8 m,适用于住宅、旅馆等建筑。剪力墙结构采用现浇钢筋混凝土,整体性好,承载力及侧向刚度大。合理设计的延性剪力墙具有良好的抗震性能。在历次地震中,剪力墙的震害一般比较轻。剪力墙结构的适用高度范围大,10~30 层的住宅及旅馆都可应用。在剪力墙内配置钢骨,成为钢骨混凝土剪力墙,可以改善剪力墙的抗震性能。剪力墙结构平面布置不灵活,空间局限,结构自重大。图 9.1 是剪力墙结构平面布置的示意。

在侧向力作用下,剪力墙结构的侧向位移曲线呈弯曲型,即层间位移由下至上逐渐增大,如图 9.2 所示。

剪力墙结构主要由墙肢组成,连接墙肢的是连梁。由于墙肢承受比较大的水平力,在墙肢端部容易形成集中的拉力和压力。因此,在墙肢受力的端部经常设计为暗柱,以承受集中荷载作用。

剪力墙是平面构件,在其自身平面内有较大的承载力和刚度,平面外的承载力和刚度小,结构设计时一般不考虑平面外的承载力和刚度,计算模型如图 9.3 所示。

剪力墙结构体系主要有:框架-剪力墙结构、剪力墙结构、框支剪力墙结构、筒体结构 4 大类。本章主要介绍剪力墙结构。

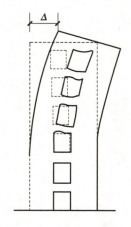

图 9.2　剪力墙的变形

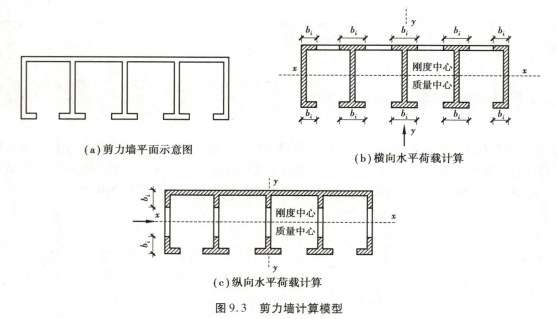

（a）剪力墙平面示意图　　　　　（b）横向水平荷载计算

（c）纵向水平荷载计算

图 9.3　剪力墙计算模型

9.2　剪力墙结构体系的类型、特点和适用范围

▶ 9.2.1　剪力墙的形状

剪力墙的横截面(即水平面)一般是狭长的矩形。有时将纵横墙相连,则形成工字形、Z 形、L 形、T 形等,如图 9.4 所示。

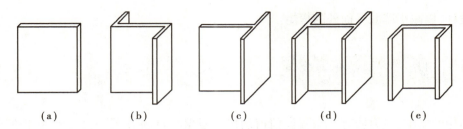

图9.4 剪力墙的截面形式

▶ 9.2.2 剪力墙的布置

（1）剪力墙结构的平面布置宜简单、规则

剪力墙宜沿两个主轴方向或其他方向双向布置，两个方向的侧向刚度不宜相差过大；剪力墙应尽量拉通、对直，不同方向的剪力墙宜分别联结在一起，以具有较好的空间工作性能。抗震设计时，不应采用仅单向有剪力墙的结构布置，宜使两个方向的侧向刚度接近。

（2）剪力墙结构应具有适宜的侧向刚度

由于剪力墙具有较大的侧向刚度和承载力，为充分利用剪力墙的能力，减轻结构自重，增大结构的可利用空间，剪力墙不宜布置得太密，使结构具有适宜的侧向刚度；若侧向刚度过大，不仅加大自重，还会使地震作用增大，对结构受力不利。

（3）剪力墙宜自下到上连续布置，避免刚度突变

允许沿高度改变墙厚和混凝土强度等级，使侧向刚度沿高度逐渐减小。如果在某一层或几层切断剪力墙，易造成结构沿高度刚度突变，对结构抗震不利。

（4）剪力墙的门窗洞口宜上下对齐、成列布置

剪力墙洞口的布置，会极大地影响剪力墙的受力性能。剪力墙的门窗洞口上下对齐、成列布置时，能形成明确的墙肢和连梁，应力分布比较规则，又与当前普遍采用的计算简图较为符合，设计结果安全可靠；宜避免造成墙肢宽度相差悬殊的洞口设置；错洞剪力墙和叠合错洞墙都是不规则开洞的剪力墙，其应力分布比较复杂，容易产生剪力墙的薄弱部位，常规计算无法获得其实际应力，构造比较复杂，应尽量避免。

（5）剪力墙结构应具有较好的延性

细高的剪力墙（高宽比大于3）容易设计成具有延性的弯曲破坏剪力墙，从而可避免发生脆性的剪切破坏。因此，剪力墙不宜过长。当剪力墙的长度很长时，可通过开设洞口将长墙分成长度较小的墙段，使每个墙段成为高宽比大于3的独立墙肢或联肢墙，如图9.5所示，分段宜较均匀。用以分割墙段的洞口上可设置跨高比较大、约束弯矩较小的弱连梁（其跨高比一般宜大于6）。此外，当墙段长度（即墙段截面高度）很长时，受弯后产生的裂缝宽度会较大，墙体的配筋容易拉断，因此墙段的长度不宜过大，我国《高层建筑混凝土结构技术规程》规定墙段长度不宜大于8 m。

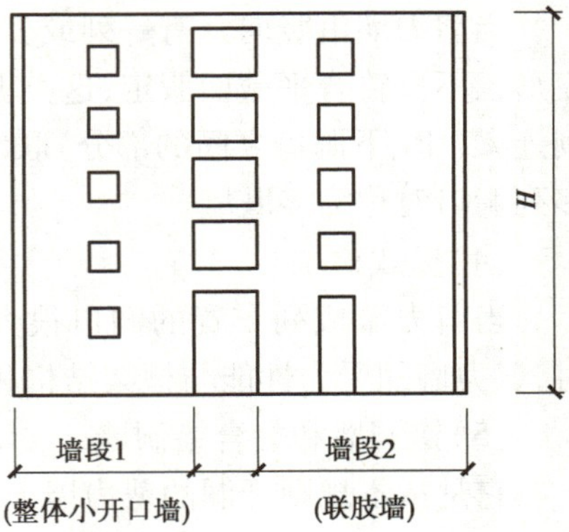

（6）注意剪力墙平面外受弯时的安全问题

剪力墙的特点是平面内刚度及承载力大，而平面外刚度及承载力都相对很小。当剪力墙与平面外方向的梁连接时，会造成墙肢平面外承受弯矩，而一般情况下并不验算墙的平面外刚度及承载力，因此应注意剪力墙平面外受弯时的安全问题。当剪力墙与其平面外方向的楼面大梁连接时，会使墙肢平面外承受弯矩，当梁截面高度大于约2倍墙厚时，刚性连接梁的梁端弯矩将使剪力墙平面外产生较大的弯矩，可通过设置与梁相连的剪力墙、增设扶壁柱或暗柱、墙内设置与梁相连的型钢等措施，增大墙抵抗平面外弯矩的能力，以保证剪力墙平面外的安全。除了加强剪力墙平面外的抗弯刚度和承载力外，还可采取减小梁端弯矩的措施。对截面较小的楼面梁也可通过支座弯矩调幅或变截面梁实现梁端

墙段1　　墙段2

（整体小开口墙）　（联肢墙）

图9.5 较长剪力墙分段示意图

铰接或半刚接设计,以减小墙肢平面外的弯矩。

9.3　剪力墙的形状和位置

由于使用功能的要求,剪力墙有时需开设门窗洞口。根据洞口的有无、大小、形状和位置等,剪力墙可划分为以下5类。

(1)整截面墙

当剪力墙无洞口,或虽有洞口但墙面洞口的总面积不大于剪力墙墙面总面积的16%,且洞口间的净距及洞口至墙边的距离均大于洞口长边尺寸时,可忽略洞口的影响,这类墙体称为整截面墙,如图9.6(a)、(b)所示。

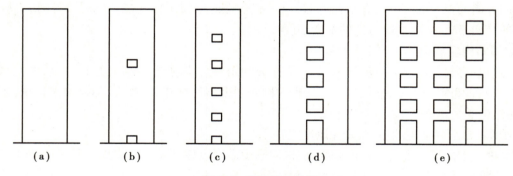

图9.6　剪力墙的分类

(2)整体小开口墙

当剪力墙的洞口稍大,且洞口沿竖向成列布置,洞口的面积超过剪力墙墙面总面积的16%,但洞口对剪力墙的受力影响仍较小时,这类墙体称为整体小开口墙,如图9.6(c)所示。在水平荷载作用下,由于洞口的存在,剪力墙的墙肢中会出现局部弯曲,其截面应力可认为由墙体的整体弯曲和局部弯曲二者叠加组成,截面变形仍接近于整截面墙。

(3)联肢墙

当剪力墙沿竖向开有一列或多列较大的洞口时,由于洞口较大,剪力墙截面的整体性大为削弱,其截面变形已不再符合平截面假定,这类剪力墙可看成若干个单肢剪力墙或墙肢(左、右洞口之间的部分)由一系列连梁(上、下洞口之间的部分)联结起来组成。当开有一列洞口时称为双肢墙,如图9.6(d)所示;当开有多列洞口时称为多肢墙。

(4)壁式框架

当剪力墙成列布置的洞口很大,且洞口较宽、墙肢宽度相对较小、连梁的刚度接近或大于墙肢的刚度时,剪力墙的受力性能与框架结构相类似,这类剪力墙称为壁式框架,如图9.6(e)所示。

(5)错洞墙和叠合错洞墙

它是指不规则开洞的剪力墙。这类剪力墙受力较复杂,一般得不到解析解,通常借助于有限元法等数值计算方法进行计算,具体计算方法本书不做叙述。

9.4　剪力墙的主要构造要求

▶ 9.4.1　剪力墙的厚度和混凝土等级

剪力墙的厚度一般根据结构的刚度和承载力要求确定,此外墙厚还应考虑平面外稳定、开裂、减轻自重、轴压比的要求等因素。《高层建筑混凝土结构技术规程》为了保证剪力墙出平面的刚度和稳定性能,规定了剪力墙截面的最小厚度,也是高层建筑剪力墙截面厚度的最低要求,如表9.1所示。

表9.1 剪力墙截面最小厚度

单位:mm

抗震等级	剪力墙部位	最小厚度	
		有端柱或翼墙	无端柱或无翼墙
一级	底部加强部位	200	220
	其他部位	160	180
三、四级	底部加强部位	160	180
	其他部位	160	160
非抗震设计		160	160

在一些情况下,剪力墙厚度还与剪力墙的无支长度有关。无支长度是指沿剪力墙长度方向没有平面外横向支承墙的长度。无支长度小,有利于保证剪力墙出平面的刚度和稳定,墙体厚度可适当减小。

为了保证剪力墙的承载能力及变形性能,混凝土强度等级不宜太低,宜采用高强高性能混凝土。剪力墙结构的混凝土强度等级不应低于 C20;简体结构中剪力墙的混凝土强度等级不宜低于 C30。

▶ **9.4.2 剪力墙轴压比限值**

当偏心受压剪力墙轴力较大时,截面受压区高度增大,与钢筋混凝土柱相同,其延性降低。研究表明,剪力墙的边缘构件(暗柱、明柱、翼柱)由于横向钢筋的约束改善了混凝土的受压性能,增大了延性。为了保证在地震作用下钢筋混凝土剪力墙具有足够的延性,《高层建筑混凝土结构技术规程》规定:抗震设计时,一、二、三级抗震等级剪力墙墙肢在重力荷载代表值作用下的轴压比 $N/(f_cA)$ 不宜超过表 9.2 的限值。为简化计算,规程采用了重力荷载代表值作用下轴力设计值(不考虑地震作用效应组合),即考虑重力荷载分项系数后的最大轴力设计值,计算剪力墙的名义轴压比。

表9.2 剪力墙轴压比限值

抗震等级	一级(9 度)	一级(6、7、8 度)	二、三级
$N/(f_cA)$	0.4	0.5	0.6

注:N 为重力荷载代表值作用下剪力墙墙肢的轴向压力设计值;A 为剪力墙墙肢的全截面面积;f_c 为混凝土轴心抗压强度设计值。

9.5 短肢剪力墙与异形柱结构

短肢剪力墙是指截面厚度不大于 300 mm,各肢截面高度与厚度之比的最大值大于 4 但不大于 8 的剪力墙。对于采用刚度较大的连梁与墙肢形成的开洞剪力墙,不宜按单独墙肢判断其是否属于短肢剪力墙。短肢剪力墙有利于减轻结构自重和建筑布置,在高层住宅建筑中应用较多。

异形柱结构是近年来发展起来的一种新型结构。截面几何形状为 L 形、T 形、十字形或 Z 形,且截面各肢的肢高肢厚比不大于 4 的柱,称为异形柱,如图 9.7 所示。异形柱的柱肢宽度与建筑的填充墙等厚,避免柱楞凸出,把建筑美观和使用的灵活有机地结合。在异形柱结构体系中,一般角柱为 L 形,边柱为 T 形,中柱为十字形,当柱网轴线发生偏移时,采用 Z 形截面柱作为转换柱。在实际工程中异形柱已经被广泛地用于住宅建筑中。

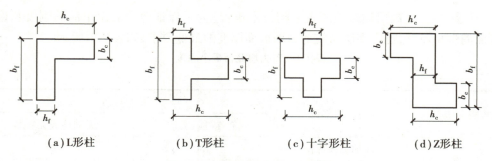

| (a)L形柱 | (b)T形柱 | (c)十字形柱 | (d)Z形柱 |

图9.7 钢筋混凝土异形柱截面

由于短肢剪力墙在水平荷载下沿建筑高度可能有较多楼层的墙肢会出现反弯点,受力特点接近异形柱,又承担较大轴力与剪力,其抗震性能较差,且地震区应用经验不多,为安全起见,我国《高层建筑混凝土结构技术规程》规定:抗震设计时,高层建筑结构不应全部采用短肢剪力墙;B级高度高层建筑以及抗震设防烈度为9度的A级高度高层建筑,不宜布置短肢剪力墙,不应采用具有较多短肢剪力墙的剪力墙结构(具有较多短肢剪力墙是指在水平地震作用下短肢剪力墙承担的底部倾覆力矩不小于结构底部总地震倾覆力矩的30%);当采用具有较多短肢剪力墙的剪力墙结构时,水平地震作用下短肢剪力墙承担的底部倾覆力矩不宜大于结构底部总地震倾覆力矩的50%,且在某些情况下建筑的最大适用高度还应适当降低。

9.6 工程实例及概况

1)结构概况

1972年初,为扩大对外贸易,满足广交会的需求,广州市决定兴建白云宾馆(见图9.8)。历经4年至1976年初,广州白云宾馆基本建设完成,建筑总高114.05 m,为当时中国的第一高楼。

该建筑采用高低层结合的空间处理方式,充分发挥了建筑与结构性能的配合。主楼位于建设地段的西北角,地质条件较好,地下2层,地上33层。首层为公共活动和管理服务设施,2~3层为客房层,4~26层为标准客房层,27~28层为各种套房客房层,29层为多功能厅,30层为天台餐厅,31层为小餐厅及观测用房,32~33层为设备层。

(a)立面图

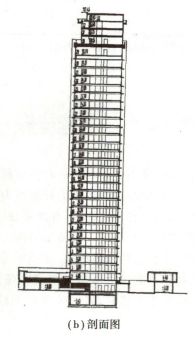

(b)剖面图

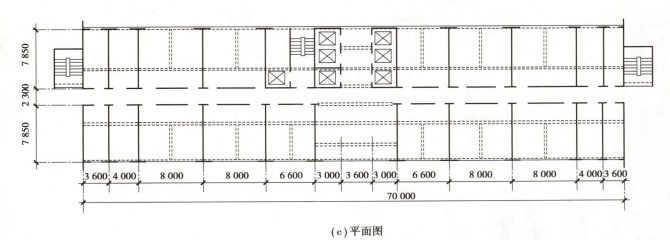

（c）平面图

图 9.8　广州白云宾馆

2）结构分析

基础采用钻孔桩，基桩沿墙轴布置，嵌入基岩 50～100 cm，桩长 300～1 700 cm 不等，结构区段长 70 m。顶层最大风力计算为 2.8 kN/m²，地震烈度按 7 度设防。考虑到圬工粉刷和填充间墙刚性大，变形较敏感，由横向风力所产生的顶层水平位移控制在 1/1 680H。层间位移控制在 1/4 000 以下。

主楼结构采用剪力墙结构。为提高抗震能力，主楼平面布置力求均匀对称，使刚度中心与作用力中心基本接近以减少偏心扭转应力。墙板在中间走廊部分开孔，形成单孔双肢剪力墙板。板与连杆应力分析参照光弹性试验的应力曲线，进行合理的构造配筋，并在连杆中部穿孔安装新风管和空调冷水管，节约建筑空间。上部结构的钢筋用量指标为 50 kg/m²，混凝土用量指标为 0.6 m³/m²，建筑质量为 1.7 t/m²。

第 **10** 章

框架(支)-剪力墙结构

10.1　框架-剪力墙的特点

　　为了充分发挥框架结构平面布置灵活和剪力墙结构侧向刚度大的特点,当建筑物需要有较大空间且高度超过了框架结构的合理高度时,可采用框架和剪力墙共同工作的结构体系,这称为框架-剪力墙结构。当楼盖为无梁楼盖,由无梁楼板与柱组成的框架称为板柱框架,而由板柱框架与剪力墙共同承受竖向和水平作用的结构,称为板柱–剪力墙结构,其受力变形特点与框架-剪力墙结构相同。框架-剪力墙结构体系以框架为主,并布置一定数量的剪力墙,通过水平刚度很大的楼盖将二者联系在一起共同抵抗水平荷载。其中剪力墙承担大部分水平荷载,框架只承担较小的一部分。图 10.1 是框架-剪力墙结构房屋平面布置的一些实例。

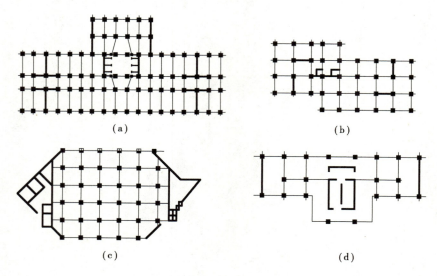

(a)

(b)

(c)

(d)

图 10.1　框架-剪力墙结构平面布置示意

框架-剪力墙结构一般可采用以下 4 种形式:①框架和剪力墙(包括单片墙、联肢墙、剪力墙简体)分开布置,各自形成比较独立的抗侧力结构,从抗侧力结构横向布置而言,图 10.1(c)、(d)所示的结构属于此种形式;②在框架结构的若干跨内嵌入剪力墙(框架相应跨的柱和梁成为该片墙的边框,称为带边框剪力墙);③在单片抗侧力结构内连续分别布置框架和剪力墙;④上述两种或三种形式的混合,如图 10.1(a)、(b)所示。

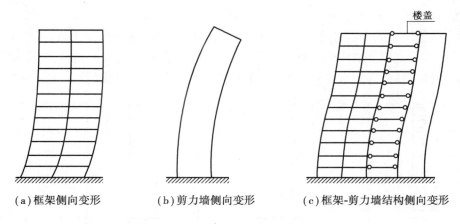

(a)框架侧向变形　　　　(b)剪力墙侧向变形　　　　(c)框架-剪力墙结构侧向变形

图 10.2　框架与剪力墙协同作用

在水平荷载作用下,框架的侧向变形属剪切型,层间侧移自上而下逐层增大,如图 10.2(a)所示;剪力墙的侧向变形一般是弯曲型,其层间侧移自上而下逐层减小,如图 10.2(b)所示。当框架与剪力墙通过楼盖形成框架-剪力墙结构时,各层楼盖因其巨大的水平刚度使框架与剪力墙的变形协调一致,因而其侧向变形介于剪切型与弯曲型之间,一般属于弯剪型,如图 10.2(c)所示。

由于框架与剪力墙的协同工作,使框架各层层间剪力趋于均匀,各层梁、柱截面尺寸和配筋也趋于均匀,改变了纯框架结构的受力及变形特点。框架-剪力墙结构比框架结构的水平承载力和侧向刚度都有很大提高,可应用于 10 ~ 20 层的办公楼、教学楼、医院和宾馆等建筑中。

在框架-剪力墙结构的设计中,要特别注意剪力墙的数量和布置问题。若剪力墙的数量过多,会使整体结构刚度加大。同时在结构内部,框架会受到剪力墙更大的作用,对框架部分不利。因此,要控制剪力墙的数量,使其保持在合理范围内。对于剪力墙的布置,应掌握以下 3 个原则:①沿结构单元的两个方向设置剪力墙,尽量做到分散、均匀、对称,使结构的质量中心和刚度中心尽量重合,防止在水平荷载作用下结构发生扭转;②在楼盖水平刚度急剧变化处,以及楼盖较大洞口,包括楼、电梯间的洞口的两侧,应设置剪力墙,以免造成已被洞口严重削弱的楼板承受过大的水平地震作用;③同一方向各片剪力墙的抗侧刚度不应大小悬殊,以免水平地震作用过分集中到某一片剪力墙上。北京饭店东楼是国内早期的钢筋混凝土框架-剪力墙建筑,建成于 1972 年。建筑面积 88 400 m^2,地下 3 层,地上 18 层,高 79.77 m,如图 10.3 所示。

图 10.3　北京饭店东楼

10.2　框支-剪力墙的特点

剪力墙结构的缺点是结构自重较大,建筑平面布置局限性大,较难获得大的建筑空间。为了扩大剪力墙结构的应用范围,在城市临街建筑中可将剪力墙结构房屋的底层或底部几层做成框架,形成框支-剪力墙,如图10.4所示。框支层空间大,可用作商店、餐厅等,上部剪力墙层则可作为住宅、宾馆等。由于框支层与上部剪力墙层的结构形式以及结构构件布置不同,因而需在两者连接处设置转换层,故这种结构也称为带转换层高层建筑结构。转换层的水平转换构件,可采用转换梁、转换架、空腹桁架、箱形结构、斜撑、厚板等。

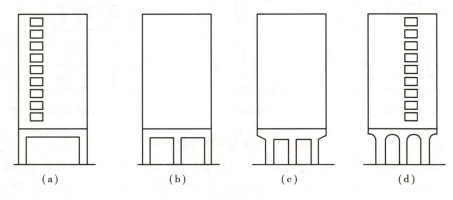

图 10.4　框支-剪力墙结构

带转换层高层建筑结构在其转换层上、下层间侧向刚度发生突变,形成柔性底层或底部,在地震作用下易遭破坏甚至倒塌。为了改善这种结构的抗震性能,底层或底部几层须采用部分框支剪力墙,部分落地剪力墙,形成底部大空间剪力墙结构,如图10.5所示。在底部大空间剪力墙结构中,一般应把落地剪力墙布置在两端或中部,并将纵、横向墙围成筒体,如图10.5(a)所示;另外,还应采取增大墙体厚度、提高混凝土强度等措施来加大落地墙体的侧向刚度,使整个结构的上、下部侧向刚度差别减小。上部则宜采用开间较大的剪力墙布置方案,如图10.5(b)所示。

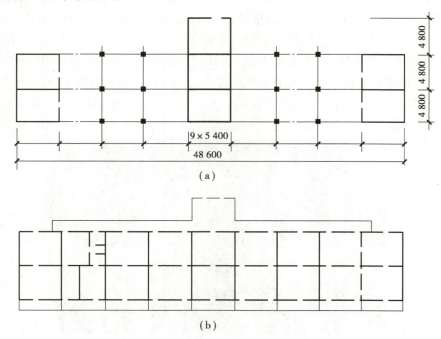

图 10.5　底部大空间剪力墙结构

当房屋高度不大但仍需采用剪力墙结构,或带转换层结构需控制转换层上、下结构的侧向刚度(一般是增大下部结构的侧向刚度,减小上部结构的侧向刚度)时,可采用短肢剪力墙结构。这种结构体系一般是在电梯、楼梯部位布置剪力墙形成筒体,其他部位则根据需要,在纵横墙交接处设置截面高度为 2 m 左右的 T 形、十字形或 L 形截面短肢剪力墙,墙肢之间在楼面处用梁连接,并用轻质材料填充,形成使用功能及受力均较合理的短肢剪力墙结构体系。图 10.6 为某高层商住楼结构平面示意图,转换层以下采用底部大空间剪力墙结构,如图 10.6(a)所示,转换层以上采用短肢剪力墙结构,如图 10.6(b)所示。

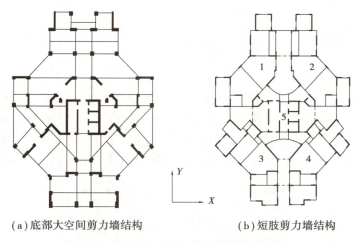

(a)底部大空间剪力墙结构　　　　　(b)短肢剪力墙结构

图 10.6　某高层商住楼结构平面示意图

10.3　钢框架-支撑的特点

钢框架-支撑结构是在钢框架结构的基础上,通过在部分框架柱之间布置支撑来提高结构承载力及侧向刚度。支撑体系与框架体系共同作用形成双重抗侧力结构体系。钢框架-支撑结构在多高层钢结构建筑中比较多见。这种结构形式一方面压缩了梁柱截面尺寸,另一方面以轴向受力杆件形成的竖向支撑取代以抗弯杆件形成的框架结构,能获得更大的抗侧刚度,如图 10.7 所示。

图 10.7　伦敦 Leadenhall 大厦

支撑构件一般按照轴心受力构件设计。从大量的试验研究中发现,支撑沿竖向集中布置在中间跨与布置在边跨相比,其对提高结构刚度的效果更为明显。人字形支撑的效果优于其他形式支撑。如果在钢框架-支撑结构中设置一定数量的刚臂,可以在一定程度上提高结构抗侧刚度。

10.4 工程实例及概况

▶ 10.4.1 日本 ACT 大厦

1)建筑概况

日本于 1994 年建成的 ACT 大厦是一座综合性大厦,地下 2 层,地上 47 层,高 212 m。大厦下部 2/3 用作商场和办公用房,上部 1/3 用作旅馆。建筑平面为腰鼓形,长 70.4 m,大厦下部建筑平面的宽度为 44.4 m,如图 10.8(a)所示。大厦上部为适应旅馆客房的小进深要求,建筑平面宽度向内侧收进至 29.6 m[见图 10.8(b)]。大厦办公部分的层高为 4 m,旅馆部分的层高为 3.15 m。大厦位于 8~9 度地震区。

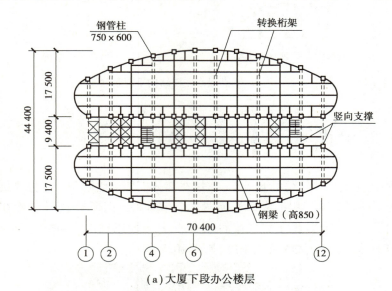

(a)大厦下段办公楼层

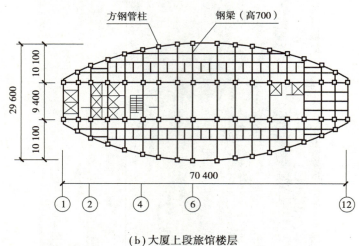

(b)大厦上段旅馆楼层

图 10.8 日本 ATC 大厦典型层结构平面图

2)结构体系

大厦主楼采用钢结构框架-支撑体系,由以下 5 部分构件组成:①楼面周边的柱距为 6.4 m 的刚接钢框架;②楼面核心区周边的纵向柱距 3.2 m,横向柱距 9.4 m 的芯筒框架;③沿横向于第 31 层以下在芯筒框架间设置多片 X 形竖向支撑,由于支撑宽度为 9.4 m,是楼层层高的两倍多,故采用以两个层高为一个节间的跨层支撑,如图 10.9(a)所示;④由于第 30 层以上旅馆部分沿宽度方向向内收进,于第 28、29 层设置两层楼高的转换桁架,以承托上面各层内退的外柱;⑤沿芯筒框架的两个纵向柱列,于第 31 层以下各设置 4 列成对的单斜杆竖向支撑,进一步增强密柱型芯筒框架沿房屋纵向的抗推刚度。

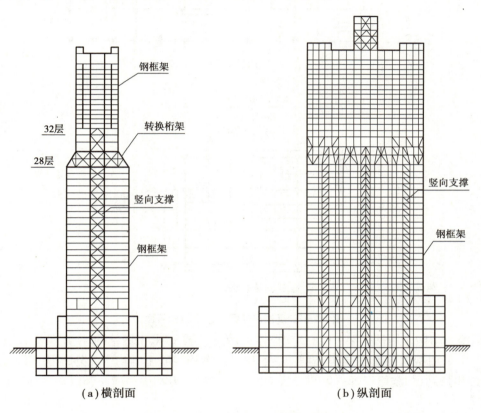

(a)横剖面　　　　　　　　　**(b)纵剖面**

图 10.9　日本 ATC 大厦结构剖面

3)构件尺寸

内、外框架柱均采用焊接矩形钢管,底层柱的截面尺寸为 750 mm×600 mm;办公楼层的横梁,跨度为 17.5 m,焊接工字梁的截面高度为 850 mm;旅馆楼层的横梁,跨度为 10.1 m,梁的截面高度为 700 mm。

4)结构分析

结构抗震计算时,基底剪力系数采用 0.06。弹性阶段的阻尼比为 1%,弹塑性阶段的阻尼比为 2%。结构的纵向和横向基本自振周期为 4.5 s 和 4.7 s。

▶ 10.4.2　霖园大饭店

1)结构概况

(1)台湾高雄市霖园大饭店,地下 5 层;地上 41 层,高 148 m,平面尺寸为 60.35 m×24.4 m,房屋高宽比为 6.1。大楼第 4 层和第 11 层结构平面分别如图 10.10(a)、(b)所示,柱网基本尺寸为 4.54 m×7.1 m 和 4.54 m×9.1 m。

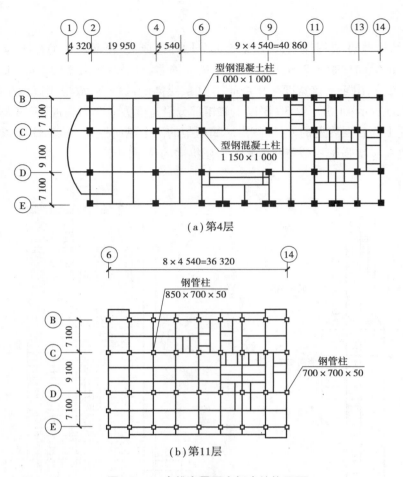

图 10.10　高雄市霖园大饭店结构平面

（2）大楼抗侧力结构采用钢框架-（偏心）支撑体系，为避免全部采用钢结构，刚度偏小，故在 8～41 层采用钢结构，1～7 层采用型钢混凝土结构，地下 1～5 层采用钢筋混凝土结构。此外，利用第 12 层和第 40 层的设备层作为结构加劲层，整层设置支撑和带状桁架。大楼抗侧力结构的横向和纵向剖面，分别如图 10.11（a）、（b）所示。

（3）钢框架按照"强柱弱梁"抗震准则设计。8～41 层，钢柱采用矩形钢管，其截面尺寸为：内柱，850 mm×700 mm×50 mm～750 mm×600 mm×22 mm；外柱，700 mm×700 mm×50 mm～600 mm×600 mm×22 mm。

（4）第 1～7 层的型钢混凝土柱，混凝土截面外圈尺寸为：内柱，1 150 mm×1 000 mm；外柱，1 000 mm×1 000 mm。其中型钢芯柱，采用由 1 个 H 型钢与两个剖分 T 型钢拼焊成的带翼缘十字形截面，H 型钢的截面尺寸为：内柱，（700～850）mm×400 mm×30 mm×50 mm；外柱，700 mm×400 mm×30 mm×30 mm。型钢芯柱与混凝土截面周边的间距不小于 150 mm，以利钢筋绑扎和混凝土浇筑。

（5）钢框架主梁采用焊接工字形截面，从第 8 层至第 41 层，钢截面尺寸由 1 900 mm×350 mm×16 mm×28 mm 逐段减小到 1 800 mm×300 mm×14 mm×19 mm。7 层以下，型钢混凝土梁的截面外包尺寸为 450 mm×1 100 mm，其内型钢的截面尺寸为 1 850 mm×300 mm×14 mm×28 mm。

（6）偏心支撑的设计考虑了以下两点：①因建筑空间使用要求，八字形偏心支撑中间节点的消能梁段的长度 $e>1.6M_P/V_P$。超过剪切屈服型消能梁段的长度，按弯曲屈服型消能梁段（$e>2.6M_P/V_P$）进行设计。②支撑斜杆的受压承载力大于 1.5 倍消能梁段塑性受剪承载力，确保消能梁段屈服后斜杆不发生受压屈曲。

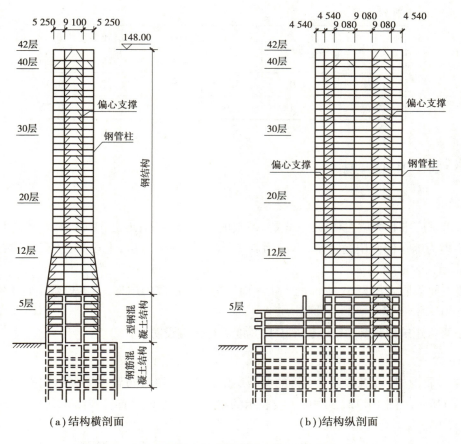

（a）结构横剖面　　　　（b）结构纵剖面

图 10.11　高雄市霖园大饭店钢框架-（偏心）支撑体系

（7）基坑开挖深度为 22.75 m，采用 1.0 m 厚的地下连续墙作为护壁。地下室各层楼盖采用逆筑法施工。基础桩长 54 m，直径为 2.0 m 和 2.4 m 两种。基础底板厚 800 mm，基础梁的截面高度为 2.5 m。

2）结构分析

①采用 ETABS 程序对大楼结构进行竖向荷载、水平地震力和风荷载作用下的构件内力和变形计算。

②大楼结构的纵向、横向基本自振周期分别为 2.9 s 和 3.3 s。

③大楼位于台风区，设计用的 10 min 平均风速为 40.7 m/s，阵风系数取 1.5。作用于大楼的风压，底层为 1.7 kN/m²，顶层为 3.4 kN/m²。据此，计算出的结构各楼层层间侧移角 θ 列于表 10.1。

表 10.1　风荷载作用下的结构层间侧移角 θ

楼层序号	层高 h/m	侧移 Δ/mm		层间侧移角 θ/‰	
		x 方向	y 方向	x 方向	y 方向
41 层	4.50	87.2	218.9	0.44	1.05
40 层	3.25	85.2	214.1	0.48	1.60
35 层	3.25	76.4	190.4	062	1.59
30 层	3.25	65.5	163.3	0.68	1.71
25 层	3.25	54.0	134.9	0.74	1.80
20 层	3.25	41.9	105.8	0.76	1.79
15 层	3.25	29.8	77.9	0.73	1.65
10 层	4.0	14.8	45.0	0.73	1.73

续表

楼层序号	层高 h/m	侧移 Δ/mm		层间侧移角 θ/‰	
		x 方向	y 方向	x 方向	y 方向
5 层	4.0	4.2	16.3	0.22	0.93
2 层	5.4	1.6	5.7	0.24	0.72

▶ 10.4.3　京广中心大厦

1）建筑概况

（1）北京市京广中心大厦主楼,地下 3 层,基础埋深为 16.4 m;地上 51 层,另有屋顶小塔楼两层,总高度为 208 m。主楼为综合性多用途建筑,下段为旅馆,中段为办公用房,上段为公寓,大楼各段的层高分别为 3.3 m、3.7 m 和 3.2 m。

（2）主楼平面采取半径为 51.4 m 的 1/4 圆面切角后所形成的扇形,基本模数是将 1/4 圆面沿径向分成 21 等份（即 =90°/21=4.3°）。

（3）主楼的总建筑面积为 10.5 万 m²。按 8 度进行抗震设防。

2）结构体系

①主楼结构属框架-墙板体系。主楼的典型层结构平面、墙板布置平面和结构横剖面,分别如图 10.12（a）、（b）和（c）所示。图 10.12（b）中,实线表示的墙板是自第 6 层布置到第 52 层,虚线所示墙板是自第 6 层布置到第 37 层。

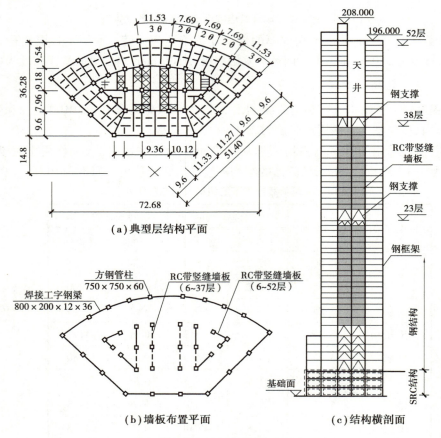

（a）典型层结构平面

（b）墙板布置平面　　　（c）结构横剖面

图 10.12　北京市京广中心大厦

②主楼,地面以下,采用型钢混凝土框架和现浇钢筋混凝土抗震墙;地面以上,采用钢框架,并沿中心服务性竖筒各轴线,在框架内嵌置带竖缝的钢筋混凝土墙板。

③主楼底层至第6层,以及第23层和第38层,因为层高较大,预制墙板太重,于是改用抗推刚度相当的钢支撑代换混凝土墙板。

3) 杆件截面

①地面以上,钢柱采用焊接方管,截面尺寸为650 mm×650 mm×19 mm ~ 850 mm×850 mmm×70 mm,最大壁厚为80 mm;框架梁采用焊接工字形钢,截面尺寸一般为800 mm×200 mm×12 mm×36 mm,个别为1 000 mm×350 mm×19 mm×36 mm;支撑斜杆的截面尺寸为BH350 mm×350 mm×36 mm×36 mm。

②地面以下,型钢混凝土框架柱内的钢芯柱,采用一个型钢和两个剖分T型钢拼焊成的带翼缘十字形截面,H型钢的截面尺寸为750 mm×350 mm×32 mm×60 mm 和850 mm×450 mm×50 mm×80 mm。

4) 墙板的作用

①嵌置于钢框架中的预制混凝土墙板,仅在顶面和底面有4~8处与上、下钢梁连接,墙板两侧边与钢柱之间留有10 mm缝隙。

②预制墙板主要是承担风、地震产生的楼层水平剪力,对减小结构的剪切型层间侧移作出贡献。

③沿服务性竖筒周边框架设置的墙板,在一定程度上增大了框架梁的竖向抗弯刚度,消除竖筒周围框架整体受弯时的剪力滞后效应,从而提高其抵抗倾覆力矩的能力。

5) 竖向支撑

(1)第1~6层和第23层的竖向钢支撑是采用人字形中心支撑,第38层的竖向钢支撑则采用八字形偏心支撑(见图10.13)。支撑斜杆均采用宽翼缘H型钢,其截面尺寸分别为300 mm×300 mm×10 mm×15 mm 和350 mm×350 mm×36 mm×36 mm。支撑斜杆H形截面的强轴方向对应于斜杆的平面外方向,以减小斜杆出平面的长细比;另在斜杆中点处增设撑杆,以减小斜杆平面内的长细比,防止斜杆受压屈曲。

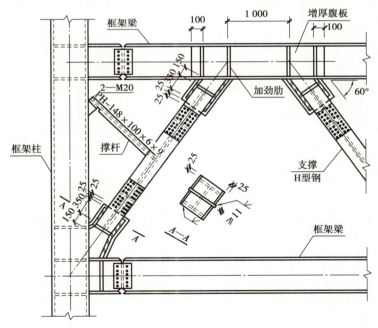

图10.13 八字形偏心支撑的杆件链接

(2)为简化支撑节点构造,方便现场组装,在工厂加工钢柱时,在梁-柱节点处除加焊一外伸梁段外,还加焊一外伸斜杆段。为方便与梁、柱翼缘的焊接,此外伸斜杆段的翼缘的方向需与梁、柱翼缘方向一致,以致此外伸斜杆段的截面强轴方向与支撑斜杆的截面强轴方向相垂直,因此,外伸斜杆段的端部应加焊钢板形成田字形(见图10.13中的 A—A 剖面)作为过渡,将强轴方向转换成与支撑斜杆一致,以便实现外伸段与支撑斜杆的拼接。

6)结构分析

(1)预制墙板的恰当配置使大厦主楼的纵、横向动力特性大致相同,结构两个方向的基本自振周期均接近 6 s。主楼纵、横向前 3 个振型的周期值列于表 10.2。

表 10.2　北京市京广中心大厦的自振周期计算值

单位:s

振动方向	基本振型	第二振型	第三振型
纵向	6.05	2.39	1.48
横向	5.92	2.48	1.54

(2)对结构进行了两个水准的抗震分析:

①第一水准——按北京地区 100 年一遇的中震,峰值速度的基准值取 20 cm/s,要求结构处于弹性阶段,层间侧移角不大于 1/200;

②第二水准——按北京地区 150 年一遇的大震,峰值速度的基准值取 35 cm/s,要求结构不倒塌,结构层间侧移角不大于 1/100。

③选取了 El Centro(NS)、Taft(EW)、Hachinohe(NS)3 种不同性质的地震坡,并分按 20 cm/s 和 35 cm/s 与各个原地震记录的峰值速度(35.9 cm/s、17.3 cm/s、34.1 cm/s)的比值,对 3 条加速度时程曲线进行全面调幅,作为设计用的地震波,分别对结构进行地震反应分析。计算结果表明,各种情况下的结构侧移值,均满足上述所要求的变形标准。

第 **11** 章

筒体结构

　　由墙体围成的结构称为筒。筒体整体受力,因此对平面形式要求较为严格,但可以有些变化,图 11.1 显示了几种常用的筒体平面形式。筒结构的平面形式宜采用正方形、圆形或正多边形,对于矩形平面,长短边的比值不宜超过 2,以确保各个方向抗侧刚度相近。同时需要特别注意的是,筒体结构的楼板不仅要承受竖向荷载作用,而且还要将整个竖向结构连接起来,保证结构空间共同作用。

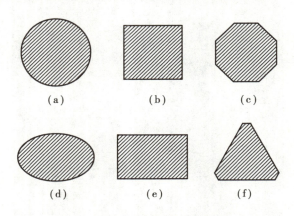

图 11.1　筒体结构平面

　　虽然筒结构也是由 4 片墙组成的,但是其性能却与墙结构完全不同。墙结构只能承受平面内的荷载作用。在垂直平面的方向,其抗侧刚度和承载力较低。筒结构是立体构件,空间整体受力,无论水平荷载来自哪个方向,4 片墙体都同时参与工作。水平剪力主要由平行于荷载方向的腹板墙承担;倾覆力矩由垂直于荷载方向的翼缘墙及腹板墙共同承担。其抗侧刚度和承载力,远远优于普通的框架结构和墙结构,是高层和超高层建筑的重要结构形式。

11.1　框架-核心筒结构的特点

　　框架-剪力墙结构将竖向交通空间、卫生间、管道系统集中布置在楼层核心部分,将办公用房布置在外

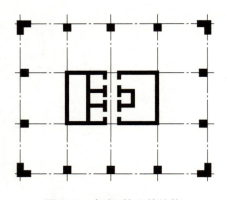

图 11.2　框架-核心筒结构

围,在结构上形成了框架-核心筒结构,这是框架-剪力墙结构的发展。这种结构形式使建筑内部空间更开阔,建筑布置更为灵活。框架-核心筒结构是高层建筑中应用很广的一种结构体系,在设计中多采用正方形平面,即或不是正方形,其长宽比一般不大于2,如图 11.2 所示。

剪力墙集中布置,在提供自由空间的同时,也带来一些设计上的问题。首先,平面设计中内筒与外框架柱之间的距离不应过大,一般应保持在 10 ~ 12 m。因为在距离比较大的条件下,为保持变形一致,会导致框架与核心筒之间的连系梁截面高度增加,影响建筑空间的利用。其次,外框架必须保持一定的刚度。框架柱数量太少,截面尺寸太小,致使框架部分整体刚度太小,就难以实现内筒和外框架共同受力,共同变形。更为严重的是,在共同工作过程中,框架会由于受到剪力墙的很大作用而导致破坏。再者,核心筒在平面布置中应尽量居中,避免由于结构的刚度中心与质量中心不重合而产生偏心扭矩,造成框架受扭。这种情况对结构抗震性能极为不利。最后,立面设计中保证内筒受弯变形,控制核心筒的高宽比在 10 左右,不超过 12。同时,不要在内筒壁上连续开洞,造成墙体削弱。

框架-核心筒结构和框架-剪力墙结构变形关系基本相同,但是由于框架-核心筒结构剪力墙围合成为核心筒,墙体互相连接,使墙有较宽的翼缘,比框架-剪力墙结构中单片墙受力更为有利。因此,其抗侧刚度更优于传统的框架-剪力墙结构,其位移小于框架-剪力墙结构。

北京方圆大厦建于 20 世纪 90 年代,是北京地区比较早的大底盘多塔楼结构,高度 108 m,建筑面积98 000 m²。主楼采用框架-核心筒结构,框架与核心筒轴线间距9.55 m。在顶层和上 1/3 高度处,设置两道刚臂。水平结构采用 250 mm 厚钢筋混凝土双向预应力板。该建筑外观如图 11.3 所示。

图 11.3　北京方圆大厦

11.2　框架-核心筒-伸臂结构的特点

框架-核心筒-伸臂结构体系是在框架-核心筒体系的基础上,沿房屋高度方向每隔20层左右,利用设备层、避难层、结构转换层等部分,由核心筒伸出纵横向刚臂与结构的外圈框架柱相连,并沿外圈框架设置一层楼高的圈梁或架所形成的结构形式。与框架-核心筒结构相比,这个体系具有更大的抗侧刚度和水平承载力,从而使建筑高度进一步提升。伸臂可以采用实腹梁的形式,也可以采用空腹架的形式。伸臂设置在顶层和上部位置,加强作用更为明显。深圳平安金融中心即为框架-核心筒-伸臂结构,如图 11.4 所示。

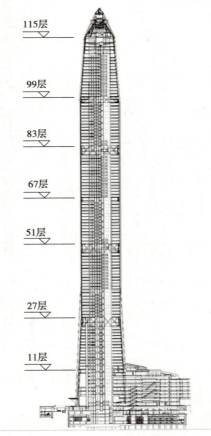

115层
99层
83层
67层
51层
27层
11层

图 11.4　深圳平安金融中心剖面

11.3　筒中筒结构的特点

通常用框筒及架筒作为外筒,实腹筒作为内筒,就形成筒中筒结构。采用钢筋混凝土结构时,一般外筒采用框筒,内筒为剪力墙围成的井筒;采用钢结构时,外筒用框筒,内筒也可用钢框筒或钢支撑框架。图 11.5 所示为 1989 年建成的北京国际贸易大厦的结构平面图和剖面图。国贸大厦高 153 m,39 层,钢筒中筒结构,1~3 层为钢骨混凝土结构。在内筒 4 个面两端的柱列内,沿高度设置中心支撑;在第 20 层和第 38 层,内、外筒周边各设置一道高 5.4 m 的钢桁架,以减少剪力滞后效应,增大整体侧向刚度。

框筒侧向变形仍以剪切型为主,而核心筒通常则以弯曲变形为主。两者通过楼板连系,共同抵抗水平力,它们协同工作的原理与框架-剪力墙结构类似。在下部,核心筒承担大部分水平剪力,而在上部,水平剪力逐步转移到外框筒上。同理,协同工作后,结构刚度加大,层间变形减少。此外,内筒还可集中布置电梯、楼梯、竖向管道等。因此,筒中筒结构成为 50 层以上高层建筑的主要结构体系。

框筒及筒中筒结构的布置原则是尽可能减少剪力滞后效应,充分发挥材料的作用。按照设计经验及由力学分析得到的概念,可归纳得到以下 5 点,作为初步设计时的参考。

①要求设计密柱深梁。

梁、柱刚度比是影响剪力滞后的一个主要因素,梁的线刚度大,剪力滞后效应可减少。因此,通常取柱中距为 1.2~3.0 m,横梁跨高比为 2.5~4。当横梁尺寸较大时,柱间距也可相应加大。角柱面积为其他柱面积的 1.5~2 倍。

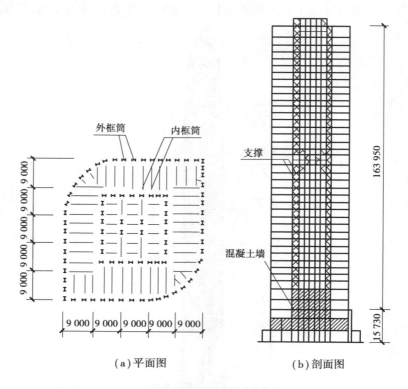

（a）平面图   （b）剖面图

图 11.5   北京国际贸易大厦结构平面图和剖面图

②建筑平面以接近方形为好,长宽比不应大于 2。

当长边太大时,由于剪力滞后,长边中间部分的柱子不能发挥作用。

③建筑物高宽比较大时,空间作用才能充分发挥。

在 40~50 层以上的建筑中,用框筒或筒中筒结构才较合理,结构高宽比宜大于 3,高度不宜低于 60 m。

④在水平力作用下,楼板作为框筒的隔板,起到保持框筒平面形状的作用。

隔板主要在平面内受力,平面内需要很大刚度。隔板又是楼板,它要承受竖向荷载产生的弯矩。因此,要选择合适的楼板体系,降低楼板结构高度;同时,又要使角柱能承受楼板传来的垂直荷载,以平衡水平荷载下角柱内出现的较大轴向拉力,尽可能避免角柱受拉。筒中筒结构中常见的楼板布置,如图 11.6 所示。

⑤在底层需要减少柱子数量,加大柱距,以便设置出入口。

在稀柱层与密柱层之间要设置转换层。转换层可以由刚度很大的实腹梁、空腹刚架、桁架、拱等支撑上部的柱子,如图 11.7 所示。

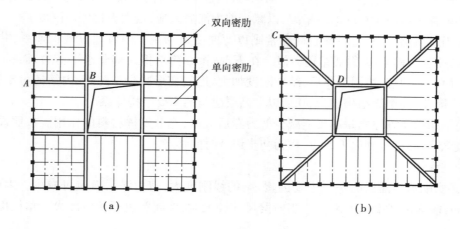

（a）   （b）

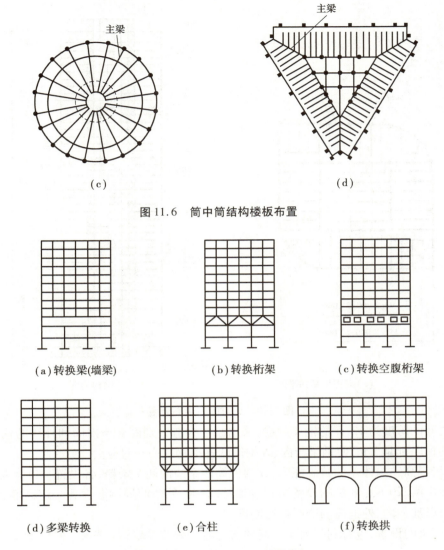

图 11.6　简中筒结构楼板布置

（a）转换梁(墙梁)　　　　（b）转换桁架　　　　（c）转换空腹桁架

（d）多梁转换　　　　（e）合柱　　　　（f）转换拱

图 11.7　外部形成大入口的转换层

11.4　工程实例及概况

▶ 11.4.1　北京国贸中心大厦(一期)

1)结构概况

①于 1989 年建成的北京国贸中心大厦的主楼,建筑面积为 8.6×10^4 m²,地面以下 2 层,采用筏板基础,埋深为 15 m;地面以上,39 层,高 155 m。抗震设防烈度为 8 度。

②主楼采用钢结构筒中筒体系。地下室,采用钢筋混凝土结构;地面以上 1~3 层,采用型钢混凝土结构;4 层以上,采用全钢结构。

③主楼典型层的结构平面如图 11.8(a)所示。典型楼层的层高为 3.7 m。内框筒的平面尺寸为 21 m×21 m,外框筒为 45 m×45 m;内、外框筒的柱距均为 3 m。房屋的高宽比(即外筒的高宽比)为 3.4,内筒的高宽比为 7.3。

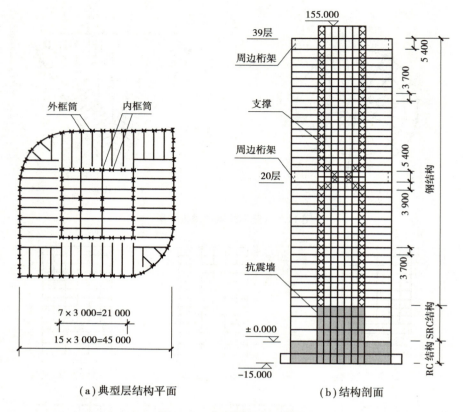

图 11.8　北京国贸中心大厦

④内、外筒之间的跨度为 12 m 的钢梁两端,采用铰接构造分别简支于内筒和外筒的钢柱上。钢梁的间距与内、外框筒的柱距都是 3 m,使钢梁与内、外框筒的各根钢柱——对应。

⑤为了进一步提高结构体系的抗震能力,在内框筒四个边的两个端跨,各设置一道竖向支撑[见图 11.8(b)]。此外,还利用第 20 层、38 层的设备层和避难层,沿内、外框筒周围各设置一道高度为 5.4 m 的钢架,形成两道钢环梁,以加强内、外框筒的竖向抗剪刚度。

这些支撑和环梁的设置,也有利于减小框筒的剪力滞后效应,减缓框筒角柱的应力集中,提高框筒的整体抗弯能力。

2)构件尺寸

①内、外框筒的柱,均采用了轧制 H 型钢,因为其造价低于焊接方形钢管。

②框筒柱,除承受较大轴力外,还承担其所在框架平面作用的较大水平剪力和弯矩,而平面外的剪力和弯矩均较小,因而,将 H 型钢的强轴方向(即腹板方向)布置在内、外框筒的框架平面内[见图 11.8(a)]。

③内、外框筒柱所采用的 H 型钢,其截面尺寸(高×宽×腹板厚×翼缘厚),由第 4 层的 468 mm×442 mm×35 mm×55 mm,分级变化到顶层的 394 mm×398 mm×11 mm×18 mm;内框角柱的截面尺寸加大,第 4 层的截面尺寸为 508 mm×437 mm×50 mm×75 mm。

④内、外框筒的窗裙梁均采用热轧工字钢,其截面尺寸为:由第 4 层的 610 mm×201 mm×12 mm×22 mm,分级变化到顶层的 596 mm×199 mm×10 mm×15 mm。

⑤内、外框筒之间的跨度为 12 m,间距为 3 m 的楼盖钢梁,采用热轧工字钢,其截面尺寸:多数楼层为 688 mm×199 mm×12 mm×16 mm,少数楼层为 750 mm×200 mm×14 mm×25 mm。各层楼盖钢梁与内、外框筒柱的连接均采取铰接。

⑥内框筒角部竖向支撑的斜杆则采用等边双角钢,截面尺寸为 2∟ 75 mm×9 mm。

⑦各层楼板均采用以压型钢板为底模的现浇钢筋混凝土组合楼板,肋高 75 mm,板厚 75 mm。

⑧整个大楼结构的总用钢量为 11 000 t,折合单位建筑面积的用钢量为 139 kg/m²。

3)结构方案比较

①在设计过程中,曾对筒中筒体系考虑过两种结构方案:

a. 刚性方案——混合结构方案,即内筒采用钢筋混凝土墙筒,外筒采用钢框筒;

b. 柔性方案——全钢结构方案,即内筒和外筒均采用钢框筒。

②在刚性方案中,钢筋混凝土内筒承担了大部分水平地震剪力,考虑到钢筋混凝土墙体的弹性极限变形角远小于钢框架,两者不是同步工作,即两者出现最大水平承载力不处于同一时刻。因此在设计中,钢筋混凝土内筒承担 100% 地震剪力,外框筒再承担 25% 地震剪力。

③按美国统一建筑规范进行比较计算,最后选定柔性方案,其主要优点是:①水平地震力较小;②地震剪力在内、外筒之间的分配比较均匀;③外框筒的相对刚度较大。

④柔性方案的变形值需要得到控制。根据日本规范,钢结构的允许层间侧移角,一般情况为 1/500;考虑到此大楼的外墙采用玻璃幕墙,设计时允许层间侧移角限值取 1/200。

4)结构分析

①结构弹性动力分析计算出的结构前 3 阶振型的周期值,分别为 $T_1 = 5.5$ s, $T_2 = 2.1$ s, $T_3 = 1.2$ s。

②采用 5 种地震波对结构进行了弹性和弹塑性时程分析。弹性分析时,峰值加速度取 $0.15\ g$ 和 $0.2\ g$;弹塑性分析时,峰值加速度取 $0.35\ g$。

③利用 Taft 波进行结构动力分析的主要计算结果,列于表 11.1。

表 11.1　输入 Taft 波进行结构动力分析计算结果

峰值 加速度	基底剪力 /kN	基底倾覆力矩 /(kN·m)	顶点侧移		最大层间侧移		
			Δ/mm	Δ/H	δ/mm	δ/h	位置
$0.15\ g$	1.4×10^4	1.2×10^6	370	1/400	14	1/270	第 30 层
$0.20\ g$	1.9×10^4	1.6×10^6	500	1/300	19	1/200	第 30 层
$0.35\ g$	3.4×10^4	2.8×10^6	870	1/170	37	1/98	第 30 层

▶ 11.4.2　新宿行政大楼

1)结构概况

①日本于 1979 年建成的东京新宿行政大楼,地面以下 5 层,基础埋深为 27.5 m;地面以上 54 层,高 223 m。房屋高宽比为 5.3。建筑场地位于 8 ~ 9 度地震区。

②大楼建筑平面为矩形,楼面外圈轴线尺寸为 63 m×42 m;楼面中央的服务性核心区的轴线尺寸为 45 m×11.2 m。典型层的结构平面如图 11.9(a)所示,典型楼层的层高为 3.65 m。

③大楼主体结构采用筒中筒体系,由以下 4 部分组成:a. 外圈钢框筒,柱距为 3.0 m;b. 内筒,由纵向密柱型框架及嵌置于纵、横向钢框架内的预制钢筋混凝土墙板所组成;c. 楼盖钢梁与内、外筒的钢柱均采取刚性连接;d. 于第 14 层、27 层、40 层和顶层,沿 6 道横向钢筋混凝土墙板所在平面,各设置一道一层楼高的刚性伸臂桁架(刚臂),与外框筒的钢柱相连接。结构横剖面如图 11.9(b)所示。

2)构件尺寸

①外圈框筒和内筒的钢柱均采用焊接方形钢管,截面尺寸为 550 mm×550 mm,壁厚为 13 ~ 65 mm。内筒拐角处的钢柱加大为 750 mm×550 mm×65 mm。

②内、外筒的纵、横向框架梁,均采用焊接工字钢,截面高度为 700 mm。各层楼盖的跨度为 15.4 m 的楼盖钢梁也都采用截面高度为 700 mm 的焊接工字钢。

③预制钢筋混凝土墙板的厚度,14 层以下为 250 mm,15 层以上为 180 mm。每块墙板的半高处,设置一

道由水平缝和两排小间距的直径为 32 mm 的钢销所组成的弹性区,并用矿棉填缝,其构造细部如图 11.10 所示。墙板的顶面和底面仅在两端采用高强度螺栓与钢梁连接;墙板侧边与钢柱之间留有缝隙,无连接件,以免框架柱和墙板的侧向变形相互干扰。

3)结构措施

①为便于钢构件的制作和安装,钢梁和钢柱的钢板厚度不宜超过 100 mm。

②对于矩形框筒,其平面转角处采取小切角[见图 11.9(a)],有利于削减框筒角柱的高峰轴压应力和轴拉应力。

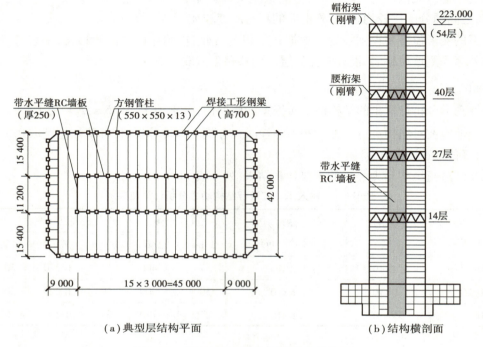

（a）典型层结构平面 （b）结构横剖面

图 11.9 东京新宿行政大厦的筒中筒体系

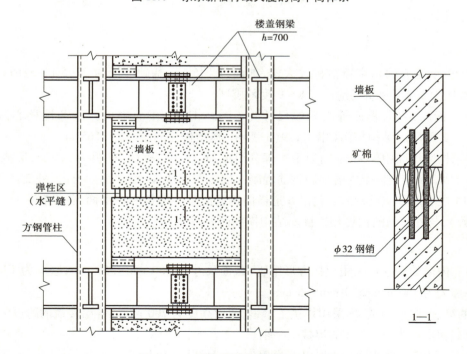

图 11.10 带水平缝的钢筋混凝土墙板

③设置刚性伸臂桁架(刚臂),对减小结构侧移具有显著效果。不设刚臂和设置一道或四道刚臂3种情况的对比计算结果,列于表11.2。

表11.2 刚臂对减小结构侧移的效果

刚臂设置情况	无刚臂	顶部一道刚臂	四道刚臂
结构顶点侧移/m	1.82	1.64	0.92
顶点侧移角 Δ/h	1/123	1/146	1/242
相对值	100%	90%	51%

4)材料用量

①整座大楼的建筑面积为 18.3 万 m^2,主要材料总用量为:型钢 24 000 t,钢筋 8 500 t,混凝土 98 000 m^3。

②单位建筑面积的平均用钢量为:型钢 131 kg/m^2,钢筋 46.4 kg/m^2。

▶ 11.4.3 西尔斯塔楼

1)结构概况

①美国芝加哥市于1974年建成的西尔斯塔楼,地面以上109层,高443 m。为了把风荷载下的结构侧移和振动加速度控制在允许限值以内,楼房的高宽比不应大于6.5。为此,楼房底层的平面尺寸定为68.6 m× 68.6 m,以此计算得的房屋高宽比为6.4。

②因为楼房底边尺寸已超出框筒的极限尺寸45 m,所以采用框筒束体系。框筒束是由9个子框筒并联构成,即在外圈大框筒的内部,按井字形,沿纵、横两个方向各设置两榀密柱深梁型腹板框架分隔而成,从而大大改善水平荷载下外框筒翼缘框架的剪力滞后效应。

③每个子框筒的平面尺寸为22.9 m×22.9 m。框筒束各榀腹板框架和翼缘框架的柱距均为4.57 m。框筒束的所有柱子均采用焊接H型钢,由于H形截面存在强轴与弱轴,为使腹板框架具有最大的抗剪能力并减小翼缘框架的剪力滞后效应,特将各根钢柱的腹板方位布置于所在框架的平面内[见图11.11(a)]。又为了避免不同方位框架的钢柱所承担的重力荷载出现较大差异,楼盖钢梁的布置方向每隔6个楼层交替地转90度至其垂直方向。

④因楼房高度已超过400 m,为了减小风荷载引起的倾覆力矩,通过减小楼房上部受风面积效果最明显。为此,楼房的体形采用台阶式锥体。按照各楼层使用面积由下往上逐渐减小的要求,到第51层时,减去对角线上的两个子框筒;到67层时,再减去另一对角线上的两个子框筒;到第91层时,再减去三个子框筒,仅保留两个子框筒,一直到顶,如图11.11所示。

⑤为了进一步减小框筒的剪力滞后效应,利用第35层、第66层、第99层三个设备层或避难层(也正是各个在半高处中止于框筒的顶层),沿9个子框筒的各榀框架设置一层楼高的桁架,形成3道刚性环梁,来提高框筒束抵抗竖向变形的能力。

2)构件尺寸

①框筒柱采用焊接H型钢,其截面尺寸由底层的1 070 mm×609 mm×102 mm,分级变化到顶层的1 070 mm×305 mm×19 mm。

②框筒窗裙梁采用焊接工字钢,其截面尺寸由底层的990 mm×406 mm×70 mm,分级变化到顶层的990 mm×254 mm×25 mm。

③各层楼盖的钢梁均采用芬克式桁架,跨度为22.9 m,间距为4.58 m,架梁的截面高度为1 020 m,其斜腹杆之间扣除防火保护层之后,可穿越直径达510 mm的空调管道。钢梁上搁置肋高76 mm的压型钢板,上面浇筑63 mm厚的轻质混凝土,楼板总厚度为140 mm。

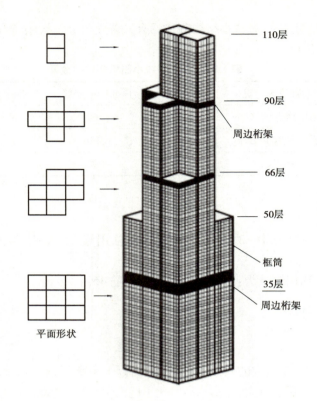

图 11.11　西尔斯塔楼的框筒束体系

④结构总用钢量为 $7.6×10$ t,单位建筑面积的平均用钢量为 161 kg/m^2。

3)结构分析

①结构分析结果给出塔楼的基本自振周期为 7.8 s。

②与纽约世界贸易中心大楼(高 417 m,框筒柱距 1.02 m)相比,该结构在用钢量减小 14% 的情况下,基本自振周期还减短 22%。这足以说明,框筒束体系的抗推刚度比框筒体系更强。

③在基本风速为 34 m/s 的风荷载作用下,结构顶点侧移角为 $1/550$,最大层间侧移为 7.6 mm。框筒束各榀腹板、翼缘框架柱的轴力分布曲线,如图 11.12 所示。可以看出,曲线形状比较平缓,接近于直线,表明框筒束的剪力滞后效应很弱。也就是说,框筒束是一种高效的抗侧力立体构件,空间工作性能很强。

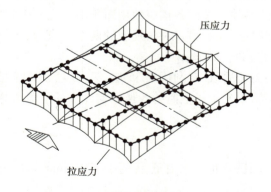

图 11.12　框筒束各榀腹板和翼缘框架柱的轴力分布曲线

第3篇
大跨度空间结构体系及工程实例

　　世界著名空间结构专家,国际 IASS 学会主席,结构设计大师,德国斯图加特大学教授约格·施莱希在他的著作 *Light Structure* 中谈到:"对于每一个任务,无论怎样仔细地加以定义,都会有无数个主观的概念设计,因此你总有机会发展自己的构思,仍然可以构造一个有个性的区别于其他任何东西的作品。"

第 **12** 章

刚架、桁架和拱

12.1 刚架结构

▶ 12.1.1 单层刚架结构的受力特点

图 12.1 将门式刚架与外形相同的排架在垂直均布荷载作用下的弯矩图加以对比。刚架由于横梁与立柱整体刚性连接,节点 B 和 C 是刚性节点,能够承受并传递弯矩,这样就减少了横梁中的跨中弯矩峰值。排架由于横梁与立柱为铰接,节点 B、C 为铰接点,所以在均布荷载作用下,横梁的弯矩图与简支梁相同,跨中弯矩峰值较刚架大得多。在一般情况下,当跨度与荷载相同时,刚架结构比屋面大梁(或屋架)与立柱组成的排架结构轻巧,并可节省钢材约 10%,混凝土约 20%。单层刚架为"梁柱合一"的结构,杆件较少,结构内部空间较大,便于利用。而且刚架一般由直杆组成,制作方便,因此在实际工程中应用非常广泛。横梁为折线形的门式刚架更具有受力性能良好、施工方便、造价较低和建筑造型美观等优点。由于横梁是折线形的,使室内空间加大,适用于双坡屋面的单层中小型建筑,在中小型厂房、体育馆、礼堂、食堂等中小跨度的建筑中得到广泛应用。门式刚架刚度较差,受荷载后产生跨变,因此用于工业厂房时,吊车起重量不宜超过 100 kN。但与拱结构相比,刚架仍然属于以受弯为主的结构,材料强度不能充分发挥作用,这就造成了刚架结构自重较大,用料较多,适用跨度受到限制。

门式刚架按其结构组成和构造的不同,可以分为无铰刚架、两铰刚架和三铰刚架 3 种形式,如图 12.2 所示。在同样荷载作用下,这 3 种刚架的内力分布和大小是有差别的,其经济效果也不相同。刚架结构的受力优于排架结构,因刚架梁柱节点处为刚接,在竖向荷载作用下,由于柱对梁的约束作用而减小了梁跨中的弯矩和挠度。在水平荷载作用下,由于梁对柱的约束作用减少了柱内的弯矩和侧向变形,如图 12.3 所示。因此,刚架结构的承载力和刚度都大于排架结构。

无铰门式刚架[见图 12.4(a)]的柱脚与基础固接,为三次超静定结构,刚度好,结构内力分布较均匀,但柱底弯矩较大,对基础和地基的要求较高。因柱脚处有弯矩、轴向压力和水平剪力共同作用于基础,基础材料用量较多。由于其超静定次数高,结构刚度较大,当地基发生不均匀沉降时,将在结构内产生附加内力,所以在地基条件较差时需慎用。

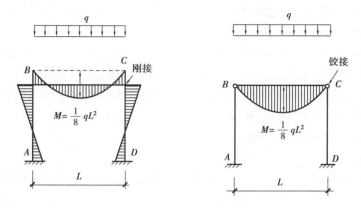

图 12.1　门式刚架与排架的弯矩比较

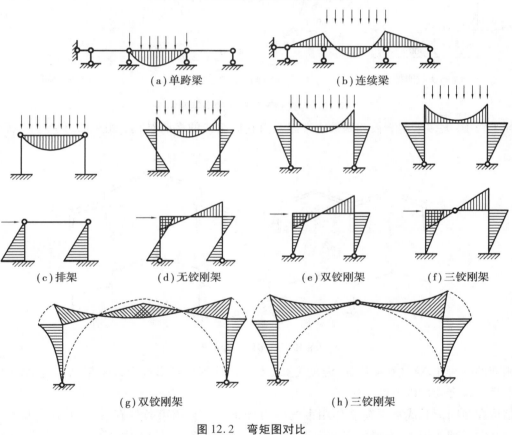

(a) 单跨梁　　　　　　　　(b) 连续梁

(c) 排架　　(d) 无铰刚架　　(e) 双铰刚架　　(f) 三铰刚架

(g) 双铰刚架　　　　　　　(h) 三铰刚架

图 12.2　弯矩图对比

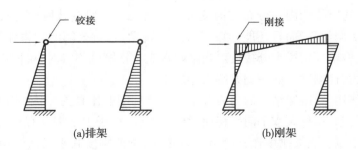

(a)排架　　　　　　　　　　(b)刚架

图 12.3　在水平荷载作用下排架与刚架弯矩图的对比

两铰门式刚架[见图12.4(b)]的柱脚与基础铰接,为一次超静定结构,在竖向荷载或水平向荷载作用下,刚架内弯矩均比无铰门式刚架大。它的优点是刚架的铰接柱基不承受弯矩作用,构造简单,省料省工。当基础有转角时,对结构内力没有影响。但当两柱脚发生不均匀沉降时,将在结构内产生附加内力。

三铰门式刚架[见图12.4(c)]在屋脊处设置永久性铰,柱脚也是铰接,为静定结构。温度差、地基的变形或基础的不均匀沉降对结构内力没有影响。三铰和两铰门式刚架材料用量相差不多,但三铰刚架的梁柱节点弯矩略大,刚度较差,不适合用于有桥式吊车的厂房,仅用于无吊车或小吨位悬挂吊车的建筑。钢筋混凝土三铰门式刚架的跨度较大时,半榀三铰刚架的悬臂太长致使吊装不便,而且吊装内力较大,故一般仅用于跨度较小(不超过6 m)或地基较差的情况。

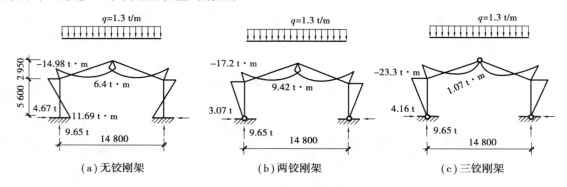

（a）无铰刚架　　　　　　　（b）两铰刚架　　　　　　　（c）三铰刚架

图12.4　三种不同形式的刚架弯矩图

在实际工程中,大多采用三铰和两铰刚架以及由它们组成的多跨结构,如图12.5所示。无铰刚架很少采用。

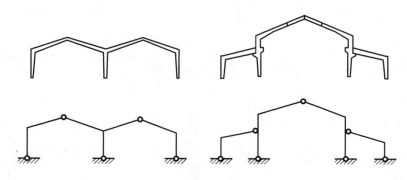

图12.5　多跨刚架的形式

门式刚架的高跨比、梁柱线刚度比、温度变化、支座移动等均是影响门式刚架结构内力的因素,在门式刚架结构选型时应合理加以考虑。

刚架结构在竖向荷载或水平荷载作用下的内力分布不仅与约束条件有关,而且还与梁柱线刚度比有关。在跨中竖向荷载作用下,当梁的线刚度比柱的线刚度大很多时,柱对梁端转动的约束作用很小,仅能够阻止梁端发生竖向位移,这时梁的内力分布与简支梁相差无几。当梁的线刚度比柱的线刚度小得多时,柱子不仅能阻止梁端发生竖向位移,而且还能约束梁端发生转动,柱对梁端的约束作用可看成相当于固定端的作用,梁的内力分布与两端固定梁十分接近。当梁两端支承柱刚度不等时,梁两端负弯矩值也不等,柱刚度大的一侧梁端负弯矩大,柱刚度小的一侧梁端负弯矩小。

在顶端水平集中力作用下,刚架结构的内力分布也与梁柱刚度比有关,当梁刚度比柱刚度大很多时,梁柱节点可看成是无任何转动,梁仅做水平向平移而无任何弯曲,柱子上下端仅有相对平移而没有相对转动,故柱反弯点应在柱高的中点。当梁刚度比柱刚度小很多时,梁的刚度几乎无法约束柱端的转角变形,梁仅起到一个传递水平推力的作用,相当于两端铰接的连杆,结构内力分布与排架甚为接近。对于两个柱刚度不等的情况,刚度大的柱承受较大的侧向剪力和弯矩。

门式刚架的高度与跨度之比,决定了刚架的基本形式,也直接影响结构的受力状态。刚架高度的减小将使支座处水平推力增大。从改善基础受力的角度考虑,门式刚架的高度与跨度之比不宜取得过小。

温度变化对静定结构的三铰刚架没有影响,但在无铰刚架和两铰刚架这样的超静定结构中将产生附加内力。内力的大小与结构的刚度有关,刚度越大,内力越大。产生结构内力的温差主要有室内外温差和季节温差。对于有空调的建筑物,室内外温差将使杆件两侧产生不同的热胀冷缩,从而产生内力。季节温差是指刚架在施工时的温度与使用时的温度之差,也将使结构产生变形和内力。当支座位移产生时,同样将使超静定结构产生变形和内力,如图 12.6 所示。

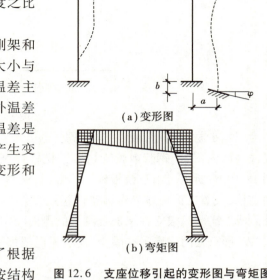

(a)变形图

(b)弯矩图

图 12.6　支座位移引起的变形图与弯矩图

▶ ·12.1.2　单层刚架结构的型式

门式刚架的建筑形式丰富多样,如图 12.7 所示。除了根据结构受力条件可分为无铰刚架、两铰刚架、三铰刚架之外;按结构材料分类,有胶合木结构、钢结构、混凝土结构;按构件截面分类,可分成实腹式刚架、空腹式刚架、格构式刚架、等截面与变截面杆刚架;按建筑体型分类,有平顶、坡顶、拱顶、单跨与多跨刚架;从施工技术看,有预应力刚架和非预应力刚架等。以下就常见的刚架结构构造加以介绍。

(a)

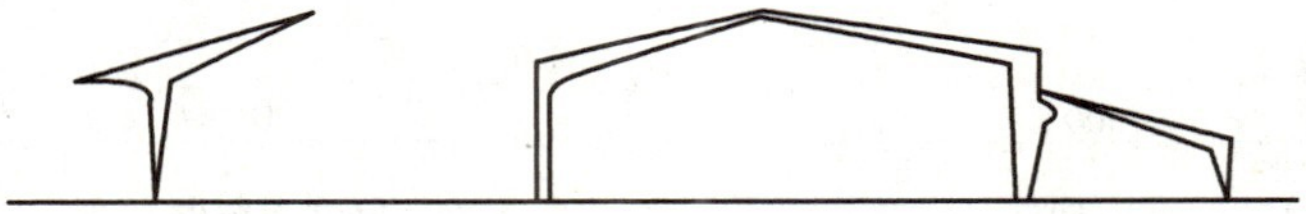

(b)

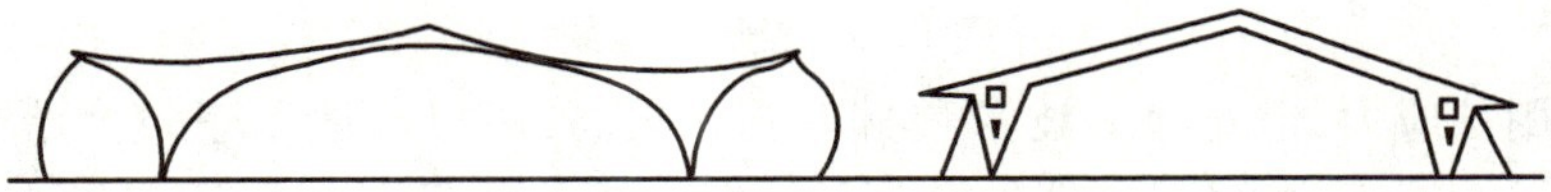

(c)

图 12.7　单层刚架的形式

1)钢筋混凝土门式刚架

钢筋混凝土刚架一般适用于跨度不超过 18 m,檐高不超过 10 m 的无吊车或吊车起重量不超过 100 kN 的建筑。构件的截面形式一般为矩形,也可采用工字形截面。跨度太大会引起自重过大,使结构不合理,施工困难。为了减少材料用量,减少杆件截面,减轻结构自重,刚架杆件可采用变截面形式,杆件截面随内力大小作相应变化。从弯矩的分布看,立柱与横梁的转角截面弯矩较大,铰节点弯矩为零。刚架构件的截面尺寸可根据结构在竖向荷载作用下的弯矩图的大小而改变,一般是截面宽度不变而高度呈线性变化,加大梁柱相交处的截面,减小铰节点附近的截面,以达到节约材料的目的。同时,为了减少或避免应力集中现象,转角处常做成圆弧或加腋的形式。对于两铰或三铰刚架,立柱截面做成上大下小的楔形构件,与弯矩图的分布形状相一致。截面变化的形式尚应结合建筑立面要求确定,可以做成里直外斜或外直里斜的形式,横梁通常也为直线变截面,如图 12.8 所示。

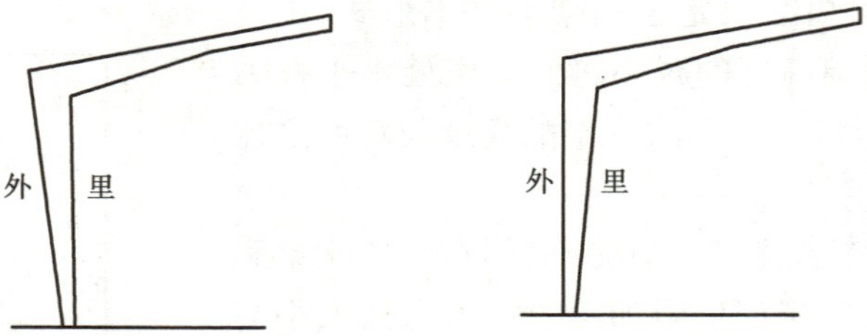

（a）里直外斜　　　　　　　　（b）外直里斜

图 12.8　刚架柱的形式

为了减少材料用量，减轻结构自重，也可采用空腹刚架。空腹式刚架有两种形式，一种是在预制构件时在梁柱截面内留管（钢管或胶管）抽芯，把杆件做成空心截面，如图 12.9（a）所示；另一种是在杆件上留洞，如图 12.9（b）所示。由于模板施工不方便，钢筋混凝土门式刚架一般不做成格构式的门架。门式刚架属于平面结构，设置支撑体系来保证整体稳定性是结构布置中值得重视的问题。在实际工程中，也有将刚架的立柱做成"A"形双根立柱来加强刚架的侧向稳定性，如 1958 年布鲁塞尔国际博览会欧洲煤钢集团展览馆就采用"A"形双腿门架来吊挂屋盖，使每榀门架都能独立稳定。

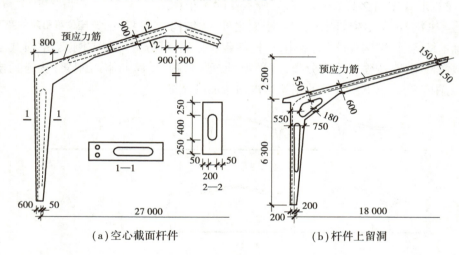

（a）空心截面杆件　　　　　　　　（b）杆件上留洞

图 12.9　空腹式刚架

空心刚架也可采用预应力，但对施工技术和材料要求较高，所以一般用于较大跨度的建筑中。钢筋混凝土门式刚架的梁高可按连续梁确定，一般取跨度的 1/20 ~ 1/15，但不宜小于 250 mm；柱底截面高度一般不小于 300 mm，柱顶截面高度为 600 ~ 900 mm。梁柱截面等宽，一般应大于柱高的 1/20，且不小于 200 mm。门式刚架的纵向柱距一般为 6 m；横向跨度以"m"为单位取整数，一般以 3 m 为模数，如 15 m、18 m、21 m、24 m 等。

2）钢刚架结构

钢刚架结构可分为实腹式和格构式两种。实腹式刚架适用于跨度不很大的结构，常做成两铰式结构。结构外露，外形可以做得比较美观，制造和安装也比较方便，实腹式刚架的横截面一般为焊接工字形，少数为 Z 形。国外多采用热轧 H 型钢或其他截面形式的型钢，可减少焊接工作量，并能节约材料。当为两铰或三铰刚架时，构件应为变截面，一般是改变截面的高度使之适应弯矩图的变化。实腹式刚架的横梁高度一般可取跨度的 1/20 ~ 1/6，当跨度大时梁高显然太大，为充分发挥材料作用，可在支座水平面内设置拉杆，并施加预应力对刚架横梁产生卸荷力矩及反拱，如图 12.10 所示。这时横梁高度可取跨度的 1/40 ~ 1/30，并由拉杆承担了刚架支座处的横向推力，对支座和基础都有利。

在刚架结构的梁柱连接转角处，由于弯矩较大，且应力集中，材料处于复杂应力状态，应特别注意受压翼缘的平面外稳定和腹板的局部稳定。一般可做成圆弧过渡并设置必要的加劲肋，如图 12.11 所示。

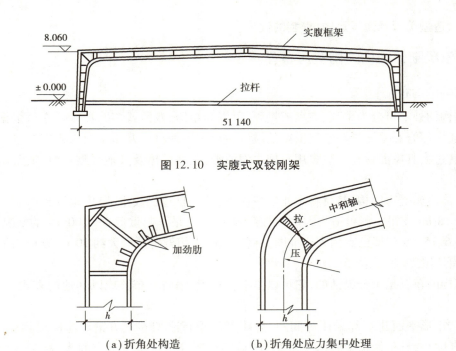

图 12.10　实腹式双铰刚架

(a)折角处构造　(b)折角处应力集中处理

图 12.11　刚架折角处的构造及应力集中

格构式刚架结构的适用范围较大，且具有刚度大、耗钢省等优点。当跨度较小时可采用三铰式结构，当跨度较大时可采用两铰式或无铰结构，如图 12.12 所示。

格构式刚架的梁高可取跨度的 1/20 ~ 1/15。为了节省材料，增加刚度，减轻基础负担，也可施加预应力，以调整结构中的内力。预应力拉杆可布置在支座铰的平面内，也可布置在刚架横梁内仅对横梁施加预应力，也可对整个刚架结构施加预应力，如图 12.13 所示。

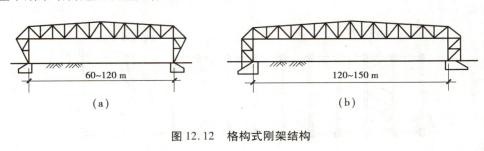

(a)　(b)

图 12.12　格构式刚架结构

(a)　(b)　(c)

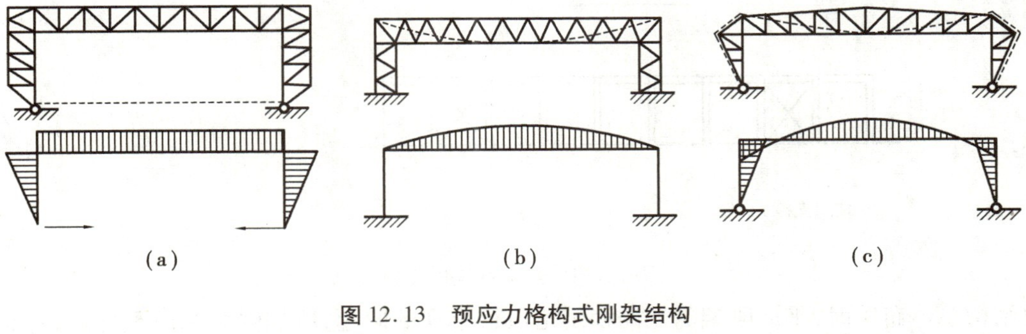

图 12.13　预应力格构式刚架结构

3)胶合木刚架结构

胶合木结构具有很多优点，它不受原木尺寸的限制，可用短薄的板材拼接成任意合理截面形式的构件，可剔除木节等缺陷以提高强度，具有较好的防腐和耐燃性能，并可提高生产效率。

胶合木刚架可充分利用上述优点，随着弯矩的变化制成变截面形状，从而大大节约木材。胶合木刚架还具有构造简单、造型美观且便于运输、安装的优点。

► 12.1.3 单层刚架结构的构造与布置

1)门式刚架的结构布置

单层刚架结构的外形可分为平顶、坡顶或拱顶,可以为单跨、双跨或多跨连续。它可根据通风或采光的需要设置天窗、通风屋脊和采光带。刚架横梁的坡度主要由屋面材料及排水要求确定。对于常见中小跨度的双坡门式刚架,过去其屋面材料一般多用石棉水泥波形瓦、瓦楞体及其他轻型瓦材,通常用的屋面坡度为1/3。

由于刚架总体仍属受弯结构,其材料未能发挥作用,结构自重仍较重,跨度也受到限制。钢筋混凝土门架在跨度不大于 18 m(无吊车者可适当大些),柱高 $H \leqslant 10$ m,吊车起重量 $Q \leqslant 100$ kN 的情况下,比排架结构经济。目前我国6、15、18 门架已有国家标准图。钢筋混凝土门架跨度最大约30 m,预应力混凝土门架跨度可达 40 ~ 50 m,钢门架跨度可达 75 m。

单层刚架结构的布置是十分灵活的,它可以是平行布置、辐射状布置或以其他的方式排列,形成风格多变的建筑造型。

一般情况下,矩形平面建筑都采用等间距、等跨度的平行刚架布置方案。与桁架相比,由于门架弯矩小,梁柱截面的高度小,且不像桁架有水平下弦,故显得轻巧,净空高,内部空间大,利于使用。如沈阳民用客机维修车间,38 m 跨钢筋混凝土双铰门架跨中升高,造型与机型适应,可充分利用内部空间,适合使用需要。若将门架横梁外露于室外,更利于室内灵活布置。

对一些大型复杂建筑,有时也可采用门式刚架与其他结构或构件形成主次结构布置方案。例如,奥地利维也纳市大会堂是供体育、集会、电影、戏剧、音乐、文艺演出、展览等活动用的多功能大厅。其平面呈八角形,东西长98 m,南北长109 m,最大容量为 15 400 人。屋盖的主要承重结构是中距为 30 m 的两根东西向93 m 跨的双铰门式刚架,矢高 7 m,门架顶高 28 m。其上支承 8 榀全长 105 m 的 3 跨连续桁架。屋面与外墙为铝板与轻混凝土板。

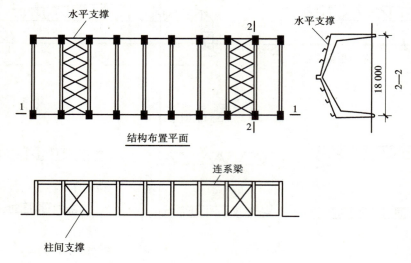

图 12.14 刚架结构的支撑

在进行结构总体布置时,平面刚架的侧向稳定是值得重视的问题,应加强结构的整体性,保证结构纵横两个方向的刚度。一般情况下,矩形平面建筑都采用等间距、等跨度的平行刚架布置方案。刚架结构为平面受力体系,当多榀刚架平行布置时,实际上纵向结构为几何可变的铰接四边形结构。因此,为保证结构的整体稳定性,应在纵向柱间布置连系梁及柱间支撑,同时在横梁的顶面设置上弦横向水平支撑,柱间支撑和横梁上弦横向水平支撑宜设置在同一开间内,如图 12.14 所示。对于独立的刚架结构,如人行天桥,应将平行并列的两榀刚架通过垂直和水平剪刀撑构成稳定牢固的整体。为把各榀刚架不用支撑而用横梁连成整体,可将并列的刚架横梁改成相互交叉的斜横梁,这实际上已形成了空间结构体系。对正方形或接近方形平面的建筑或局部结构,可采用纵、横双向连成整体的空间刚架。

2)门式刚架节点的连接构造

刚架结构的形式较多,其节点构造和连接形式也多种多样,设计的基本要求是,既要尽量使节点构造符合结构计算简图的假定,又要使制造、运输、安装方便。这里仅介绍 3 种实际工程中常见的连接构造。

（1）钢筋混凝土刚架节点的连接构造

在实际工程中,钢筋混凝土或预应力混凝土门式刚架一般采用预制装配式结构。刚架预制单元的划分应考虑结构内力的分布,以及制造、运输、安装方便。一般可把接头位置设置在铰节点或弯矩为零的部位,把整个刚架结构划分成 Γ 形、F 形、Y 形拼装单元,如图 12.15 所示。单跨三铰刚架可分成两个 Γ 形拼装单元,铰节点设置在基础和顶部中间拼装点位置。两铰刚架的拼装点一般设置在横梁弯矩为零的截面附近,柱与基础做成铰接。多跨刚架常采用 Y 形拼装单元。刚架承受的荷载一般有恒载和活载两种。在恒载作用下弯矩零点的位置是固定的;在活载作用下,对于各种不同的情况,弯矩零点的位置是变化的。因此,在划分结构单元时,接头位置应根据刚架在主要荷载作用下的内力图确定。虽然接头位置选择在结构中弯矩较小的部位,但仍应采取可靠的构造措施使之形成整体。连接的方式一般有螺栓连接、焊接接头、预埋工字钢接头等。

| （a）两个拼装单元 | （b）三个拼装单元 | （c）Y形及Γ形单元 |

图 12.15　刚架的拼装

（2）钢结构门式刚架节点的连接构造

钢结构门式实腹式刚架,一般在梁柱交接处及跨中屋脊处设置安装拼接单元,用螺栓连接。拼接节点处,有加腋与不加腋两种。在加腋的形式中又有梯形加腋与曲线形加腋两种,通常多采用梯形加腋,如图 12.16 所示。加腋连接既可使截面的变化符合弯矩图形的要求,又便于连接螺栓的布置。

格构式刚架的安装节点,宜设在转角节点的范围以外,接近于弯矩为零处,如图 12.17(a)所示。如有可能,在转角范围内做成实腹式并设加劲杆,内侧弦杆做成曲线过渡较为可靠,如图 12.17 所示。

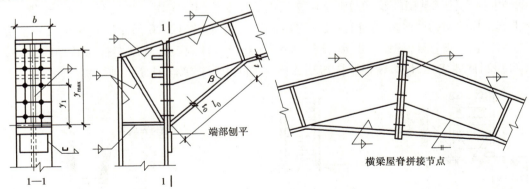

横梁屋脊拼接节点

图 12.16　实腹式刚架的拼接节点

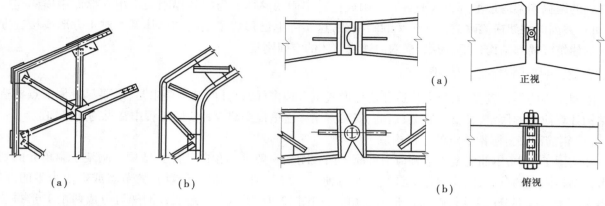

图 12.17　格构式刚架梁柱连接构造　　　　　图 12.18　顶铰节点的构造

（3）刚架铰节点的构造

刚架铰节点包括三铰或双铰刚架中横梁屋脊处的顶铰及柱脚处的支座铰。铰节点的构造，应满足力学中的理想铰的受力要求，即应保证节点能传递竖向压力及水平推力，但不能传递弯矩。铰节点既要有足够的转动能力，但又要构造简单，施工方便。格构式刚架应把铰节点附近部分的截面改为实腹式，并设置适当的加劲肋，以便可靠地传递较大的集中作用力。常见的刚架顶铰节点构造如图 12.18 所示。

刚架结构支座铰的形式如图 12.19 所示。当支座反力不大时，宜设计成板式铰；当支座反力较大时，应设计成臼式铰或平衡式铰。臼式铰和平衡式铰的构造比较复杂，但受力性能好。

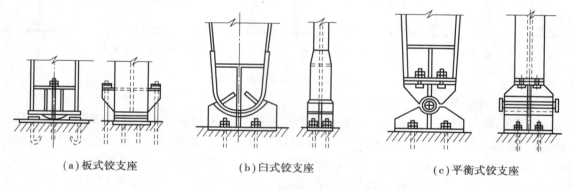

（a）板式铰支座　　　　　（b）臼式铰支座　　　　　（c）平衡式铰支座

图 12.19　钢柱脚铰支座的形式

现浇钢筋混凝土柱和基础的铰接通常是用交叉钢筋或垂直钢筋实现。柱截面在铰的位置处减少 1/2 ～ 2/3，并沿柱子及基础间的边缘放置油毛毡、麻刀所做的垫板，如图 12.20 所示。这种连接不能完全保证柱端的自由转动，因而在支座下部断面可能出现一些嵌固弯矩。预制装配式刚架柱与基础的连接如图 12.20（c）所示。将预制柱插入杯口后，在预制柱与基础杯口之间用沥青麻丝嵌缝。

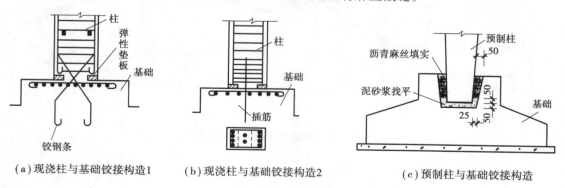

（a）现浇柱与基础铰接构造 1　　　（b）现浇柱与基础铰接构造 2　　　（c）预制柱与基础铰接构造

图 12.20　钢筋混凝土柱脚铰支座的形式

▶ 12.1.4　工程实例及概况

下面所介绍的工程系我国某中型民航客机的维修车间,修理"伊尔—24"和"安—24"型客机。机身长24 m,翼宽 32 m,尾高 8.4 m,桨高 5.1 m,机翼距地 3 m。

设计过程中曾做 3 种结构方案比较,如图 12.21 所示。

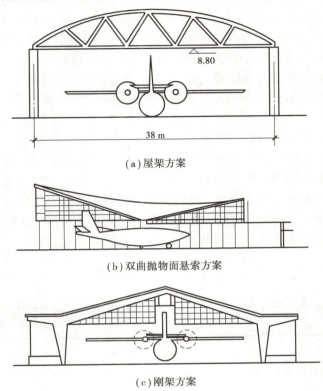

(a)屋架方案

(b)双曲抛物面悬索方案

(c)刚架方案

图 12.21　某民航客机维修车间设计 3 种方案

(1)屋架方案

机尾高 8.4 m,屋架下弦不能低于 8.8 m。由于建筑形式与机身的形状尺寸不相适应,使整个厂房普遍增高,室内空间不能充分利用。因此,这个方案不经济。

(2)双曲抛物面悬索方案

该方案建筑形式符合机身的形状尺寸,建筑空间能够充分利用。但是它要求采用高强度的钢索,材料来源困难;同时对施工条件和技术的要求较高;主要是跨度较小,采用悬索方案也不经济。因此,这个方案不宜采用。

(3)刚架方案

该方案不仅建筑形式符合机身的形状尺寸,尾部高,两翼低,建筑空间能够充分利用,而且对材料和施工都没有特别要求。

根据本工程的具体条件,选用了刚架方案。

12.2　桁架结构

▶ 12.2.1　桁架的受力特点

按屋架外形的不同,有三角形屋架、梯形屋架、抛物线形屋架、折线形屋架、平行弦屋架等。不同外形的屋架内力分布特点及其经济效果也不同。

1)桁架结构计算的假定

实际桁架结构的构造和受力情况一般是比较复杂的。为了简化计算,通常采用以下3个基本假定:

①组成桁架的所有各杆都是直杆,所有各杆的中心线(轴线)都在同一平面内,这一平面称为桁架的中心平面;

②桁架的杆件与杆件相连接的节点均为铰接节点;

③所有外力(包括荷载及支座反力)都作用在桁架的中心平面内,并集中作用于节点上。

屋架是由杆件组成的格构体系,其节点一般假定为铰节点。当荷载只作用在节点上时,所有杆件均只有轴向力(拉力或压力)。杆件截面上只有均匀分布的正应力,材料强度可以较充分地得到利用。这是屋架结构的优点,因此它在较大跨度的建筑中用得较多,尤其在单层工业厂房建筑中应用得非常广泛。

当屋面板的宽度和上弦节间长度不等时,上弦便产生节间荷载的作用并产生弯矩;或对下弦承受顶棚荷载的结构,当顶棚梁间距与下弦节间长度不等时,也会在下弦产生节间荷载及弯矩。这将使上、下弦杆件由轴向受压或轴向受拉变为压弯或拉弯构件[见图12.22(a)],是极为不利的。对于木桁架或钢筋混凝土桁架,因其上、下弦杆截面尺寸较大,节间荷载所产生的弯矩对构件受力的影响可通过适当增大截面或采取一些构造措施予以解决。而对于钢桁架,因其上、下弦杆截面尺寸很小,节间荷载所产生的弯矩对构件受力有较大影响,将会引起材料用量的大幅度增加。这时桁架节间的划分应考虑屋面板、檩条、顶棚梁的布置要求,使荷载尽量作用在节点上。当节间长度较大时,在钢结构中,常采用再分式屋架[见图12.22(b)],减少上弦的节间距离使屋面板的主肋支承在上弦节点上,使屋面荷载直接作用在上弦节点上,避免了上弦杆受弯。

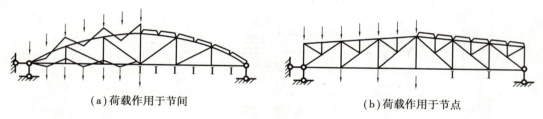

(a)荷载作用于节间　　　　　　　　　(b)荷载作用于节点

图12.22　桁架上下弦的受力

2)桁架结构的内力

尽管桁架结构中以轴力为主,其构件的受力状态比梁的结构合理,但在桁架结构各杆件单元中,内力的分布是不均匀的。屋架的几何形状有平行弦桁架、三角形桁架、梯形桁架、折线形桁架等,它们的内力分布随形状的不同而变化。

在一般情况下,屋架的主要荷载类型是均匀分布的节点荷载。下面以平行弦屋架为例分析其内力的特点,然后引伸至其他形式的屋架。

根据平行弦桁架在节点荷载作用下的内力分析,可以得出如下结论:

(1)弦杆的内力

上弦杆受压,下弦杆受拉,其轴力N由力矩平衡方程式得出(矩心取在屋架节点),如式(12.1):

$$N = \pm \frac{M_0}{h} \tag{12.1}$$

式中　M_0——简支梁相应于屋架各节点处的截面弯矩;

　　　h——屋架高度。

式(12.1)中,负值表示上弦杆受压,正值表示下弦杆受拉。从式中可知,上下弦杆的轴力与M_0成正比,与h成反比。由于屋架的高度h不变,而M_0越接近屋架两端越小,所以中间弦杆的轴力大,越趋向两端的弦杆,其轴力越小,如图12.23(a)所示。

(2)腹杆的内力

屋架内部的杆件称为腹杆,包括竖腹杆与斜腹杆。腹杆的内力可以根据脱离体的平衡法则,由力的竖

向投影方程求得,如式(12.2):

$$N_y = \pm V_0 \qquad (12.2)$$

式中　N_y——斜腹杆的竖向分力和竖腹杆的轴力;

　　　V——简支梁相应于屋架节间的剪力。

对于简支梁[见图 12.23(a)],剪力值在跨中小两端大[图 12.23(d)],所以相应的腹杆内力也是中间杆件小而两端杆件大,其内力图如图 12.24(a)所示。

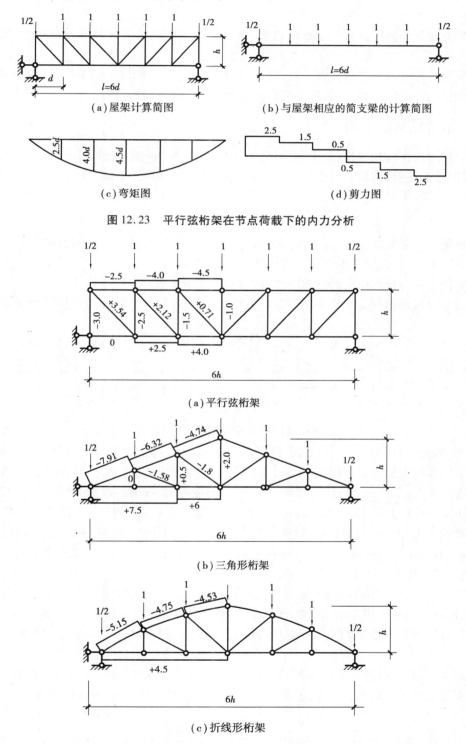

(a)屋架计算简图　　　　　　(b)与屋架相应的简支梁的计算简图

(c)弯矩图　　　　　　(d)剪力图

图 12.23　平行弦桁架在节点荷载下的内力分析

(a)平行弦桁架

(b)三角形桁架

(c)折线形桁架

图 12.24　不同形式桁架的内力分析

通过对桁架各杆件内力的分析,可以看出:从整体来看,屋架相当于一个格构式的受弯构件,弦杆承受弯矩,腹杆承受剪力;而从局部来看,屋架的每个杆件只承受轴力(拉力或压力)。

同样可以分析三角形和折线形屋架的内力分布情况,如图 12.24(b)、(c)所示。由于这两种屋架的上弦节点的高度中间比两端高,所以上弦杆仍受压,下弦杆仍受拉,但内力大小的分布是各不相同的。

桁架杆件内力与桁架形式的关系如下:

①平行弦桁架的杆件内力是不均匀的,弦杆内力是两端小而向中间逐渐增大,腹杆内力由中间向两端增大;

②三角形桁架的杆件内力分布也是不均匀的,弦杆的内力是由中间向两端逐渐增大,腹杆内力由两端向中间逐渐增大;

③折线形桁架的杆件内力分布大致均匀,从力学角度看,它是比较好的屋架形式,因为它的形状与同跨度同荷载的简支梁的弯矩图形相似,其形状符合内力变化的规律,比较经济。

▶ 12.2.2 桁架结构的形式

屋架结构的形式很多,根据材料的不同,可分为木屋架、钢屋架、钢-木组合屋架、轻型钢屋架、钢筋混凝土屋架、预应力混凝土屋架、钢筋混凝土-钢组合屋架等。按屋架外形的不同,有三角形屋架、梯形屋架、抛物线形屋架、折线形屋架、平行弦屋架等。

1)木屋架

木屋架的典型形式是豪式屋架,如图 12.25 所示。这种屋架形式适用于木屋架的原因是:

①屋架的节间大小均匀,屋架的杆件内力突变不大,比较均匀;

②屋架的腹杆长度与杆件内力的变化一致,两者协调而不矛盾;

③木屋架的节点采用齿连接。这种屋架节点上相交的杆件不多,为齿连接提供了可能性。

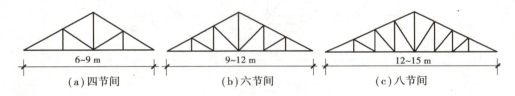

图 12.25　木屋架的跨度与节间数目

豪式木屋架的适用跨度为 9～21 m,最经济跨度为 9～15 m。豪式木屋架的节间数目主要考虑节间长度要适中。如果节间长度太长,则杆件长度太长,受力不利;如果节间长度太短,则节点太多,制造麻烦。一般应控制节间长度在 1.5～2.5 m。设计上通常的规定是:跨度 6～9 m 时,采用四节间[见图 12.25(a)];跨度 9～12 m 时,采用六节间[见图 12.25(b)];跨度 12～15 m 时,采用八节间[见图 12.25(c)]。

三角形屋架的内力分布不均匀,支座处大而跨中小。一般适用于跨度在 18 m 以内的建筑中。三角形屋架的上弦坡度大,有利于屋面排水。当屋面材料为黏土瓦、水泥瓦、小青瓦及石棉瓦等时,排水坡度 i 一般为 1/3～1/2,屋架的高跨比 h/l 一般为 1/6～1/4。

当房屋跨度较大时,选用梯形屋架(见图 12.26)较为适宜。梯形屋架受力性能比三角形屋架合理,当采用波形石棉瓦、铁皮或卷材作屋面防水材料时,屋面坡度可取 $i=1/5$。梯形屋架适用跨度为 12～18 m。

跨度在 15 m 以上时,因考虑到竖腹杆的拉力较大,常采用竖杆为钢杆,其余杆件为木材的钢-木组合豪式屋架。

在民用建筑中,三角形屋架形成的坡屋顶,往往使建筑造型非常美观。一般常见的形式有两坡顶和四坡顶。在中小型建筑中采用坡屋顶可以使建筑体型高低错落、丰富多彩,达到很好的效果。

2)钢屋架

钢屋架的形式主要有三角形屋架[见图 12.27(a)]、梯形屋架[见图 12.27(b)]、平行弦屋架[见图 12.27(c)]。有时为改善上弦杆的受力情况,可采用再分式腹杆的形式。

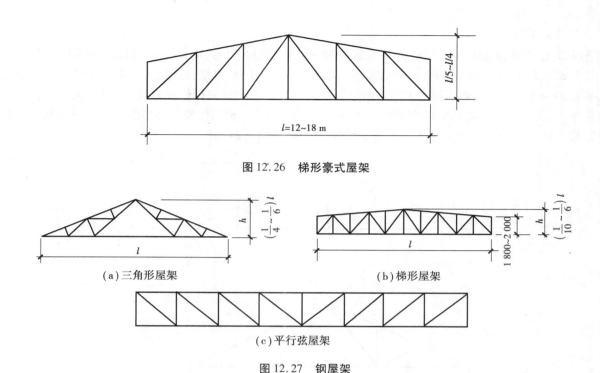

图 12.26 梯形豪式屋架

（a）三角形屋架 （b）梯形屋架

（c）平行弦屋架

图 12.27 钢屋架

三角形屋架用于低坡屋面的屋盖结构中。三角形屋架的共同缺点是：屋架外形和荷载引起的弯矩图形不相适应，因而弦杆内力分布很不均匀，支座处最大而跨中却较小。当屋面坡度不很随时，支座处杆件的夹角较小，使构造比较困难。图 12.27（a）所示的三角形钢屋架也称为芬克式屋架，是钢屋架的典型形式，其特点是：

①钢材是一种柔性材料，强度高，但抗弯性能差。屋架上弦是压弯构件，为了适应钢材这个弱点，芬克式屋架把上弦分成左右两个小桁架，小桁架内的杆件长度就变得较短，这样就能适应钢材柔性的特点。

②屋架下弦中段虽较长，但因下弦受拉，钢材抗拉最适宜。梯形屋架是由双梯形合并而成，它的外形和由荷载引起的弯矩图形比较接近，因而弦杆内力沿跨度分布比较均匀，材料比较经济。这种屋架在支座处有一定的高度，既可与钢筋混凝土柱铰接，也可与钢柱做成固接，因而是目前采用无檩设计的工业厂房屋盖中应用最广泛的一种屋架形式。屋架中的腹杆体系，可采用人字式、再分式和单斜杆式。

梯形屋架的上弦坡度较小，对炎热地区和高温车间可以避免或减少油毡下滑和油膏的流淌现象，同时屋面的施工、修理、清灰等均较方便。另外，屋架之间形成较大的空间，便于管道和人穿行，因此影剧院的舞台和观众厅的屋顶也常采用梯形屋架。

平行弦屋架的特点是杆件规格化，节点的构造也统一，因而便于制造，但在均布荷裁作用下，弦杆内力分布不均匀。倾斜式平行弦屋架常用于单坡屋面的屋盖中，而水平式平行弦屋架多用做托架（见图 12.28）。平行弦屋架不宜用于杆件内力相差悬殊的大跨度建筑中。

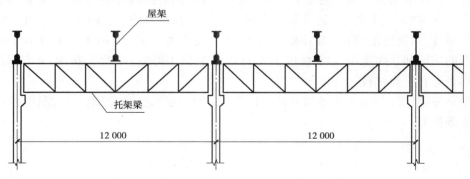

图 12.28 厂房托架梁

3)钢-木组合屋架

钢-木组合屋架的形式有豪式屋架、芬克式屋架、梯形屋架和下折式屋架,如图 12.29 所示。木屋架的跨度一般为 6~15 m,大于 15 m 时下弦通常采用钢控杆,就形成了钢-木组合屋架。每平方米建筑面积的用钢量仅增加 2~4 kg,但却显著地提高了结构的可靠性。同时由于钢材的弹性模量高于木材,而且还消除了接头的非弹性变形,从而提高了屋架的刚度。钢-木组合屋架的跨度根据屋架的外形而不同。三角形屋架跨度一般为 12~18 m;梯形、折线形等多边形屋架的跨度一般为 18~24 m。

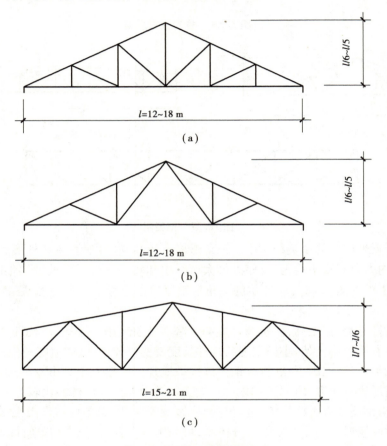

图 12.29　钢-木组合屋架

4)轻型钢屋架

近年来,在屋盖结构中出现了轻型钢屋架和薄壁型钢等新的结构形式,大大减轻了结构自重和降低了用钢量,为在中小型项目的建设中采用钢屋盖开辟了新的途径。当屋盖采用轻屋面时,屋架的杆力不大,可采用小角钢、圆钢、薄壁型钢或钢管,称为轻型钢屋架。最常用的形式有芬克式和三铰拱式,两者均适用于屋面较陡时。轻型钢屋架结构与钢筋混凝土结构相比,两者用钢量指标接近,但前者既节约了木材和水泥,还可减轻自重 70%~80%,给运输、安装及缩短工期等提供了有利条件。它的缺点是:由于杆件截面小,组成的屋盖刚度较差,因而使用范围有一定限制,只宜用于跨度不大于 18 m,吊车起重量不大于 5 t 的轻中级工作制桥式吊车的房屋和仓库建筑,以及跨度不大于 18 m 的民用房屋的屋盖结构中,并宜采用瓦楞铁、压型钢板或波形石棉瓦等轻屋面材料。

芬克式轻型钢屋架(见图 12.30)的特点是长杆受拉,短杆受压,受力比较合理,制作也方便。内力分析方法与普通钢屋架类似。

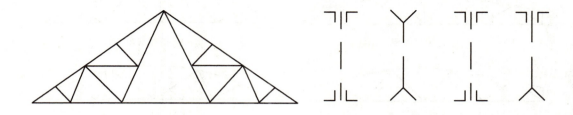

图 12.30　芬克式轻型钢屋架的形式

三铰拱式屋架由两根斜梁和一根木平拉杆组成(见图 12.31),斜梁为压弯杆件,一般采用刚度较好的桁架式,可以是平面桁架式,也可以是空间桁架式。平面桁架的计算和一般桁架相同,空间桁架的杆件内力可近似按假想平面桁架计算。这种屋架的特点是杆件受力合理、斜梁腹杆短、取材方便,不论选用小角钢或圆钢,都可获得好的经济效果。

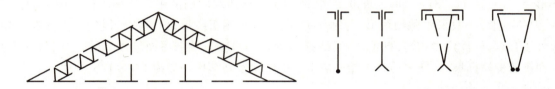

图 12.31　三铰拱式屋架的形式

斜梁为平面桁架的三铰拱屋架,杆件较少,构造较简单,受力明确,用料较省,制作较方便。但其侧向刚度较差,宜用于小跨度和小檩距的屋盖中。

斜梁为空间桁架的三铰拱屋架,杆件较多,构造较复杂,制作不便。但其侧向刚度较好,宜用于跨度较大、檩距较大的屋盖中。斜梁截面一般为倒三角形,为了保证整体稳定性的要求,其截面高度与斜梁长度的比值一般取为 1/18 ~ 1/12,不得小于 1/18;截面宽度与截面高度的比值一般取为 1/2 ~ 5/8,不得小于 1/2.5。

芬克式和三铰拱式屋架适用于屋面坡度较大的屋盖中。

梭形屋架的结构形式(见图 12.32),分平面桁架式和空间桁架式两种。实际工程以空间桁架式为最多。这种屋架的特点是截面重心较低,便于安装,空间桁架式屋架侧向刚度较大,支撑布置可以简化。这种屋架宜在屋面坡度较小的无檩设计中采用。

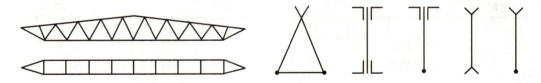

图 12.32　梭形屋架的形式

5)钢筋混凝土屋架

钢筋混凝土的各种力学性能都比较好,是制造屋架的理想材料,利用它制造屋架无特殊要求,所以屋架无固定形式,只要受力合理,节省材料,构造简单,施工方便就可以。设计钢筋混凝土屋架时,为了节点构造简单,要求每个节点上相交的杆件数目不多于 5 根,而且腹杆与弦杆的交角不小于 30°。

钢筋混凝土屋架的常见形式有梯形屋架、折线形屋架、拱形屋架、无斜腹杆屋架等。根据是否对屋架下弦杆施加预应力,可分为钢筋混凝土屋架和预应力混凝土屋架。钢筋混凝土屋架的适用跨度为 15 ~ 24 m,预应力混凝土屋架的适用跨度为 18 ~ 36 m 或更大。钢筋混凝土屋架的常用形式如图 12.33 所示。

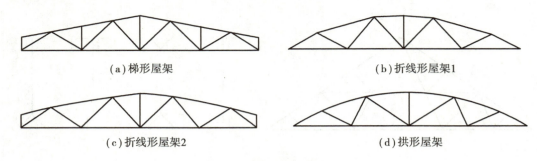

(a) 梯形屋架   (b) 折线形屋架1

(c) 折线形屋架2   (d) 拱形屋架

图 12.33   钢筋混凝土屋架

梯形屋架[见图 12.33(a)]上弦为直线,屋面坡度为 1/12~1/10,适用于卷材防水屋面。一般上弦节间为 3 m,下弦节间为 6 m,高跨比一般为 1/8~1/6,屋架端部高度为 1.8~2.2 m。梯形屋架自重较大,刚度好,适用于重型、高温及采用井式或横向天窗的厂房。折线形屋架[见图 12.33(b)]外形较合理,结构自重较轻,屋面坡度为 1/4~1/3,适用于非卷材防水屋面的中型厂房或大中型厂房。

折线形屋架[见图 12.33(c)]屋面坡度平缓,适用于卷材防水屋面的中型厂房。拱形屋架[见图 12.33(d)]上弦为曲线形,一般采用抛物线形,为制作方便,也可采用折线形,但应使折线的节点落在抛物线上。拱形屋架外形合理,杆件内力均匀,自重轻,经济指标较好。但屋架端部屋面坡度太陡,这时可在上弦上部加设短柱而不改变屋面坡度,使之适合于卷材防水。拱形屋架高跨比一般为 1/8~1/6。

6)钢筋混凝土-钢组合屋架

屋架在荷载作用下,上弦主要承受压力,有时还承受弯矩,下弦承受拉力。为了合理地发挥材料的作用,屋架的上弦和受压腹杆可采用钢筋混凝土杆件,下弦及受拉腹杆可采用钢拉杆,这种屋架称为钢筋混凝土-钢组合屋架。组合屋架的自重轻,节省材料,比较经济。组合屋架的常用跨度为 9~18 m。常用的组合屋架有折线形组合屋架、下撑式五角形组合屋架以及三铰组合屋架、两铰组合屋架等,如图 12.34 所示。

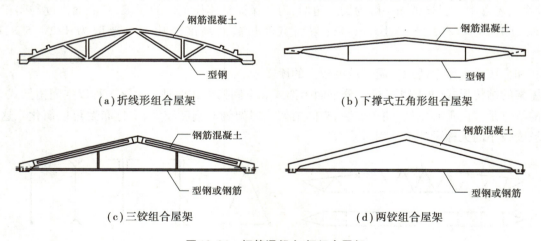

(a) 折线形组合屋架   (b) 下撑式五角形组合屋架

(c) 三铰组合屋架   (d) 两铰组合屋架

图 12.34   钢筋混凝土-钢组合屋架

折线形屋架上弦及受压腹杆为钢筋混凝土杆件,下弦及受拉腹杆为钢材,充分发挥了两种不同材料的力学性能,自重轻、材料省、技术经济指标较好,适用于跨度为 12~18 m 的中小型厂房。折线形屋架的屋面坡度约为 1/4,适用于石棉瓦、瓦楞铁、构件自防水等的屋面。为使屋面坡度均匀一致,也可在屋架端部上弦加设短柱。

两铰或三铰组合屋架上弦为钢筋混凝土或预应力混凝土构件,下弦为型钢或钢筋,顶节点为刚接(两铰组合屋架)或铰接(三铰组合屋架)。这类屋架杆件少、杆件短、自重轻、受力明确、构造简单、施工方便,特别适用于农村地区的中小型建筑。屋面坡度,当采用卷材防水时为 1/5,非卷材防水时为 1/4。

下撑式五角形屋架的特点是重心低,因下撑改善了屋架的受力性能,使内力分布比较均匀,但影响了房屋的净空,增加了柱子的高度。由于制造简单、施工占地小、自重轻,无须重型起重设备,组合屋架已被大量采用,且特别适于山区中小型建筑。

7)板状屋架

板状屋架是将屋面板与屋架合二为一的结构体系。屋架的上弦采用钢筋混凝土屋面板,下弦和腹杆可采用钢筋,也可采用型钢制作,如图 12.35 所示。屋面板可选用普通混凝土,也可选用加气或陶粒等轻质混凝土制作。屋面板与屋架共同工作,屋盖结构传力简洁,整体性好,减少了屋盖构件,节省钢材和水泥,结构自重轻,经济指标较好。

板状屋架的缺点是制作比较复杂。如房屋为柱子承重,还须在柱间加托架梁。板状屋架的常用跨度为 9 ~ 18 m,目前最大跨度已做到 27 m。板状屋架可逐榀紧靠着布置,也可间隔布置,在两榀板状屋架之间再现浇屋面板或铺设预制屋面板。板状屋架一般直接支承在承重外墙的圈梁上。

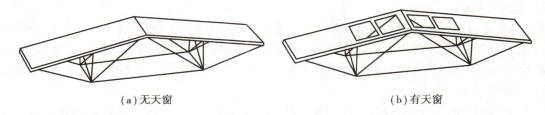

　(a)无天窗　　　　　　　　　　　　　(b)有天窗

图 12.35　板状屋架

8)桁架结构的其他应用形式

无斜腹杆屋架的特点是没有斜腹杆,结构造型简单,便于制作,如图 12.36 所示。在工业建筑中,屋面板可以支承在上弦杆上,也可以支承在下弦杆上,构成下沉式或横向天窗。这样不仅省去了天窗架等构件,而且还降低了厂房的高度。这种屋架的综合技术经济指标较好。

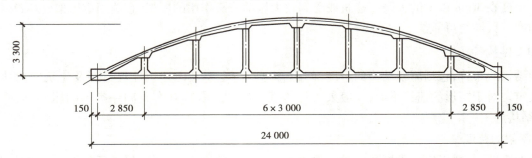

图 12.36　无斜腹杆屋架

一般情况下,桁架结构杆件与杆件的连接节点均简化为铰节点,一方面可简化计算,另一方面也较符合结构的实际受力情况。但对于无斜腹杆屋架,没有斜腹杆,仅有竖腹杆。这时若再把桁架节点简化为铰节点,则整个结构就成为一个几何可变的机构,所以必须采用刚节点的桁架,可按多次超静定结构计算,也可按拱结构计算。按拱结构计算时,上弦为拱,下弦为拱的拉杆。上弦一般为抛物线形,在竖向均布荷载作用下,上弦拱主要承受轴力,能充分发挥材料的抗压性能,因而截面较小,结构比较经济。竖腹杆承受拉力,将作用在下弦上的竖向荷载传给上弦,避免或减少了下弦受弯。所以,这种屋架适合于下弦有较多吊重的建筑。由于没有斜杆,故屋架之间管道和人穿行以及进行检修工作均很方便。这种屋架的常用跨度为 15 m、18 m、24 m、30 m,高跨比与拱形屋架相近。

► **12.2.3 桁架结构的选型与布置**

1)屋架结构的选型

屋架结构的选型应考虑房屋的用途、建筑造型、屋面防水构造、屋架的跨度、结构材料的供应、施工技术条件等因素,并进行全面的技术经济分析,做到受力合理、技术先进、经济适用。

(1)屋架结构的受力

从结构受力来看,抛物线形状的拱式结构受力最为合理。但拱式结构上弦为曲线,施工复杂。折线形屋架,与抛物线形状的弯矩图最为接近,故力学性能较好。梯形屋架,既具有较好的力学性能,上下弦又均为直线,因此施工方便,故在大中跨建筑中被广泛应用。三角形屋架与矩形屋架因与抛物线形状的弯矩图相差较大,其力学性能较差。因此,三角形屋架一般仅适用于中小跨度,矩形屋架常用作托架或在荷载较特殊情况下使用。

(2)屋面防水构造

屋面防水构造决定了屋面排水坡度,进而决定屋盖的建筑造型。一般来说,当屋面防水材料采用黏土瓦、机制平瓦或水泥瓦时,屋架上弦坡度应大些,以利于排水,所以一般应选用三角形屋架、陡坡梯形屋架。当屋面防水采用大型屋面板并做卷材有组织排水的屋面时,应选用拱形屋架、折线形屋架和缓坡梯形屋架。

(3)材料的耐久性及使用环境

木材及钢材均易腐蚀,维修费用较高。因此,对于相对湿度较大而又通风不良的建筑,或有侵蚀性介质的工业厂房,不宜选用木屋架和钢屋架,宜选用预应力混凝土屋架,可提高屋架下弦的抗裂性,防止钢筋腐蚀。

(4)屋架结构的跨度

跨度在18 m以下时,可选用钢筋混凝土-钢组合屋架。这种屋架构造简单,施工吊装方便,技术经济指标较好。跨度在36 m以下时,宜选用预应力钢筋混凝土屋架,既可节省钢材,又可有效地控制裂缝宽度和挠度。对于跨度在36 m以上的大跨度建筑或受到较大振动荷载作用的屋架,宜选用钢屋架,以减轻结构自重,提高结构的耐久性与可靠性。

2)屋架结构的布置

屋架结构的布置,包括屋架结构的跨度、间距、标高等,主要考虑建筑外观造型及建筑使用功能方面的要求来决定。对于矩形的建筑平面,一般采用等跨度、等间距、等标高布置同一类型的屋架,以简化结构构造,方便结构施工。

(1)屋架的跨度

屋架的跨度,一般以3 m为模数。对于常用屋架形式的常用跨度,我国都制订了相应的标准图集可供查用,从而可加快设计及施工的进度。对于矩形平面的建筑,一般可选用同一种类型的屋架,仅端部或变形缝两侧屋架中的预埋件稍有不同。对于非矩形平面的建筑,各榀屋架或桁架的跨度就不可能一样,这时应尽量减少其类型以方便施工。

(2)屋架的间距

屋架的间距由经济条件确定,也即屋架间距的大小除考虑建筑平面柱网布置的要求外,还要考虑屋面结构及顶棚构造的经济合理性,应使屋架和檩条、屋面板的总造价最低。当屋架上直接铺放屋面板时还需与屋面板的长度规格相配合。通常间距为4~6 m,常用0.3 m的模数。最常用的间距是6 m,小跨度轻屋面屋架中可减小到3 m,大跨度屋架中可增加到9~12 m。屋架一般宜等间距平行排列,与房屋纵向柱列的间距一致,屋架直接搁置在柱顶。屋架的间距同时也为屋面板或檩条、顶棚龙骨的跨度,最常见的为6 m,有时也为7.5 m、9 m、12 m等。

(3)屋架的支座

屋架支座的标高由建筑外形的要求确定,一般为在同层中屋架的支座取同一标高。当一榀屋架两端支座的标高不一致时,要注意可能会对支座产生水平推力。屋架的支座形式,在力学上可简化为铰接支座。实际工程中,当跨度较小时,一般把屋架直接搁置在墙体、墙垛、柱或圈梁上。当跨度较大时,应采取专门的构造措施,以满足屋架端部发生转动的要求。

▶ 12.2.4　立体桁架

平面屋架结构虽然有很好的平面内受力性能,但其在平面外的刚度很小。为保证结构的整体性,必须要设置各类支撑。支撑结构的布置要消耗很多材料,且常常以长细比等构造要求控制,材料强度得不到充分发挥。采用立体桁架可以避免上述缺点。

立体桁架的截面形式有矩形、正三角形、倒三角形。它是由两榀平面桁架相隔一定的距离,以连接杆件将两榀平面桁架形成 90°或 45°夹角,构造与施工简单易行,但耗钢较多。图 12.37(a)所示为矩形截面的立体桁架。为减少连接杆件,可采用三角形截面的立体桁架。当跨度较大时,因上弦压力较大,截面大,可把上弦一分为二,构成倒三角形立体桁架,如图 12.37(b)所示。当跨度较小时,上弦截面不大,如果再一分为二,势必对受压不利,故宜把下弦一分为二,构成正三角形立体桁架,如图 12.37(c)所示。正三角形立体桁架的两根下弦在支座节点汇交于一点,形成两端尖的梭子状,故也称为梭形架。立体桁架由于具有较大的平面外刚度,有利于吊装和使用,节省用于支撑的钢材,因而具有较大的优越性。但三角形截面的立体桁架杆长计算烦琐,杆件的空间角度非整数,节点构造复杂,焊缝要求高,制作复杂。

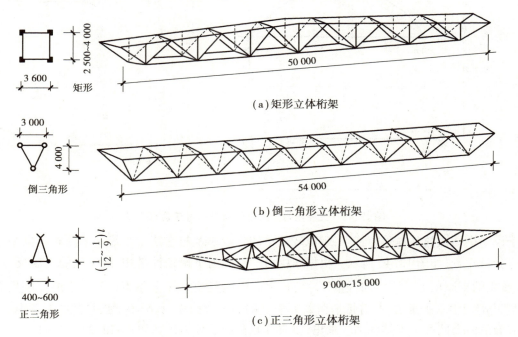

图 12.37　立体桁架

▶ 12.2.5　工程实例及概况

钢屋架轻巧,杆件细长,自重轻,但容易失稳。钢筋混凝土屋架较笨重,制作较困难,自重大,但节省钢材。本节介绍两个屋架实例,图 12.38 所示为一人字形钢屋架,图 12.39 所示为一梯形钢屋架。对于一般的屋架,当确定出屋架形式后,可查阅有关标准图集。各种屋架形式往往是按屋架的跨度、允许荷载、檐口形状、天窗类别分别编号的,在屋架标准图集的设计说明和构件选用方法中,都详细写明了与檐口、天窗类别有关的屋架代号和各种代号的物理意义,并按照屋架的编号分别列出它的允许荷载的数值或等级。

12.3 拱结构

▶ ### 12.3.1 拱的受力特点

拱是一种历史悠久,至今仍在大量应用的结构形式。古今中外的能工巧匠和工程师们为我们创造了许多杰出的拱结构典范,至今仍为人们所称道,如我国古代的赵州桥、古罗马的半圆拱券城门、哥特式建筑的尖拱等。众所周知,当构件截面上承受均匀的应力作用(轴向拉力或压力作用),材料的利用效率最高,往往形成性能良好的结构体系。拱结构的受力状态与悬索结构有异曲同工之处,区别在于悬索只能受拉,索的抗弯刚度为零;而拱是以受压为主的结构,拱截面有一定的刚度,不能自由变形。悬索承受拉力,正好利用和发挥钢材的超强抗拉性能;而拱结构主要承受压力,可利用和发挥抗压强度相对较高而又容易得到的天然石材、烧结砖,甚至土坯来建造拱,当然现代的拱结构还可用钢筋混凝土或钢材建造。拱结构是使构件摆脱弯曲变形的一种突破性发展,它为抗压性能好的材料提供了一种理想的结构形式。

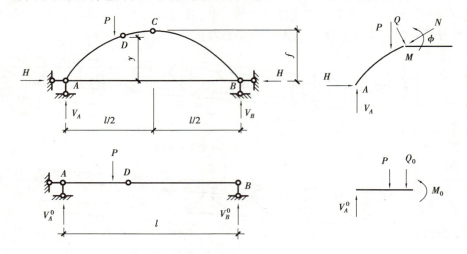

图 12.40 三铰拱与同跨度同荷载的简支梁的比较

为便于说明拱结构的基本受力特点,现以较简单的三铰拱及与它跨度相等并承受相同集中荷载的简支梁为例进行分析比较,如图 12.40 所示。根据结构力学的静力平衡条件易知,简支梁的支座反力 V_A^0 为竖直向上,而三铰拱的支座反力除了竖向分量 V_A 之外($V_A = V_A^0$),还有水平分量 H。三铰拱的支座反力的水平分量 H 对拱脚基础产生水平推力,起着抵消荷载 P 引起的向下弯曲作用,减小了拱身截面的弯矩。

拱肋截面的内力同样可由结构力学求出,拱身任意截面的内力计算如式(12.3)—式(12.5)所示:

$$M = M_0 - H \cdot y \tag{12.3}$$

$$N = Q_0 \cdot \sin \phi + H \cdot \cos \phi \tag{12.4}$$

$$Q = Q_0 \cdot \cos \phi - H \cdot \sin \phi \tag{12.5}$$

式中　M_0、Q_0——相应简支梁截面的弯矩和剪力。

从以上公式可得以下 3 个结论:

①拱身截面的弯矩小于相应简支梁的弯矩(减少了 $H \cdot y$),而且水平推力 H 与 y 的乘积越大,拱身截面的弯矩值越小。因此,在一定的荷载作用下,可以改变拱身轴线形状,使拱身各截面的弯矩为零,这样拱身各截面就只受轴向力作用;

②拱身截面内的剪力小于在相同荷载作用下相同跨度简支梁内的剪力;

③拱身截面内存在较大的轴力,而简支梁截面内无剪力存在。

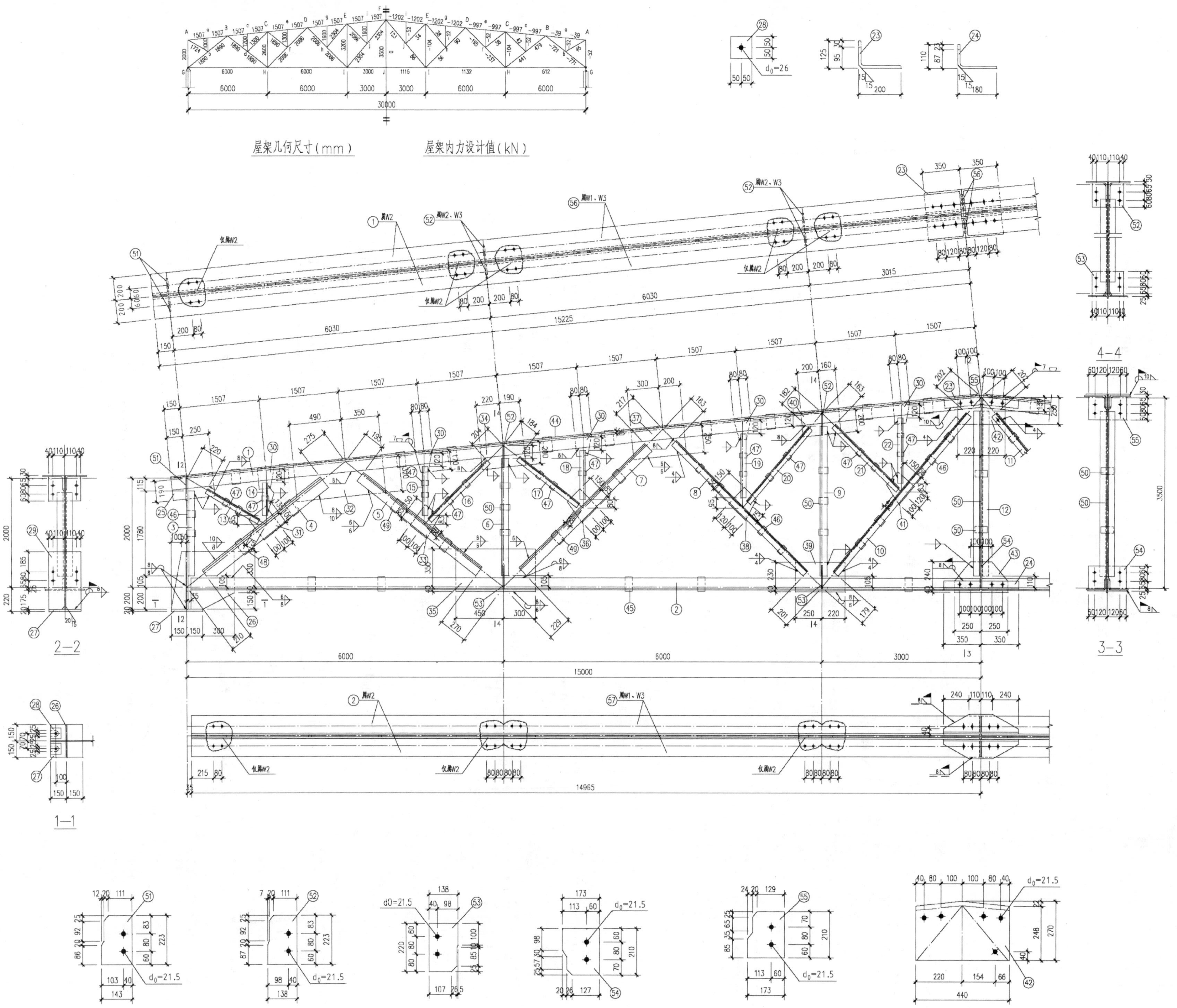

图 12.39 梯形钢屋架

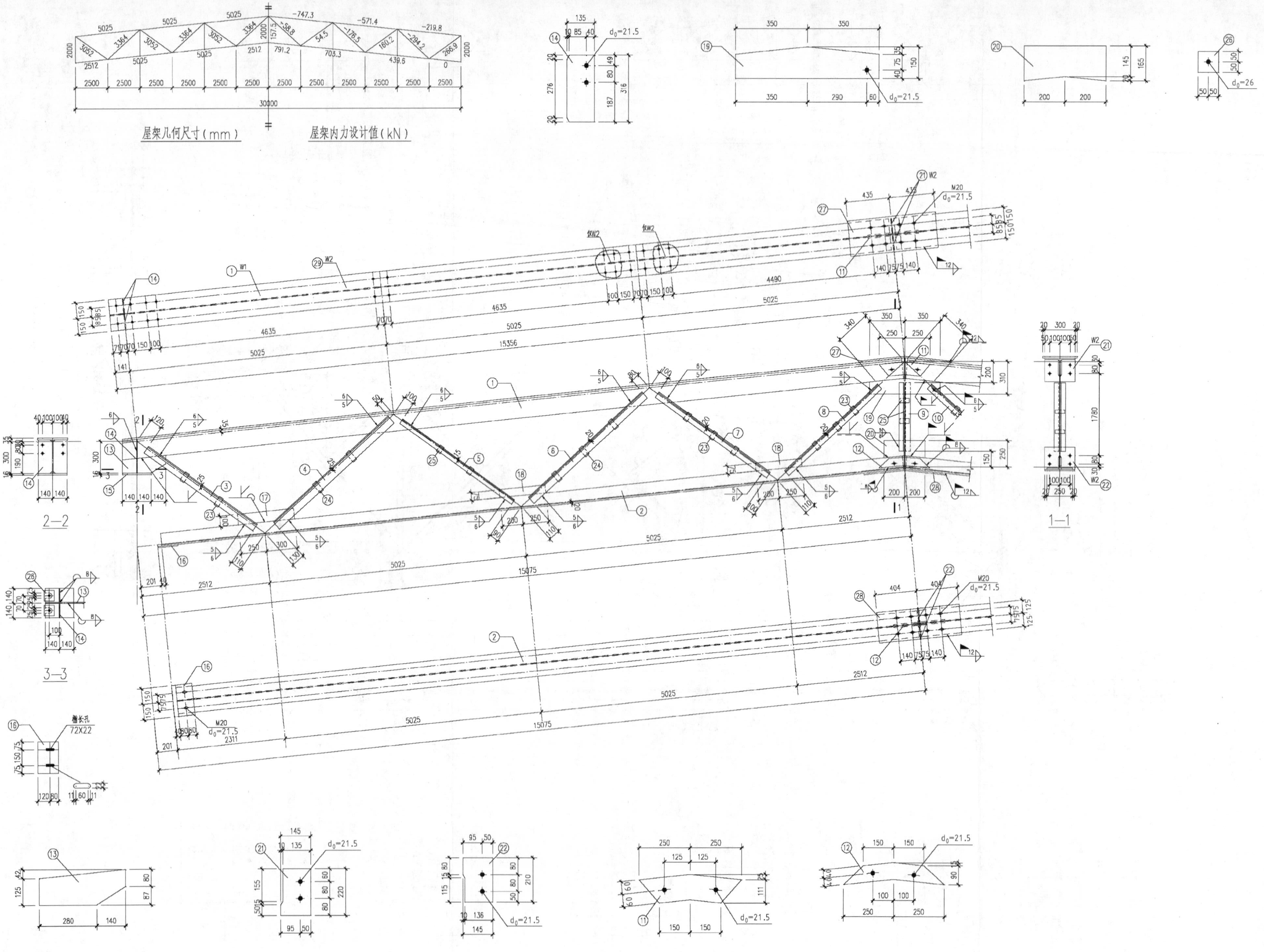

图 12.38 人字形钢屋架

根据荷载情况合理选择拱轴线形状,使拱身主要承受轴力并尽量减少弯矩十分重要。在实际工程中,结构承受的荷载是多种多样的,只承受某一固定荷载的可能性很小。因此,很难找出一条合理的拱轴线来适应各种荷载,而只能根据主要荷载确定合理的拱轴曲线。即使精心选择拱轴线的形状,在荷载状态改变或可变荷载作用下,拱内弯矩也是不可避免的。因此,拱截面必须设计成有一定的抗弯能力。另外,拱结构的支座(拱脚)会产生水平推力,跨度大时推力也相当大。承受拱水平推力的处理,固然是一桩麻烦和耗费材料的事情,不过如果结构处理的手法采用得当,将可利用这一结构手段与建筑功能和艺术形象融合起来,实现建筑造型优美的效果。

拱是以承受轴压力为主的结构,使用抗压强度好的材料能物尽其用,如砖、石、混凝土、钢丝网水泥、钢筋混凝土、钢材、木材等。拱结构既省料、结构自重轻,又经济耐久。由于拱结构不仅受力性能较好,而且形式多种多样,有利于丰富建筑的外形,故它是建筑师比较喜爱的一种结构形式。拱结构适用跨度范围极广,是任何其他结构形式所不及的。它不仅适合大跨度结构,如跨度达 100 m 以上的桥梁,也适用于中小跨度的房屋建筑,广泛应用于各种宽敞的公共建筑物,如展览馆、体育馆、商场等。现代还有一些纪念观赏性的拱结构,如美国圣路易斯市的杰斐逊纪念碑,为高 177 m 的不锈钢拱。上海卢浦大桥钢结构拱的跨度达 550 m,比已建成的美国最大的西弗吉尼亚大桥还长 32 m。

▶ 12.3.2　拱脚水平推力的平衡

拱既然是有推力的结构,拱结构的支座(拱脚)应能可靠地承受水平推力,才能保证它能发挥拱结构的作用。对于无铰拱、两铰拱这样的超静定结构,拱脚的变形会引起结构较大的附加内力(弯矩),更应严格限制在水平推力作用下的变形。实际工程中,一般采用以下 4 种方式来平衡拱脚的水平推力:

1)利用地基基础直接承受水平推力(落地拱)

落地拱的上部作屋盖结构,下部则可作为外墙柱,拱脚落地与基础固接。当水平推力不太大或地质条件较好时,这种利用基础承受水平推力直接传递给地基的方式,是最省事、经济的办法。但采用这种方案基础尺寸一般都很大,材料用量较多。为了更有效地抵抗水平推力,防止基础滑移,基础底部常做成斜面形状。图 12.41 即为北京体育学院田径房的落地无铰拱,其基础做法如图所示。

落地拱的一个优点是墙柱等结构和出入口布置不受承重结构的限制,因而平面布置非常自由灵活,深受许多建筑师的喜爱。另外,落地拱能提供很大的空间,广泛应用于体育馆、展览馆、俱乐部、影剧院、大市场、飞机库、仓库等大跨度的建筑。它的弱点是拱下部屋面坡度较大,不易铺置屋面构件和防水材料。解决的办法是拱下部不做外墙,让其在室外或室内明露。

当拱脚推力过大或地基过于软弱时,一般可在地下拱脚两基础间设置预应力混凝土拉杆。预应力的作用是防止受拉混凝土开裂使钢材锈蚀,影响结构的耐久性。

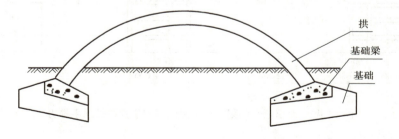

图 12.41　落地拱及基础做法

2)利用竖向结构承受水平推力

这种方法也用于无拉杆拱,拱脚推力下传给支承拱脚的抗推竖向结构承担。从广义上理解,也可把抗推竖向结构看做是落地拱的拱脚基础。拱脚传给竖向结构的合力是向下斜的,要求竖向结构及其下部基础有足够大的刚度来抵抗,以保证拱脚位移较小,拱结构内的附加内力不致过大。常用的竖向结构有以下 4 种

形式:

(1)扶壁墙墩

小跨度的拱结构推力较小,或拱脚标高较低时,推力可由带扶壁柱的砖石墙或墩承受。如尺寸巨大的哥特式建筑,因粗壮的墙墩显得更加庄重雄伟。

(2)飞券

哥特式建筑教堂(如巴黎圣母院)中厅尖拱拱脚很高,靠砖石拱飞券和墙柱墩构成拱柱框架结构来承受拱的水平推力。

(3)斜柱墩

跨度较大,拱脚推力大时,采用斜柱墩方案有时可达到传力合理、经济美观的效果。我国的一些体育、展览建筑就曾借鉴了这一做法,采用两铰拱或三铰拱(多为钢拱),不设拉杆,拱脚支承在斜柱墩上。如广为人知的西安秦始皇兵马俑博物馆展览大厅就采用 67 m 跨的三铰钢拱,拱脚支承在从基础墩斜向挑出 2.5 m 的钢筋混凝土斜柱上,受力合理,如图 12.42 所示。

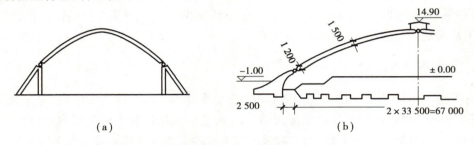

(a)　　　　　　　　　　　　　(b)

图 12.42　西安秦始皇兵马俑博物馆展览大厅的斜柱墩

(4)其他边跨结构

对于拱跨较大,且两侧有边跨附属用房(如走廊、办公室、休息厅等)的情况,可以由边跨结构提供拱脚反力。边跨结构可以是单层或多层、单跨或多跨的墙体或框架结构,要求它们有足够的侧向刚度,以保证在拱推力作用下的侧移不超过允许范围。比较典型的建筑实例有北京崇文门菜市场、美国敦威尔综合大厅等。其中北京崇文门菜市场中间营业大厅平面为 32 m×36 m,采用装配整体式钢筋混凝土 32 m 跨两铰拱,支承于两侧边跨的框架上。为施工方便,采用半径 34 m 的圆弧拱,从建筑外形美观及屋面铺设油毡防水层考虑,取矢高 4 m。由于矢跨比较小,拱脚推力大,侧边的三层双跨框架采用现浇楼屋盖,加大其水平整体刚度,以便把拱脚推力均匀传递给各榀框架,如图 12.43 所示。

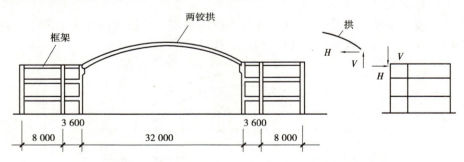

图 12.43　北京崇文门菜市场由侧边框架承担拱脚水平推力

3)利用拉杆承受水平推力(拉杆拱)

在拱脚处设置钢杆,利用钢杆受拉从而抵抗拱的推力,如图 12.44(a)、(b)所示。它既可用于搁置在墙、柱上的屋盖结构,也可用于落地拱结构。水平拉杆所承受的拉力等于拱的推力,两端自相平衡,与外界之间没有水平向的相互作用力。这种解决办法传力路线最简短,构造方式既经济合理,又安全可靠。因为推力问题可在拱本身独立解决,这样的拱也称拉杆拱。当作为屋盖结构时,支承拱式屋盖的砖墙或柱子不承受拱的水平推力,整个房屋结构即为一般的排架结构,屋架及柱子用料均较经济。该方案的缺点是室内有拉杆存在,影响景观,若设顶棚,则压低了建筑净高,浪费空间。故其应用受到限制,多用于食堂、小礼堂、仓库、车间等建筑。

拉杆可以是型钢劲性拉杆或圆钢柔性拉杆,一般拉力大时用型钢,拉力小时用圆钢。圆钢拉杆的根数不宜超过 3 根,否则难以保证拉杆的受力均匀。为了避免拉杆在自重作用下下垂太大,可设置吊杆来减少拉杆的自由长度。钢拉杆必须涂漆防锈,且经常维护。钢拉杆的防火性差,为防锈与防火,可用混凝土将其包裹起来。为减少拉杆拉伸变形,防止混凝土受拉开裂影响钢材锈蚀,往往采用预应力混凝土拉杆。拱与拉杆自成结构单元,拱脚推力已得平衡,像桁架一样,其支座仅承受竖向力,故其结构布置与桁架相似。中小跨的拱与拉杆拼装成一体,再行吊装就位,故又可称其为拱架。

4)利用刚性水平构件传递给总拉杆承受水平推力

这种方法是仅在结构的两端设置拉杆,让水平推力由拱脚标高平面内的刚性水平构件(可以是圈梁、天沟板或副跨现浇钢筋混凝土屋盖等)承受以后,再由设置在两端山墙内的总拉杆来平衡。当刚性水平构件在其水平面内的刚度足够大时,可认为拱脚以下的柱、墙、刚架等竖向结构顶部不承担水平推力。这种方法的优点是建筑室内没有拉杆,可充分利用室内建筑空间。典型的工程实例是北京展览馆的电影厅,如图 12.45 所示,单孔 18 m 跨肋形拱,间距 2 m,利用拱顶两侧 3 m 宽走廊的现浇钢筋混凝土屋盖作刚性水平构件,并利用拱跨两端山墙内 400 mm×980 mm 的圈梁连接两侧的钢筋混凝土屋盖端部作为总拉杆,使拱的水平推力得到平衡。

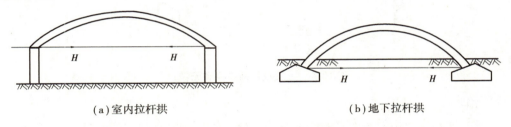

(a)室内拉杆拱　　　　　　　　　　　　　(b)地下拉杆拱

图 12.44　拉杆直接承担拱的推力

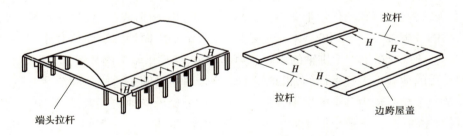

端头拉杆　　　拉杆　　　拉杆　　　边跨屋盖

图 12.45　由山墙内的拉杆承担拱脚水平推力的北京展览馆电影厅

▶ 12.3.3　拱式结构的形式

拱结构在国内外得到广泛应用,形式也多种多样。按建造的材料分,有砖石砌体拱结构、钢筋混凝土拱结构、钢拱结构、胶合木拱结构等;按结构组成和支承方式分,有无铰拱、两铰拱和三铰拱,无拉杆拱和有拉杆拱,如图 12.46 所示;按拱轴的形式分,常见的有半圆拱和抛物线拱;按拱身截面分,有实腹式和格构式、等截面和变截面等。应该指出,与属于薄壁空间结构的圆柱形壳(筒壳)不同,拱是一种平面结构,在平行切出的拱圈上相应位置各点的应力状态都是相同的。确定拱轴的形式主要考虑两个问题:一是拱的合理轴线,二是拱的矢高。

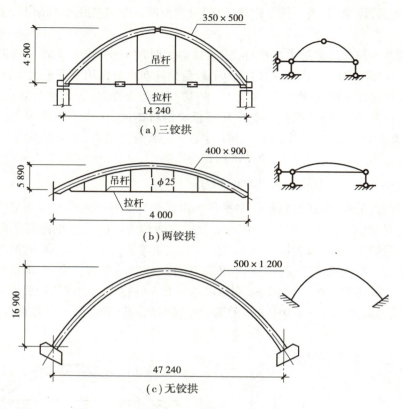

图 12.46　三铰拱、两铰拱和无铰拱

1) 拱的合理轴线

　　由力学原理知,轴心受力构件截面上的应力是均匀分布的,全截面上材料的强度可以得到充分的利用。在一固定的荷载作用下,使拱处于无弯矩状态的拱轴曲线,称为拱的合理轴线。合理轴线的形式不但与结构的支承条件有关,还与外荷载的作用形式有关。对于不同的结构形式(三铰拱、两铰拱和无铰拱),在不同的荷载作用下,拱的合理轴线是不同的。对于三铰拱,在沿水平方向均布竖向荷载作用下,合理拱轴为一抛物线,如图 12.47(a) 所示;在垂直于拱轴的均布压力作用下,合理拱轴为圆弧线,如图 12.47(b) 所示。在实际工程中,结构承受的荷载是多种多样的,很难找出一条合理的拱轴来适应各种荷载,设计时只能根据主要的荷载组合,选择一个相对较为合理的拱轴线形式,使拱身主要承受轴向压力,尽量减少弯矩。例如对于大跨度的公共建筑的屋盖结构,一般根据屋面的恒荷载选择合理的拱轴,一般采用抛物线,其表达式为:

$$y = \frac{4f}{l^2}x(l-x) \tag{12.6}$$

式中　f——拱的矢高;

　　　　l——拱的跨度。

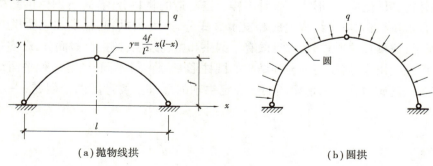

（a）抛物线拱　　　　　　　　　　（b）圆拱

图 12.47　拱的合理轴线

当 $f<l/4$ 时,可用圆弧代替抛物线,因为这时两者的内力差别不大,而圆拱有利于施工制作。

2) 拱的矢高

矢高对拱的外形影响很大,它直接影响建筑造型和构造处理。矢高的大小还影响拱身轴力和拱脚推力的大小。如三铰拱的推力 $H=M_c^0/f$,式中 M_c^0 为与拱同跨度同荷载的简支梁的跨中弯矩。不难看出,水平推力 H 与矢高 f 成反比。矢高的选择应合理综合考虑建筑空间的使用、建筑造型、结构受力、屋面排水构造等的要求来确定。

(1)满足建筑造型和建筑使用功能的要求

矢高决定了建筑物的体量和建筑内部空间的大小,特别是对于散料仓库、体育馆等建筑,矢高应满足建筑使用功能上的对建筑物的容积、净空、设备布置等方面的要求。同时,拱的矢高直接决定拱的外形,因此矢高必须满足建筑造型的要求。不同的建筑对拱的形式要求不同,有的要求扁平,矢高小;有的则要求矢高大。合理拱轴的曲线方程确定之后,可以根据建筑的外形要求定出拱的矢高。

(2)尽量使结构受力合理

由前面对三铰拱结构受力特点的分析可知,拱脚水平推力的大小与拱的矢高成反比。矢高小的拱,水平推力大,拱身轴力也大;矢高大的拱则相反。当地基及基础难以平衡拱脚水平推力时,可通过增加拱的矢高来减小拱脚水平推力,减轻地基负担,节省基础造价。但矢高大,拱身长度增大,拱身及其屋面覆盖材料的用量将增加。因此,设计时确定矢高大小,不仅要考虑建筑的外形要求,还要考虑结构的合理性。对于落地拱应主要根据建筑跨度和高度要求来确定矢高。

(3)矢高应满足屋面排水构造的要求

矢高的确定应考虑屋面构造和排水方式。对于瓦屋面及构件自防水屋面,要求屋面坡度较大,则矢高较大。对于油毡屋面,为防止夏季高温时引起沥青流淌,坡度不能太大,则相应的矢高较小。

一般,拱的矢高取 $f=(1/8\sim1/2)l$,经济范围是 $f=(1/7\sim1/5)l$。有拉杆的拱,矢高可小些,一般取 $f=1/7l$;无拉杆的拱,矢高不宜太小,否则拱脚下的抗推力结构较难处理。落地拱的矢高较大,一般 $f=(0.5\sim2)l$。矢高大,则轴压力小,风力影响大,曲线长,用料多,内部空间大;矢高小则反之。

半圆拱的水平推力为零,为无推力拱,但由于其矢高达跨度的一半,大跨度时显得非常高耸,故很少用于屋盖结构。

屋盖结构,一般取 $f=(1/7\sim1/5)l$,最小不小于 $1/10\ l$。对三铰拱和两铰拱屋架,矢高的确定既要考虑结构的合理性又要考虑屋面做法和排水方式。

对于自防水屋面,可取 $f=1/6\ l$;对于油毡屋面,宜使 $f\leq1/8\ l$。

3) 拱的截面形式与主要尺寸

拱身可以做成实腹式和格构式(见图 12.48)两种形式。钢结构拱一般多采用格构式,当截面高度较大时,采用格构式可以节省材料。钢筋混凝土拱一般采用实腹形式,常采用矩形截面。现浇拱一般也多采用矩形截面。这样模板简单,施工方便。钢筋混凝土拱身的截面高度可按拱跨度的 $1/40\sim1/30$ 估算,截面宽度一般为 $250\sim400$ mm。对于钢结构拱的截面高度,格构式可按拱跨度的 $1/60\sim1/30$ 取用,实腹式可按 $1/80\sim1/50$ 取用。拱身在一般情况下采用等截面。由于无铰拱的内力(轴向压力)从拱顶向拱脚逐渐加大,一般做成变截面的形式。变截面一般是改变拱身截面的高度而保持宽度不变。截面高度的变化应根据拱身内力(主要是弯矩)的变化而定,受力大处截面高度应相应较大。

拱的截面除了常用的矩形外,还可采用 T 形、双曲形、波形、折板形等,跨度更大的拱还可采用钢管、钢管混凝土截面,也可用型钢、钢管或钢管混凝土组成组合截面。组合截面拱自重轻,拱截面的回转半径大,其稳定性和抗弯能力都大大提高,可以跨越更大的跨度,跨高比也可做得更大一些。也可采用网状筒拱,网状筒拱像用竹子(或柳条)编成的筒形筐,也可理解为在平板截面的筒拱上有规律地挖掉许多菱形洞口而成。应当指出,拱是一种平面结构,在平行切出的拱圈上相应位置各点的内力都是相同的。

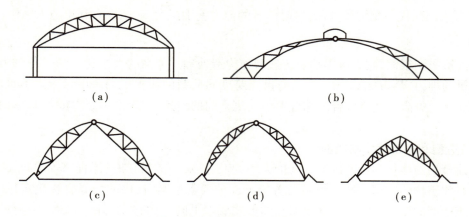

图 12.48　格构式钢结构拱的形式

▶ 12.3.4　拱式结构的选型与布置

1)拱式结构的选型

在进行拱结构的选型时,需要考虑结构的支承形式、拱轴线的形式、拱的矢高、拱身形式和截面高度,以及拱的结构布置和支撑体系设置。从铰的设置来看,三铰拱是静定结构,当基础出现不均匀沉降或拱拉杆变形时,不会引起结构附加内力。但由于跨中拱顶存在铰,使拱身和屋盖结构构造复杂,除了在地基特别软弱的条件下,一般工程中不大使用。西安秦始皇兵马俑博物馆展览大厅由于地基为湿陷性黄土,密度小压缩性大,不宜使用两铰拱、网架等超静定结构,故选择了静定结构的钢三铰拱。两铰拱和无铰拱是超静定结构,必须考虑基础不均匀沉降和温度变化引起的附加内力对结构的影响。两铰拱的优点是受力合理,用料经济,制作和安装比较简单,对温度变化和地基变形的适应性较好,目前较为常用。在一般房屋建筑中的屋盖结构,通常多采用带拉杆的钢筋混凝土两铰拱,推力在拱单元中自行平衡,可以直接搁置在柱上或承重墙上。无铰拱受力最为合理,但对支座要求较高,实际工程中在地基条件好或两侧拱脚有稳固的边跨结构时,可以考虑采用。当地基条件较差时,不宜采用。无铰拱一般见于桥梁结构,很少用于房屋建筑。

2)拱式结构的布置

拱结构根据建筑平面形式的不同,可以有并列式布置和径向、环向、井式以及多叉式等多种不同的布置方案。

(1)并列式布置

当建筑平面为矩形时,一般采用等间距、等跨度、并列布置的平面拱结构,其纵向抗侧力的能力与侧向稳定性需要加设支撑来解决。

(2)径向布置

当建筑平面非矩形时,常采用径向布置的空间拱结构,这种布置空间刚度和稳定性都比较好。如加拿大蒙特利尔市梅宗纳夫公园奥林匹克体育中心赛车场,建筑平面为叶形,其屋盖结构沿纵向辐射状布置了4榀172 m跨的落地拱,包括两榀单肢拱,两榀双肢拱。拱结构的支座一端在辐射中心为单支点,另端为三支点。沿建筑平面的横向,在各肢拱肋间布置了双 Y 形肋形梁,梁间镶嵌丙烯酸酯玻璃,满足了赛车场内有充足阳光的要求。

(3)环向布置

当建筑平面为圆形时,以环向布置的空间拱结构最为合理,各拱沿周围排列,拱脚互抵,推力相消。如古罗马万神庙就是这种环向布置的典型结构。

(4)井式布置

拱结构布置中也可仿效井字梁的布置方式,采取多向承受荷载,共同传力的井字拱。

（5）多叉式布置

拱结构布置中有一种能适应任何建筑平面形状的多叉拱,其围绕一个中心铰或环、径向布置辐射状的拱肋,呈多叉状的肋形拱,有三叉拱、四叉拱、六叉拱等。多叉拱的拱脚与拱顶多为铰接,多叉拱肋的顶端汇聚于中心。为使多叉拱的拱脚水平推力大小一致,保持结构有良好的稳定性,各叉拱脚所形成的平面最好是正多边形,如三角形、正方形、正六角形以及圆形等。各叉拱的拱脚推力一般由连接的相邻拱脚支座所形成的多边形圈梁承担。法国巴黎国家工业与技术中心展览大厅就是三叉拱的杰出实例。

▶ 12.3.5 工程实例及概况——北京崇文门菜市场

如图 12.49 所示,菜市场中间为 32 m×36 m 营业大厅,屋顶采用两铰拱结构,上铺加砌混凝土板。大厅两侧为小营业厅、仓库及其他用房,采用框架结构。拱的水平推力和垂直压力由两侧的框架承受。拱为装配整体式钢筋混凝土结构。为了施工方便,拱轴采用圆弧形,圆弧半径为 34 m。选择不同的矢高会有不同的建筑外形,同时也影响结构的受力。当圆弧半径为 34 m、矢高为 4 m 时,$f/l = 1/8$,高跨比小,这是由建筑外形要求决定的。矢高小,拱的推力大,框架的内力也相应增大,拱的材料用量增加。当矢高改为 $f = l/5 = 6.4$ m 时,相应的拱轴半径为 23.2 m,此时拱脚水平推力可减少 60% 左右,但建筑外形不太好,屋面根部坡度也大,对油毡防水不利。

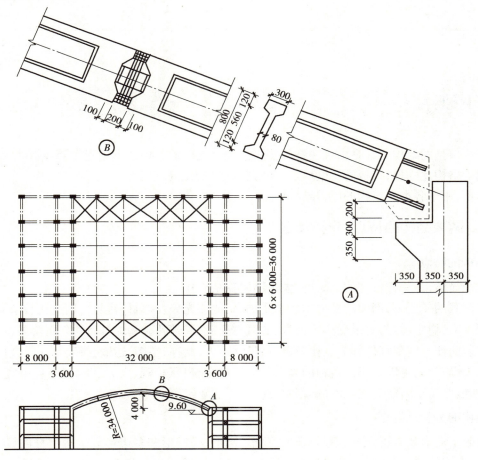

图 12.49　北京崇文门菜市场

第 **13** 章

空间网格结构

13.1 网架结构

网架是一种新型的结构。它是由许多杆件按照某种有规律的几何图形通过节点连接起来的网状结构。但其实质可视为格构化的板,将板的厚度增加,同时实现格构化处理,就形成了网架结构。它是高次超静定的空间结构体系,用于各类建筑物的屋盖结构中。

▶ ### 13.1.1 网架结构的特点、分类及选型

1)网架结构的特点

①传力途径简洁,是一种较好的大跨度、大柱网屋盖结构;

②在节点荷载的作用下,网架的杆件主要承受轴力,能够充分发挥材料强度,因此比较节省钢材;

③整体刚度大,稳定性好,对承受集中荷载、非对称荷载、局部超载和地基不均匀沉降等都较有利;

④施工安装简便。网架杆件和节点比较单一,尺寸不大,储存、装卸、运输、拼装都比较方便;

⑤网架的矢高较小,可以减小建筑物的高度。网架造型轻巧、美观、大方、新颖,而且更宜于建造大跨度建筑的屋盖,如展览馆、体育馆、飞机库、影剧院、商场、工业建筑等。

2)网架结构的分类及选型

平面网架的平面形状有正方形、矩形、扇形、菱形、圆形、椭圆形和多边形等。按腹杆的设置不同可分为交叉架体系、三角锥体系、四角锥体系、六角锥体系。当网架的弦杆与边界方向平行或垂直时称为正放网架,与边界方向斜交时称为斜放网架。

(1)交叉架体系网架

①两向正交正放网架。一般都为垂直相交,又称正交,如图 13.1 所示。

②两向正交斜放网架。这种网架由两个方向交角为 90°的桁架组成,平面架与边界方向成 45°角斜放,形成交叉梁体系,如图 13.2 所示。

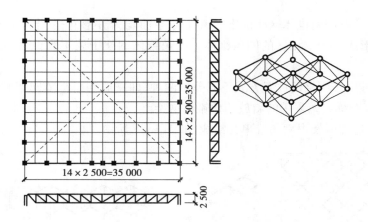

图 13.1 两向正交正放网架

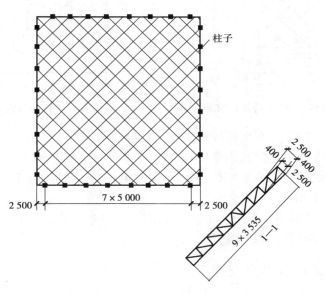

图 13.2 两向正交斜放网架

③三向交叉网架。它是由三个方向的互为 60°夹角的平面网架组成的空间网架,它的上、下弦网格均为三角形,如图 13.3(a)所示。它比两向网架的空间刚度大,在非对称内力下,杆件内力较均匀。但它的杆件多,在同一节点汇集的杆件一般为 10 根,即 6 根弦杆、3 根斜杆及 1 根竖杆,节点构造复杂。当采用钢管杆件和焊接球节点时,节点构造比较简单。

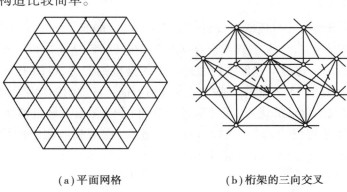

(a)平面网格　　　　　　　　(b)桁架的三向交叉

图 13.3 三向交叉网架

（2）角锥体系网架

①四角锥体网架。一般四角锥体网架的上弦和下弦平面均为方形网格，上下弦错开半格，用斜腹杆连接上下弦的网格交点，形成一个个相连的四角锥体。四角锥体网架上弦不宜设置再分杆，因此网格尺寸受限制，不宜太大。

目前，常用的四角锥体按网格的放置方式不同分成两种，即正放四角锥体网架和斜放四角锥体网架，图13.4所示就是上海体育馆练习馆采用的斜放四角锥体网架。

②六角锥体网架。这种网架由六角锥单元组成，如图13.5所示。

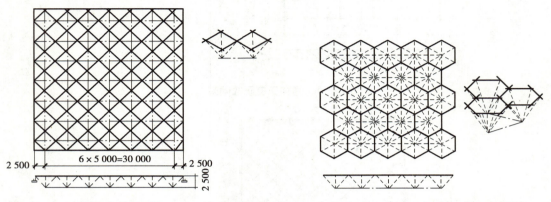

图13.4　斜放四角锥体网架（上海体育馆练习馆）　　图13.5　六角锥体网架（锥尖向下）

它的基本单元体是由6根弦杆、6根斜杆构成的正六角锥体，即7面体。当锥尖向下时，上弦为正六边形网格，下弦为正三角形网格；与此相反，当锥尖向上时，上弦为正三角形网格，下弦为正六边形网格。

这种形式的网架杆件较多，节点构造复杂，屋面板为六角形或三角形，施工也较困难。因此仅在建筑有特殊要求时采用，一般不宜采用。

③三角锥体网架。三角锥体网架是由三角锥单元组成，它的基本单元是由3根弦杆、3根斜杆所构成的正三角锥体，即四面体。三角锥体可以顺置。

▶ 13.1.2　网架结构的杆件节点类型

平板网架节点交汇的杆件多，且呈立体几何关系，因此，节点的形式和构造对结构的受力性能、制作安装、用钢量及工程造价有较大影响。节点设计应安全可靠、构造简单、节约钢材，并使各杆件的形心线同时交汇于节点，以避免在杆件内引起附加的偏心力矩。目前网架结构中常用的节点形式有焊接钢板节点、焊接空心球节点、螺栓球节点。

1）焊接钢板节点

焊接钢板节点由十字节点板和盖板所组成，如图13.6（a）、（b）所示。有时为增强节点的强度和刚度，也可在节点中心加设一段圆钢管，将十字节点板直接焊于中心钢管，从而形成一个有中心钢管加强的焊接钢板节点，如图13.6（c）所示。这种节点形式特别适用于连接型钢杆件，可用于交叉架体系的网架，也可用于由四角锥体组成的网架，如图13.7所示。必要时也可用于钢管杆件的四角锥网架，如图13.8所示。这种节点具有刚度大、用钢量少、造价低的优点，同时构造简单，制作时无须大量机械加工，便于就地制作。缺点是现场焊接工作量大，在连接焊缝中仰焊、立焊占有一定比例，需要采取相应的技术措施才能保证焊接质量，且难以适应建筑构件工厂化生产、商品化销售的要求。

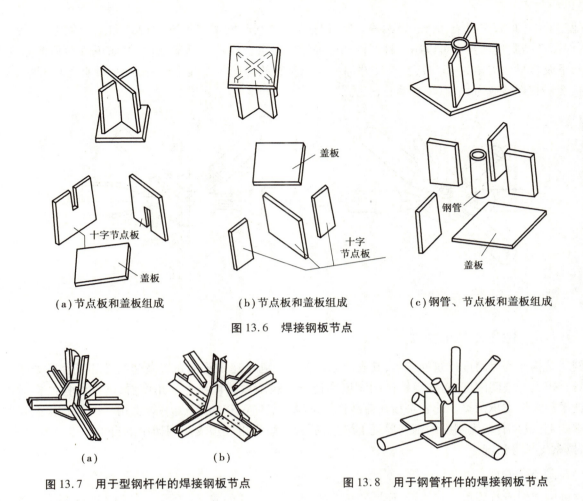

（a）节点板和盖板组成　　　（b）节点板和盖板组成　　　（c）钢管、节点板和盖板组成

图 13.6　焊接钢板节点

图 13.7　用于型钢杆件的焊接钢板节点　　　图 13.8　用于钢管杆件的焊接钢板节点

2)焊接空心球节点

　　焊接空心球节点由两个半球对焊而成,分为不加肋[见图 13.9(a)]和加肋[见图 13.9(b)]两种。加肋的空心球可提高球体承载力 10% ~40% 。肋板厚度可取球体壁厚,肋板本身中部挖去直径的 1/3 ~1/2,以减轻自重并节省钢材。焊接空心球节点构造简单、受力明确、连接方便。对于圆管,只要切割面垂直于杆轴线,杆件就能在空心球上自然对中而不产生节点偏心。因此,这种节点形式特别适用于连接钢管杆件。同时,因球体无方向性,可与任意方向的杆件连接。

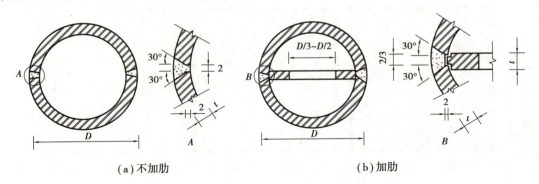

（a）不加肋　　　　　　　　　　　　（b）加肋

图 13.9　焊接空心球节点

3)螺栓球节点

　　螺栓球节点由螺栓、钢球、销子(或螺钉)、套筒和锥头(或封板)等零件组成,如图 13.10 所示。它适用于连接钢管杆件。螺栓球节点适应性强,标准化程度高,安装运输方便。它既可用于一般网架结构,也可用

于其他空间结构,如空间架、网壳、塔架等。螺栓球节点有利于网架的标准化设计和工厂化生产,提高生产效率,保证产品质量。甚至可以用一种杆件和一种螺栓球组合成一个网架结构,例如正放四角锥体网架,当腹杆与下弦杆平面夹角为45°时,所有杆件都一样长。它的运输与安装也十分方便,没有现场焊接,不会产生焊接变形和焊接应力,节点没有偏心,受力状态好。

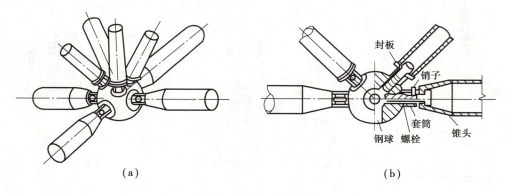

图 13.10　螺栓球节点

► 13.1.3　网架结构的支承

网架结构作为大跨度建筑的屋盖,其支承方式首先应满足建筑平面布置及建筑使用功能的要求。网架结构具有较大的空间刚度,对支承构件的刚度和稳定性较为敏感。从力学角度看,网架结构的支承可分为刚性支承和弹性支承两类。前者是指在荷载作用下没有竖向位移的情况,一般适用于网架直接搁置在柱上或承重墙上,或具有较大刚度的钢筋混凝土梁上;后者一般是指三边支承网架中的自由边设反置梁支承、架支承、拉索支承等情况。

1)周边支承网架

这种网架的所有周边节点均设计成支座节点,搁置在下部的支承结构上,如图 13.11 所示。图 13.11(a)为网架支承在周边柱子上,每个支座节点下对应地设一个边柱,传力直接,受力均匀,适用于大跨度及中等跨度的网架。图 13.11(b)为网架支承在柱顶连系梁上,这种支承方式的柱子间距比较灵活,网格的分割不受柱距限制,便于建筑平面和立面的灵活变化,网架受力也较均匀。图 13.11(c)为砖墙承重的方案,网架支承在承重墙顶部的圈梁上,这种承重方式较为经济,对于中小跨度的网架是比较合适的。

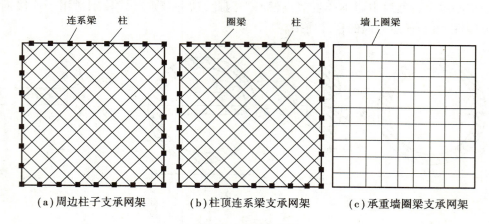

(a)周边柱子支承网架　　(b)柱顶连系梁支承网架　　(c)承重墙圈梁支承网架

图 13.11　周边支承

周边支承的网架结构应用最为广泛,其优点是受力均匀,空间刚度大,可不设置边架,因此用钢量较少。我国目前已建成的网架多数采用这种支承方式。

2）三边支承网架

当矩形建筑物的一个边轴线上因生产的需要必须设计开敞的大门或通道，或者因建筑功能的要求某一边不宜布置承重构件时，四边形网架只有三条边上可设置支座节点，另一条边为自由边，如图13.12所示。这种支承方式的网架在飞机制造厂或造船厂等的装配修理车间、影剧院观众厅及有扩建可能的建筑物中常被采用。对于四边支承但由于平面尺寸较长而设有变形缝的厂房屋盖，也常为三边支承或两对边支承。

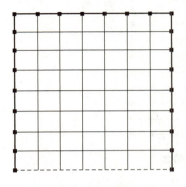

图13.12　三边支承网架

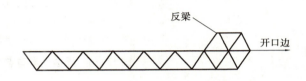

图13.13　三边支承网架自由边加反梁

对三边支承网架自由边，可设支撑系统或不设支撑系统。设支撑系统也称为加反梁，如在自由边专门设一根托梁或边架，或在其开口边局部增加网格层数，以增强开口边的刚度，如图13.13所示。如不设支撑系统，可将整个网架的高度适当提高，或将开口边局部杆件的截面加大，使网架的整体刚度得到改善；或在开口边悬挑部分网架以平衡部分内力。分析结果表明，对于中小跨度的网架，设与不设支撑系统两种方法的用钢量及挠度都差不多。当跨度较大时，宜在开口边加反梁较为合理，设计时应注意在开口边形成边架以加强反梁的整体性，改善网架的受力性能。

3）两边支承网架

四边形的网架只有其相对两边上的节点设计成支座节点，其余两边为自由边，如图13.14所示。这种网架支承方式应用极少。但如将平行于支座边的上下弦杆去掉，可形成单向网架（或称为折板形网架），目前在工程中也有应用。

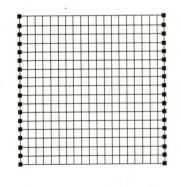

图13.14　两对边支承网架

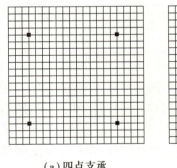
（a）四点支承

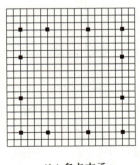
（b）多点支承

图13.15　点支撑网架

4）点支承网架

点支承网架的支座可布置在4个或多个支承柱上，如图13.15所示。支承点多对称布置，并在周边设置悬臂段，以平衡一部分跨中弯矩，减少跨中挠度。点支承网架主要适用于体育馆、展览厅等大跨度公共建筑中。

5）周边支承与点支承相结合的网架

周边支承与点支承相结合的网架支承方式如图13.16所示。它是在周边支承的基础上，在建筑物内部增设中间支承点。这样便缩短了网架的跨度,可有效地减小网架杆件的内力和网架的挠度,并达到节约钢材的目的。这种支承方式适用于大柱网工业厂房、仓库、展览厅等建筑。

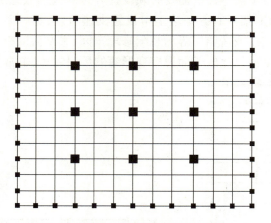

图13.16　周边支承与点支撑结合

▶ 13.1.4　网架结构的主要几何尺寸

网架结构的几何尺寸一般是指网格的尺寸、网架的高度及腹杆的布置等。网架几何尺寸应根据建筑功能、建筑平面形状、网架的跨度、支承布置情况、屋面材料及屋面荷载等因素确定。

1)网架的网格尺寸

网格尺寸主要是指上弦杆网格的几何尺寸。网格尺寸的确定与网架的跨度、柱距、屋面构造和杆件材料等有关,还跟网架的结构形式有关。一般情况下,上弦网格尺寸与网架短向跨度 l_2 之间的关系可按表13.1取值。在可能的条件下,网格尺寸宜取大些,能使节点总数减少一些,并能使杆件截面更有效地发挥作用,以节省用钢量。

表13.1　网架上弦网格尺寸及网架高度

网架的短向跨度 l_2/m	上弦网格尺寸/m	网架高度/m
<30	$(1/6 \sim 1/12)l_2$	$(1/10 \sim 1/14)l_2$
30 ~ 60	$(1/10 \sim 1/16)l_2$	$(1/12 \sim 1/16)l_2$
>60	$(1/12 \sim 1/20)l_2$	$(1/14 \sim 1/20)l_2$

当屋面材料为钢筋混凝土板时,网格尺寸不宜超过3 m,否则板的吊装困难,配筋增大。当采用轻型屋面材料时,网格尺寸可为条间距的倍数。当杆件为钢管时,网格尺寸可大些;当采用角钢杆件或只有小规格的钢材时,网格尺寸应小些。

在实际设计中,往往不是先确定网格尺寸,而是先确定网架两个方向的网格数。网格数确定后,网格尺寸自然也就确定了。

2)网架的高度

网架的高度与网架各杆件的内力以及网架的刚度有很大关系,因而对网架的技术经济指标有很大影响。网架高度大,可以提高网架的刚度,减小上下弦杆的内力,但相应的腹杆长度增加,围护结构加高。网架的高度主要取决于网架的跨度,此外还与荷载大小、节点形式、平面形状、支承条件及起拱等因素有关,同时也要考虑建筑功能及建筑造型的要求。网架高度与网架短向跨度之比可按表13.1取用。当屋面荷载较大或有悬挂式吊车时,网架高度可取高一些,如采用螺栓球节点,则希望网架高一些,使弦杆内力相对小一些;当平面形状接近正方形时,网架高跨比可小一些;当平面为长条形时,网架高跨比宜大一些;当为点支承时,支承点外的悬挑产生的负弯矩可以平衡一部分跨中正弯矩,并使跨中挠度变小,其受力与变形与周边支承网架不同,有柱帽的点支承网架,其高跨比可取得小一些。

3)网架弦杆的层数

当屋盖跨度在 100 m 以上时,采用普通上下弦的两层网架难以满足要求,因为这时网架的高度较大,网格较大,在很大的内力作用下杆件必然很粗,钢球直径很大。杆件长,对于受长细比控制的压杆,钢材的高强性能难以发挥作用。同时由于网架的整体刚度较弱,变形难以满足要求,特别是对于有悬挂吊车的工业厂房,会使吊车行走困难。这时宜采用多层网架。多层网架结构的缺点是杆件和节点的数量增多,增加了施工安装的工作量,同时由于汇交于节点的杆件数增加,如杆系布置不妥,往往会造成上下弦杆与腹杆的交角太小,钢球直径加大。但若对网架的局部单元抽空布置,加大中层弦杆间距,则增加的杆件和节点数量并不很多,而由于杆件单元变小变轻,会给制造安装带来方便。

多层网架结构刚度好,内力均匀,其内力峰值远小于双层网架(通常下降 25% ~40%),适用于大跨度及复杂荷载的情况。多层网架网格小,杆件短,钢材的高强性能可以得到充分发挥。另外,由于杆件较细,钢球直径减小,故多层网架耗钢量少。一般认为,当网架跨度大于 50 m 时,三层网架的用钢量比两层网架小,且跨度越大,上述优点就越明显。因此在大跨度网架结构中,多层网架得到了广泛的应用。如英国空间结构中心设计的波音 747 机库(平面尺寸为 218 m×91.44 m)、美国克拉拉多展览厅(平面尺寸为 205 m×72 m)、德国兰曼拜德机场机库(平面尺寸为 92.5 m×85 m)、瑞士克劳顿航空港(平面尺寸为 128 m×129 m)、我国首都机场波音 747 机库(平面尺寸为 306 m×90 m)等均采用多层网架。

4)腹杆体系

当网格尺寸及网架高度确定以后,腹杆长度及倾角也就随之确定了。一般来讲,腹杆与上、下弦平面的夹角以 45°左右为宜,对节点构造有利,倾角过大或过小都不太合理。

对于角锥体系网架,腹杆布置方式是固定的,既有受拉腹杆,也有受压腹杆。对于交叉桁架体系网架,其腹杆布置有多种方式,一般应将腹杆布置成受拉杆,这样受力比较合理,如图 13.17 所示。

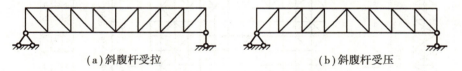

(a)斜腹杆受拉　　　　　　　　　(b)斜腹杆受压

图 13.17　交叉桁架体系网架腹杆的布置

当上弦网格尺寸较大、腹杆过长或上弦节间有集中荷载作用时,为减小压杆的计算长度或跨中弯矩,可采用再分式腹杆,其布置方式如图 13.18 所示。设置再分式腹杆应注意保证上弦杆在再分式腹杆平面外的稳定性。例如图 13.18(a)所示的平面架,其再分杆只能保证架平面内的稳定性,而在出平面方向,就要依靠檩条或另设水平支撑来保证其稳定性。又如图 13.18(b)所示的四角锥体网架,在中间部分的网格,再分式腹杆可在空间相互约束,而在周围网格,靠端部的再分式腹杆就不起约束作用,需另外采取措施来保证上弦杆的稳定。

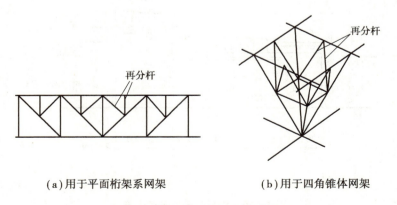

(a)用于平面桁架系网架　　　　　　　(b)用于四角锥体网架

图 13.18　再分式腹杆的布置

5)悬臂长度

由网架结构受力特点的分析可知,四点及多点支承的网架宜设计悬臂段,这样可减少网架的跨中弯矩,使网架杆件的内力较为均匀。悬臂段长度一般取跨度的 1/4 ~ 1/3。单跨网架宜取跨度的 1/3 左右,多跨网架宜取跨度的 1/4 左右,如图 13.19 所示。

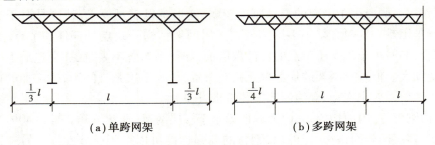

（a）单跨网架　　　　　　　　　（b）多跨网架

图 13.19　点支撑的网架的悬臂

▶ 13.1.5　工程实例及概况

广州白云机场机库是为检修波音 747 飞机而建造的,如图 13.20 所示。根据波音 747 飞机"机身长、机翼宽"的特点,机库平面形状设计成"凸"字形。根据飞机"机尾高、机身矮"的特点,机库沿高度方向设计成高低跨,机尾高跨部分下弦标高为 26 m,机身低跨部分下弦标高只有 17.5 m,因此,机库屋盖选用了高低整体式折线形网架。

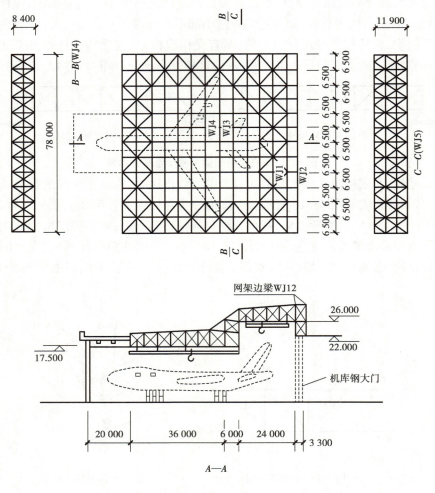

图 13.20　广州白云机场机库屋盖

为满足飞机进出机库的需要,沿机库正门设置了 80 m 跨度的钢大门。屋盖网架三边为柱子支承,沿大门一边设置了桁架式反梁。在网架高低跨交界处,也布置了一些加强杆使之形成箱形梁的作用。机库内的悬挂吊车节点荷载达 275 kN,占总荷载的 40%,因此必须注意网架屋盖的空间整体工作问题。

高低整体式折线形网架对大跨度机库来说,可节约空间(节约能源),节约钢材,网架整体刚度较大,并能满足机库维修的工艺要求。缺点是由于采用了变高度网架,造成杆件类型和节点种类太多,使设计、制造、安装工作量加大。

13.2 　网壳结构

网壳结构是网状的壳体结构,也可以说是曲面状的网架结构。其外形为壳,构成为网格状。由于钢筋混凝土壳体的自重太大,而且施工困难,近三十年来,以钢结构为代表的网壳结构得到了很大的发展,网壳结构具有以下优点:

①网壳结构的杆件主要承受轴力,结构内力分布比较均匀,故可以充分发挥材料强度作用;

②由于曲面形式在外观上具有丰富的造型,无论是建筑平面还是建筑形体,网壳结构都能给建筑设计人员以自由和想象的空间;

③由于杆件尺寸与整个网壳结构的尺寸相比很小,可把网壳结构近似地看成各向同性或各向异性的连续体,利用钢筋混凝土薄壳结构的分析结果来进行定性分析;

④网壳结构中网格的杆件可以用直杆代替曲杆,即以折面来代替曲面,可具有与薄壳结构相似的良好的受力性能,同时又便于工厂制造和现场安装。

网壳结构的缺点是计算、构造、制作安装均较复杂,但是随着计算机技术的发展和应用,网壳结构的计算和制作中的复杂性将由于计算机的广泛应用而得以克服,而网壳结构优美的造型、良好的受力性能和优越的技术经济指标使其应用将越来越广泛。

网壳结构按层数可分为单层网壳和双层网壳。中小跨度多采用单层网壳,跨度大时采用双层网壳。单层网壳的优点是杆件少、重量轻、节点简单、施工方便,因而具有更好的技术经济效益。但单层网壳曲面外刚度差、稳定性差,因此在结构杆件的布置、屋面材料的选用、计算模式的确定、构造措施及结构的施工安装中都必须加以注意。双层网壳的优点是可以承受一定的弯矩,具有较高的稳定性和承载力。当屋顶上需要安装照明、音响、空调等各种设备及管道时,选用双层网壳能有效地利用空间,方便天棚或吊顶构造,经济合理。双层网壳根据厚度的不同,又有等厚度与变厚度之分。

网壳结构按材料分有木网壳、钢筋混凝土网壳、钢网壳、铝合金网壳、塑料网壳、玻璃钢网壳等。目前应用较多的是钢筋混凝土网壳和钢网壳结构,它可以是单层的,也可以是双层的;钢材可以采用钢管、工字钢、角钢、薄壁型钢等,具有重量轻、强度高、构造简单、施工方便等优点。铝合金网壳结构由于质量轻、强度高、耐腐蚀、易加工、制造和安装方便,在欧美国家的大跨度建筑中也有大量应用,其杆件可为圆形、椭圆形、方形或矩形截面的管材。

网壳结构按曲面形式又分为单曲面网壳结构和双曲面网壳结构。

▶ 13.2.1 　单曲面网壳结构

单曲面网壳又称为筒网壳或柱面壳,其横截面常为圆弧形,也有椭圆形、抛物线形和双中心圆弧形等。

1)单层筒网壳

单层筒网壳如图 13.21 所示,有以下几种常见形式:

①联方网格型。联方网格型单层筒网壳如图 13.21(a)所示,其优点是受力明确,传力简洁,室内呈菱形网格,犹如撒开的渔网,美观大方,缺点是稳定性较差。由于网格中每个节点连核的杆件数少,有时也采用

钢筋混凝土结构。

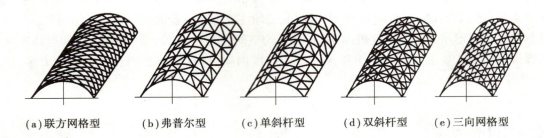

(a)联方网格型　　(b)弗普尔型　　(c)单斜杆型　　(d)双斜杆型　　(e)三向网格型

图 13.21　单层筒网壳的形式

②弗普尔型和单斜杆型。图 13.21(b)、(c)分别为弗普尔型和单斜杆型单层筒网壳,其优点是结构形式简单,杆件少,用钢量少,多用于小跨度或荷载较小的情况。

③双斜杆型和三向网格型。图 13.21(d)、(e)分别为双斜杆型和三向网格型单层筒网壳,其优点是刚度和稳定性相对较好,构件比较单一,设计及施工都较简单,适用于跨度较大和不对称荷载较大的屋盖中。

为了增强结构刚度,单层筒网壳的端部一般都设置横向端肋拱(横隔),必要时也可在中部增设横向加强肋拱。对于长网壳,还应在跨度方向边缘设置边架。

2)双层筒网壳

为了加强单层筒网壳的刚度和稳定性,不少工程采用双层筒网壳结构,一般可按几何组成规律分类,也可按弦杆布置方向分类。双层筒网壳结构的常用形式如图 13.22 所示。

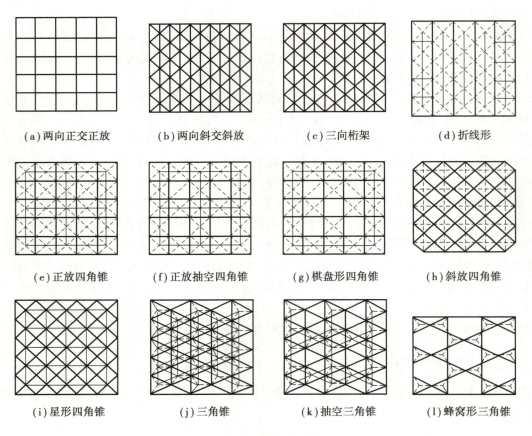

(a)两向正交正放　　(b)两向斜交斜放　　(c)三向桁架　　(d)折线形

(e)正放四角锥　　(f)正放抽空四角锥　　(g)棋盘形四角锥　　(h)斜放四角锥

(i)星形四角锥　　(j)三角锥　　(k)抽空三角锥　　(l)蜂窝形三角锥

图 13.22　双层筒网壳的形式

(1)按几何组成规律分类

①平面桁架体系。平面桁架体系由两个或三个方向的平面桁架交叉构成。图 13.22 中的两向正交正

放、两向斜交斜放、三向桁架网壳等就属于这一结构类型。

②四角锥体系。四角锥体系由四角锥按一定规律连接而成。图 13.22 中的折线形、正放四角锥、正放抽空四角锥、棋盘形四角维、斜放四角锥、星形四角锥网壳等都属于这一结构类型。

③三角体系。三角锥体系由三角单元按一定规律连接而成,图 13.22 中的三角锥、抽空三角锥、蜂窝形三角网壳等都属于这一结构类型。

（2）按弦杆布置方向分类

与平板网架一样,双层筒网壳主要受力构件为上、下弦杆。力的传递与上、下弦杆的走向有直接关系,因此可按上、下弦杆的布置方向分成 3 类。

①正交类双层筒网壳。正交类双层筒网壳的上、下弦杆网壳的波长方向正交或者平行。图 13.22 中两向正交、折线形、正放四角锥、正放抽空四角锥网壳等属于此类结构。

②斜交类双层筒网壳。斜交类双层筒网壳的上、下弦杆件与网壳的波长方向的夹角均非直角,图 13.22 中只有两向斜交斜放网壳属于这一结构类型。

③混合类双层筒网壳。混合类双层筒网壳的弦杆与网壳的波长方向夹角部分正交,部分斜交。图 13.22 中除上述 5 种外均属于此类结构。

3）筒网壳结构的受力特点

筒网壳结构的受力与其支承条件有很大关系。

（1）两对边支承

两对边支承的筒网壳结构,按支承边位置的不同,分为以下两种情况。

①当筒网壳结构以跨度方向为支座时,即成为筒拱结构。拱脚常支承于墙顶圈梁、柱顶连系梁,或侧边架上,或者直接支承于基础上。拱脚推力的平衡可采用与拱结构相同的办法解决。

②当筒网壳结构以波长为支座时,网壳以纵向梁的作用为主。这时筒网壳的端支座若为墙,应在墙顶设横向端拱肋,承受由网壳传来的顺剪力,成为受拉构件。其端支座若为变高度梁,则为拉弯构件。

（2）四边支承或多点支承

四边支承或多点支承的筒网壳结构可分为短网壳、长网壳和中长网壳。其受力同时有拱式受压和梁式受弯两个方面,两种作用的大小同网格的构成及网壳的跨度与波长之比有关。其中短网壳的拱式受压作用比较明显,而长网壳表现出更多的梁式受弯特性,中长网壳的受力特点介于两者之间。由于拱的受力性能要优于梁,因此在工程中多采用短网壳。对于因建筑功能要求必须为长网壳时,可考虑在筒网壳纵向的中部增设加强肋,把长网壳分隔成两个甚至多个短网壳,充分发挥短网壳空间多向抗衡的良好力学性能,以增强拱的作用。

▶ 13.2.2　双曲面网壳结构

双曲面网壳结构常用的有球网壳和扭网壳、双曲扁网壳 3 种。

1）球网壳结构

球网壳结构的球面划分有两点要求:①杆件规格尽可能少,以便制作与装配;②形成的结构必须是几何不变体。

（1）单层球网壳

单层球网壳的主要网格形式有以下 7 种。

①肋环型网格。只有径向杆和纬向杆,无斜向杆,大部分网格呈四边形,其平面图酷似蜘蛛网,如图 13.23 所示。它的杆件种类少,每个节点只汇交 4 根杆件,节点构造简单,但节点一般为刚性连接。这种网壳通常用于中小跨度的穹顶。

②联方型网格。由左斜肋和右斜肋构成菱形网格,两斜肋的夹角为 30°～50°。为增加刚度和稳定性,也可加设环向肋,形成三角形网格,如图 13.24（b）所示。联方型网格的特点是没有径向杆件,规律性明显,

造型美观,从室内仰视,像葵花一样。缺点是网格周边大,中间小,不够均匀。联方型网格网壳刚度好,常用于大中跨度的穹顶。

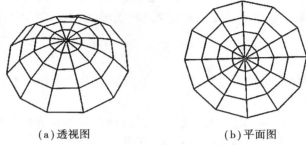

(a)透视图　　　(b)平面图

图 13.23　肋环型球面网壳

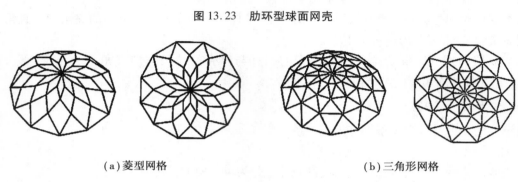

(a)菱型网格　　　(b)三角形网格

图 13.24　联方型网格

③施威特勒型网格。由径向网肋、环向网肋和斜向网肋构成,如图 13.25 所示。其特点是规律性明显,内部及周边无不规则网格,刚度较大,能承受较大的非对称荷载,斜向网肋可以同向也可不同向。这种网壳多用于大中跨度的穹顶。

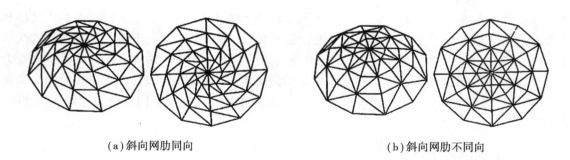

(a)斜向网肋同向　　　(b)斜向网肋不同向

图 13.25　施威特勒型网格

④凯威特型网格。先用 n 根(n 为偶数,且 $n \geq 6$)通长的径向杆将球面分成 n 个扇形曲面,然后在每个扇形曲面内用纬向杆和斜向杆划分出比较均匀的三角形网格,如图 13.26 所示。其特点是每个扇区中各左斜杆相互平行,各右斜杆也相互平行。这种网格由于大小均匀,且内力分布均匀,刚度好,常用于大中跨度的穹顶中。

⑤三向网格型。由竖平面相交成 60°的三组竖向网肋构成,如图 13.27 所示,其优点是杆件种类少,受力比较明确,常用于中小跨度的穹顶。

⑥短程线型网格。所谓短程线是指曲面上两点间位于曲面上的最短曲线。对于球面而言,两点间的短程线就是位于由该两点及球心所决定的平面与球面相交所得的大圆上的圆弧。例如从球面内接的正二十面体来看,它的表面由 20 个相互全等的正三角形组成,如图 13.28(a)所示。将内接正二十面体的 30 个边棱由球心投影到球面上,便把球面剖分成 20 个相互全等的球面正三角形,如图 13.28(b)所示。但所得网格

杆长太大,并不实用。将球面三角形的边二等分后,即可得到图 13.28(c)。将球面三角形的边多次二等分剖分后所得到的网格称为短程线型网格。

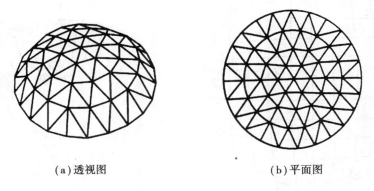

(a)透视图　　　　　　　　　　　(b)平面图

图 13.26　凯威特型网格

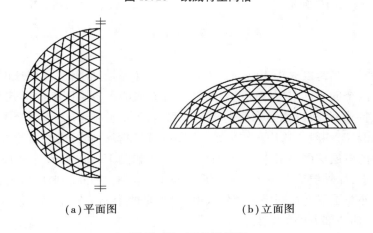

(a)平面图　　　　　　　　　　　(b)立面图

图 13.27　三向网格型

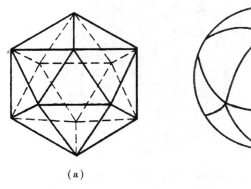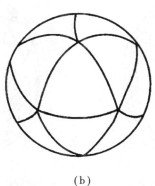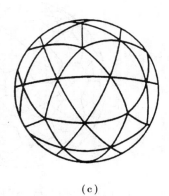

(a)　　　　　　　　　　　(b)　　　　　　　　　　　(c)

图 13.28　短程线型网格

多次二等分剖分后所得小的球面三角形理论上可完全相等,实际中相差很小,适合于工厂批量生产。短程线网格穹顶受力性能好,内力分布均匀,而且刚度大,稳定性能好,因而被广泛应用。

⑦双向子午线型网格。它是由位于两组子午线上的交叉杆件所组成,如图 13.29 所示。它所有杆件都是连续的等曲率圆弧杆,所形成的网格均接近方形且大小接近。该结构用料节省,施工方便,是经济有效的大跨度空间结构之一。

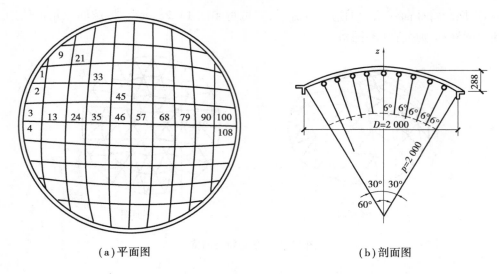

(a)平面图   (b)剖面图

图 13.29　双向子午线型网格

（2）双层球网壳

①双层球网壳的形式。当跨度大于 40 m 时,不管是稳定性还是经济性,双层球网壳要比单层球网壳好得多。双层球网壳是由两个同心的单层球面通过腹杆连接而成的。各层网格的形式与单层球网壳相同,对于肋环型、联方型、施威特勒型、凯威特型和双向子午线型等双层球网壳,多选用交叉架体系。而三向网格型和短程线型等双层球网壳,一般均选用角锥体系。凯威特型和有纬向杆的联方型双层球网壳有时也可选用角锥体系。短程线型的双层球网壳最常见的两种连接形式如图 13.30 所示。图 13.30(a)是内外两层节点不在同一半径延长线上,如外层节点在内层三角形网格的中心上,则外层形成六边形和五边形,内层为三角形;图 13.30(b)是内外两层节点在同一半径延线上,也就是两个划分完全相同但大小不等的单层球网壳通过腹杆连接而成,并已抽掉部分外层节点。

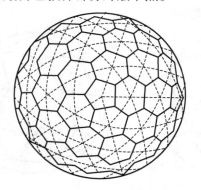 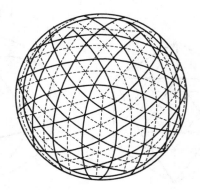

(a)内外两层节点不在同一半径延长线上   (b)内外两层节点在同一半径延长线上

图 13.30　短程线型的双层球网壳

②双层球网壳的布置。已建成的双层球网壳大多数是等厚度的,但从网壳杆件内力分布来看,一般周边部分的杆件内力大于中央部分杆件的内力。因此在设计中常采用变厚度或局部双层网壳,使网壳既具有单层和双层网壳的主要优点,又避免了它们的缺点,可以充分发挥杆件的承载力,节省材料。

变厚度双层球网壳形式很多,常见的有从支承周边到顶部网壳的厚度均匀地减少和网壳大部分为单层仅在支承区域为双层两种,如图 13.31 所示。

③球网壳结构的受力特点。球网壳的受力状态与薄壳结构的圆顶相似,球网壳的杆件为拉杆或压杆,节点构造也需承受拉力或压力。球网壳的底座若设置环梁,有利于增强结构的刚度。单层球网壳为增大刚度,也可再增设多道环梁,环梁与网壳节点用钢管焊接。

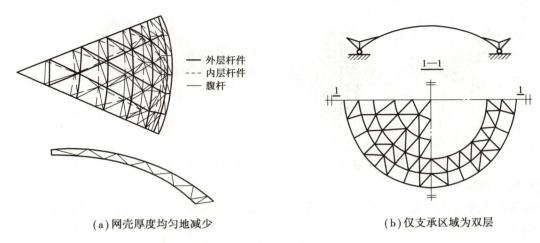

（a）网壳厚度均匀地减少　　　　　　　（b）仅支承区域为双层

图 13.31　球网壳厚度的变化

2）扭网壳结构

扭网壳结构为直纹曲面，壳面上每一点都可作两根互相垂直的直线。因此，扭网壳可以采用直线杆件直接形成，采用简单的施工方法就能准确地保证杆件按壳面布置。由于扭网壳为负高斯网壳，可避免其他扁壳所具有的聚焦现象，能产生良好的室内声响效果。扭网壳造型轻巧活泼，适应性强，因此很受建筑师的欢迎。

（1）单层扭网壳

单层扭网壳杆件种类少，节点连接简单，施工方便。按其网格形式的不同，又分为正交正放网格和正交斜放网格两种，如图 13.32 所示。

如图 13.32（a）、（b）所示，杆件沿两个直线方向设置，组成的网格为正交正放。在实际工程中，一般都在第三个方向再设置杆件，即斜杆，从而构成三角形网格。图 13.32（a）所示为全部斜杆沿曲面的压拱方向布置，图 13.32（b）所示为全部斜杆沿曲面的拉索方向布置。

如图 13.32（c）所示为杆件沿曲面最大曲率方向设置，组成的网格为正交斜放，但由于没有第三方向的杆件，网壳平面内的抗剪切刚度较差，对承受非对称荷载不利。其改善的办法是在第三方向全部或局部地设置直线方向的杆件，如图 13.32（d）—（f）所示。

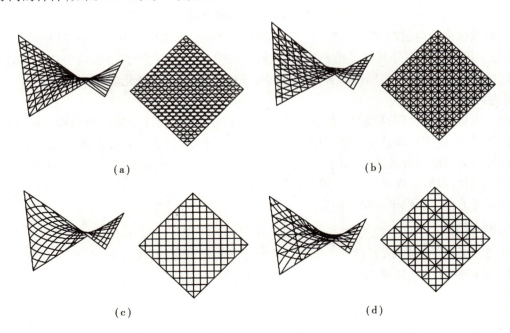

（a）　　　　　　　　　　　　　　　　　（b）

（c）　　　　　　　　　　　　　　　　　（d）

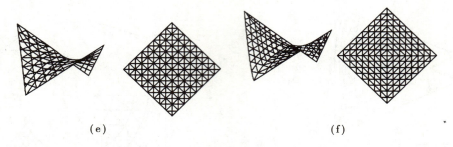

(e)　　　　　　　　　　　　　　　　　(f)

图 13.32　单层扭网壳的网格形式

（2）双层扭网壳

双层扭网壳的构成与双层筒网壳相似。网格形式也分为两向正交正放和两向正交斜放两种,如图13.33所示。

两向正交正放扭网壳为两组桁架垂直相交且平行或垂直于边界。这时每组桁架的尺寸均相同,每组桁架的上弦为一直线,节间长度相等。这种布置的优点是杆件规格少,制作方便;缺点是体系的稳定性较差,需设置适当的水平支撑及第三向桁架来增强体系的稳定性,并减少网壳的垂直变形,而这又会导致用钢量的增加。

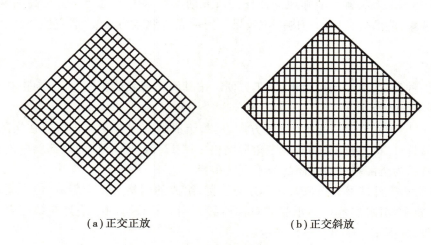

（a）正交正放　　　　　　　　　　　（b）正交斜放

图 13.33　双层扭网壳的网格形式

两向正交斜放扭网壳两组桁架垂直相交但与边界成45°斜交,两组桁架中一组受拉(相当于悬索受力),一组受压(相当于拱受力),充分利用了扭壳的受力特性。并且上、下弦受力同向,内力均匀,形成了壳体的工作状态。这种体系的稳定性好,刚度较大,变形较小。但桁架杆件尺寸变化多,给施工增加了一定的难度。

（3）扭网壳结构的受力特点

单层扭网壳本身具有较好的稳定性,但其平面外刚度较小,因此设计中要控制扭网壳的挠度。若在扭网壳屋脊处设加强架,能明显地减少屋脊附近的挠度,但由于扭网壳的最大挠度并不一定出现在屋脊处,因此在屋脊处设加强架只能部分地解决问题。边缘构件的刚度对于扭网壳的变形有较大的影响。在扭网壳的周边,布置水平斜杆以形成周边加强带,可提高抗侧力能力。

双层扭网壳受力各方面优于单层扭网壳。

3）双曲扁网壳结构

双曲扁网壳常采用平移曲面,杆件种类较少。由于它矢高小,空间利用充分,在工程中有较多应用。网格形式可分为三向网格或单向斜杆正交正放网格,如图13.34所示。

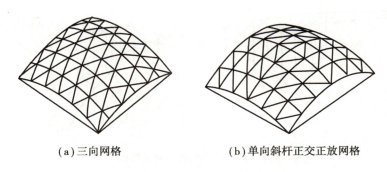

（a）三向网格　　　　　　　　　　　（b）单向斜杆正交正放网格

图 13.34　双曲扁网壳的网格形式

▶ 13.2.3　组合网壳结构

组合网壳结构是对各种形式的曲面网壳进行切割组合而成的,以适应各种建筑平面形式,形成风格各异的建筑造型。

1）柱面与球面组合的网壳结构

当建筑平面呈长椭圆形时,可采用柱面与球面组合的网壳形式,即在中部为一个柱面网壳,两端分别为 1/4 的球网壳。这种网壳形式往往用于平面尺寸很大的情况,由于跨度大,这类结构常常采用双层网壳结构,且为等厚度。

由于柱面壳和球面壳具有不同的曲率和刚度,如何处理两者之间的连接和过渡是结构选型中的首要问题。一般的过渡方式有 3 种:①在柱面壳与球面壳之间设缝,如图 13.35(a)所示;②将柱面壳与球面壳网格相对独立划分,然后通过节点将两者连接在一起;③将柱面壳与球面壳整体连在一起,在网格划分时采取自然过渡的办法,如图 13.35(b)、(c)所示。

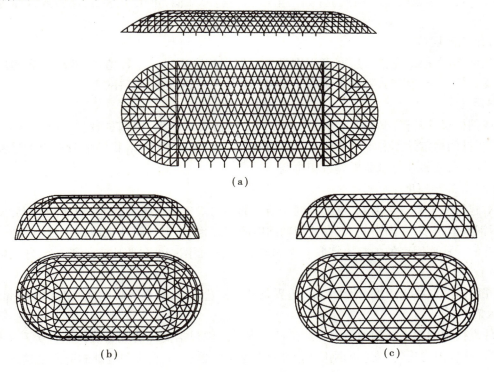

（a）

（b）　　　　　　　　　　　　　　　　　（c）

图 13.35　柱面与球面壳连接过渡

2）组合椭圆抛物面网壳结构

这种网壳由抛物面切割组合而成,用于屋盖酷似一朵莲花,如图 13.26 所示。

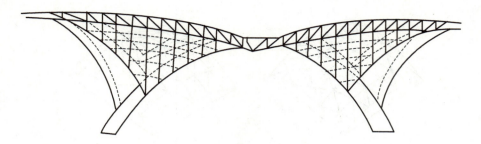

图 13.36　椭圆抛物面网壳结构

▶ 13.2.4　网壳结构的选型

网壳结构的种类和形式很多,故选型时应对建筑平面形状与尺寸、建筑空间、美学、屋面构造、荷载的类别与大小、边界条件、材料、节点体系、制作与施工方法等综合考虑。网壳结构选型一般应考虑以下 6 个方面。

(1)网壳结构的体型与建筑造型

进行网架结构设计,特别是大跨度网壳结构的选型,应与建筑设计密切配合,使网壳结构应与建筑造型相一致,与周围环境相协调,整体比例适当。当建筑空间要求较大时,可选用矢高较大的球面或柱面网壳;当空间要求较小时,可选用矢高较小的双曲扁网壳或落地式的双曲抛物面网壳;如网壳的矢高受到限制又要求较大的空间时,可将网壳支承于墙上或柱上。

(2)网壳结构的形式与建筑平面相协调

网壳结构适用于各种形状的建筑平面,如圆形平面,可选用球面网壳、组合柱面网壳或组合双曲抛物面网壳;如方形或矩形平面,可选用柱面网壳、双曲抛物面网壳或双曲扁网壳;当平面狭长时,宜选用柱面网壳;如菱形平面,可选用双曲抛物面网壳;如三角形和多边形平面,可采用球面、柱面或双曲抛物面等组合网壳。

(3)网壳结构的层数

在同等条件下,单层网壳比双层网壳用钢量少。但当跨度超过一定数值后,双层网壳的用钢量反而更省。当网架受到较大荷载作用,特别是受到非对称荷载作用时,宜选用双层网壳。

(4)网格尺寸

网格数或网格尺寸对于网壳的用钢量影响较大。网格尺寸越大,用钢量越省。但从受力性能看,网格尺寸太大,对压杆的稳定性不利。网格尺寸太小,则杆件数和节点数增多,将增加节点用钢量和制造安装的费用。另外,网格尺寸最好与屋面板模数相协调。

(5)网壳的矢高与厚度

矢跨比对建筑体型有直接影响,也影响网壳结构的内力。矢跨比越大,网壳表面积越大,屋面材料用量越多,结构用钢量也越多,室内空间大,在使用期间能源消耗也大,但矢跨比大时水平推力有所减少,可降低下部结构的造价。柱面网壳的矢跨比宜取 1/4 ~ 1/8,单层柱面网壳的矢跨比宜大于 1/5,球面网壳的矢跨比一般取 1/2 ~ 1/7。

双层网壳的厚度取决于跨度、荷载大小、边界条件及构造要求,它是影响网壳挠度和用钢量的重要参数。

(6)支承条件

支承条件直接影响网壳结构的内力和经济性。支承条件包括支承的数目、位置、种类和支承点的标高。支承的数目多,杆件内力均匀;支承的刚度越大,则节点挠度越小,但支座和基础的造价也越高。

► 13.2.5　工程实例及概况

1) 北京体育学院体育馆

北京体育学院体育馆(见图 13.37)是一座多功能建筑。其屋盖采用了四角带落地斜撑的双层扭面网壳,如图 13.38 所示,平面尺寸为 52.5 m×52.5 m,四周悬挑 3.5 m,为了充分利用扭壳直纹曲面的特点,布置选用了两向正放网架体系,网格尺寸为 2.9 m×2.9 m,网壳厚 2.9 m,矢高 3.5 m,格构式落地斜撑的支座为球支座,承受水平力和竖向力,边柱柱距为 5.8 m,柱顶设置橡胶支座,节点为焊接空心球。该网壳将屋盖结构与支承斜撑合成一体,造型优美,受力合理,抗震性能好。

图 13.37　北京体育学院体育馆

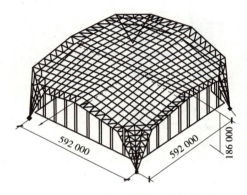

图 13.38　双层扭面网壳屋盖

2) 浙江黄龙体育中心体育场

浙江黄龙体育中心体育场(见图 13.39),观众席座数近 5.5 万个,总覆盖面积约 $2.1×10^4$ m^2,为一无视觉障碍的体育场。结构上首次将斜拉桥的结构概念运用于体育场的挑篷结构,为斜拉网壳挑篷式,由塔、斜拉索、内环梁、网壳、外环梁和稳定索组成。网壳结构支撑于钢箱形内环梁和预应力钢筋混凝土外环梁上,内环梁采用 1 600 mm×2 200 mm×30 mm 的箱形钢梁,通过斜拉索悬挂在两端的吊塔上。吊塔为 85 m 高的预应力混凝土筒体结构,筒体外侧施加预应力;外环梁支承于看台框架上的预应力钢筋混凝土箱形梁;网壳采用双层类四角锥焊接球节点形式;斜拉索与稳定索采用高强度钢绞线,由此形成了一个复杂的空间杂交结构。

图 13.39　浙江黄龙体育中心体育场

第 14 章

其他空间结构

14.1 悬索结构

▶ 14.1.1 概述

悬索结构是以一系列受拉钢索为主要承重构件,按一定规律布置,并悬挂在边缘构件或支撑结构上而形成的一种空间结构。悬索结构由受拉索、边缘构件、下部支承构件及锚索组成,如图 14.1 所示。拉索一般采用由高强钢丝组成的钢绞线,按一定的规律布置可形成各种不同的体系。边缘构件多是钢筋混凝土构件,它可以是梁、拱或架等结构构件,其尺寸根据所受水平力或竖向力计算确定。下部支承结构可以是钢筋混凝土立柱或框架结构。采用立柱支承时,有时还要采用钢缆锚拉的设施。边缘构件、下部支承构件及拉锚的布置则必须与拉索的形式相协调,以有效地承受或传递拉索的拉力。

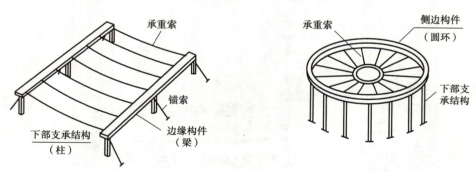

图 14.1 悬索结构的组成

悬索是轴心受拉构件,不能承受压力、弯矩和剪力,能充分利用材料的高强性能,既无压曲失稳,又能合理用材,是最经济的结构形式之一。

悬索屋盖结构具有以下特点：

①悬索结构通过索的轴向受拉来抵抗外荷载的作用，可以充分利用钢材的强度。因而，悬索结构适用于大跨度的建筑物，且跨度越大，经济效果越好。

②悬索结构便于建筑造型，容易适应各种建筑平面，因而能较自由地满足各种建筑功能和表达形式的要求。钢索线条柔和，便于协调，有利于创作各种新颖的富有动感的建筑体型。

③悬索结构施工较方便。钢索自重很小，屋面构件一般也较轻，安装屋盖时不需要大型起重设备。施工时不需要大量脚手架，也不需要模板。因而，与其他结构形式比较，施工费用相对较低。

④可以创造具有良好物理性能的建筑空间。双曲下凹碟形悬索屋盖具有极好的音响性能，因而可以用来遮盖对声学要求较高的公共建筑。由于悬索屋盖的采光极易处理，故用于采光要求高的建筑物也很适宜。

⑤悬索结构的受力属于大变位、小应变、非线性强，常规结构分析中的叠加原理不能利用，计算复杂。

⑥悬索屋盖结构的稳定性较差。单根的悬索是一种几何可变结构，其平衡形式随荷载分布方式而变，特别是当荷载作用方向与垂度方向相反时，悬索就丧失了承载能力。因此，常常需要附加布置一些索系或结构，来提高屋盖结构的稳定性。

⑦悬索结构的边缘构件和下部支承必须具有一定的刚度和合理的形式，以承受索端巨大的水平拉力。因此悬索体系的支承结构往往需要耗费较多的材料，无论是设计成钢筋混凝土结构或钢结构，其用钢量均超过钢索部分。当跨度小时，由于钢索锚固构造和支座结构的处理与大跨度时一样复杂，往往并不经济。

▶ 14.1.2 悬索结构的受力特点

单根悬索的受力与拱的受力有相似之处，都是属于轴心受力构件，但拱属于轴心受压构件，对于抗压性能较好的砖、石和混凝土来讲，拱是一种合理的结构形式。悬索是轴心受拉构件，对于抗拉性能好的钢材来讲，悬索是一种理想的结构形式，受力分析如图 14.2 所示。

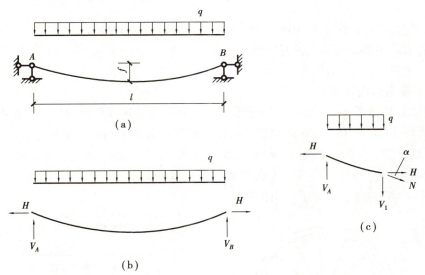

图 14.2 悬索结构的受力分析

▶ 14.1.3 悬索结构形式

悬索结构根据屋面几何形式不同，可分为单曲面和双曲面两类；根据拉索布置方式的不同，可分为单层悬索结构体系、双层悬索结构体系和交叉索网结构体系 3 类。

1)单层悬索结构体系

单层悬索结构体系的优点是传力明确，构造简单；缺点是屋面稳定性差，抗风（上吸力）能力小。为此常采用重屋面,适用于中小跨度建筑的屋盖。单层悬索结构体系有单曲面单层悬索体系和双曲面单层悬索体系。

（1）单曲面单层悬索结构体系

单曲面单层悬索结构体系由许多平行的单根拉索组成。屋盖表面为筒状凹面,需从两端山墙排水,如图14.3所示。索的水平拉力不能在上部结构实现自平衡,必须通过适当的形式传至基础。拉索水平力的传递有以下3种方式：

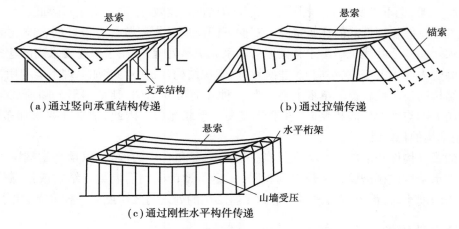

（a）通过竖向承重结构传递　　（b）通过拉锚传递

（c）通过刚性水平构件传递

图14.3　单曲面单层悬索结构

①拉索水平力通过竖向承重结构传至基础。拉索的两端可锚固在具有足够抗侧刚度的竖向承重结构上,如图14.3（a）所示。竖向承重结构可为斜柱墩或侧边的框架结构等。

②拉索水平力通过拉锚传至基础。索的拉力也可在柱顶改变方向后通过拉锚传至基础,如图14.3（b）所示。

③拉索水平力通过刚性水平构件集中传至抗侧山墙。拉索锚固于端部水平结构（水平梁或架）上,该水平结构具有较大的刚度,可将各根悬索的拉力传至建筑物两端的山墙,利用山墙受压实现力的平衡,如图14.3（c）所示。

（2）双曲面单层悬索结构体系

双曲面单层悬索结构体系也称单层辐射悬索结构,常用于圆形建筑平面,拉索按辐射状布置,使屋面形成一个旋转曲面,如图14.4所示。双曲面单层悬索结构有碟形和伞形两种。碟形悬索结构的拉索一端锚固在周边柱顶的受压环梁上,另一端锚固在中心受拉的内环梁上,其特点是雨水集中于屋盖中部,屋面排水处理较为复杂。伞形悬索结构的拉索一端锚固在周边柱顶的受压环梁上,另一端锚固在中心立柱上,其圆锥状屋顶排水通畅,但中间有立柱,限制了建筑的使用功能。

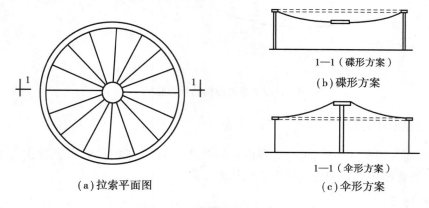

（a）拉索平面图

1—1（碟形方案）

（b）碟形方案

1—1（伞形方案）

（c）伞形方案

图14.4　双曲面单层悬索结构

2）双层悬索结构体系

双层悬索结构体系是由一系列下凹承重索和相反曲率（上凸）的稳定索，以及它们之间的连系杆（拉杆或压杆）组成，如图 14.5 所示。每对承重索和稳定索一般位于同一竖向平面内，二者之间通过受拉钢索或受压撑杆连系，连系杆可以斜向布置构成犹如屋架的结构体系，故常称为索架，如图 14.5（a）所示；连杆也可以布置成竖腹杆的形式，这时常称为索梁，如图 14.5（b）所示。根据承重索与稳定索位置关系的不同，连系腹杆可能受拉，也可能受压。当为圆形建筑平面时，常设中心内环梁。

双层悬索结构的优点是稳定性好，整体刚度大，因此常采用铁皮、铝板、石棉板等轻屋面，并采用轻质高效的保温材料以减轻屋盖自重。

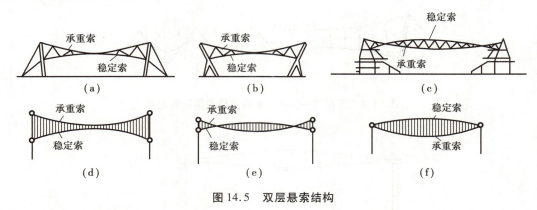

图 14.5　双层悬索结构

（1）单曲面双层悬索结构体系

单曲面双层悬索结构体系由许多平行的双层拉索组成。常用于矩形平面的单跨或多跨建筑，如图 14.6 所示。承重索的垂度一般取跨度的 $1/20 \sim 1/15$；稳定索的拱度取跨度的 $1/25 \sim 1/20$。与单层悬索结构体系一样，双层索系两端也必须锚固在侧边构件上，或通过锚索固定基础上。

图 14.6　单曲面双层悬索结构

单曲面双层悬索结构体系中的承重索和稳定索也可以不在同一竖向平面内，而是相互开布置，构成波形屋面，承重索与稳定索之间靠波形的系杆连接（见剖面 2—2），还可施加预应力，如图 14.7 所示，这样可有效地解决屋面排水问题。

（2）双曲面双层悬索结构体系

双曲面双层悬索结构体系也称双层辐射悬索结构体系，常用于圆形建筑平面，也可用于椭圆形、正多边形或扁多边形平面。承重索和稳定索均沿辐射方向布置，中心设置受拉内环梁，拉索一端锚固在周边柱顶的受压环上，另一端锚固在中心受拉的内环梁上。根据承重索和稳定索的关系所形成的屋面可为凸形、凹形或交叉形，如图 14.8 所示。此外，与单曲面双层悬索结构体系相同，也可对拉索体系施加预应力。

3）交叉索网结构体系

交叉索网结构体系也称鞍形索网结构，它是由两组曲率相反的拉索直接交叉组成，其曲面为双曲抛物面，如图 14.9 所示。两组拉索中下凹者为承重索，上凸者为稳定索，稳定索应在承重索之上。交叉索网结构通常施加预应力，以增强屋盖结构的稳定性和刚度。由于存在曲率相反的两组索，对其中任意一组或同时对两组进行张拉，均可施加预应力。

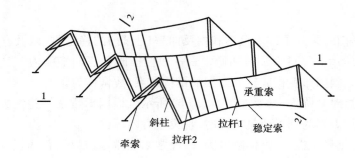

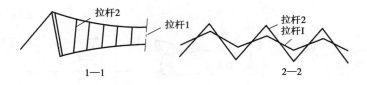

图 14.7　不在同一竖向平面内的承重索和稳定索

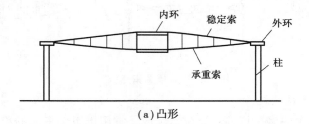

（a）凸形

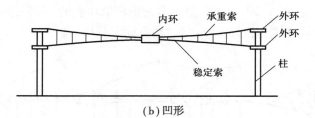

（b）凹形

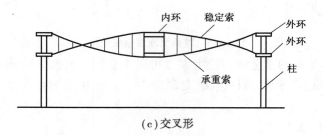

（c）交叉形

图 14.8　双曲面双层悬索结构

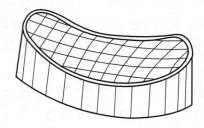

（a）边缘构件为闭合曲线形环梁

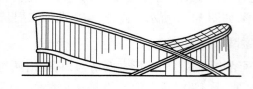

（b）边缘构件为落地交叉拱

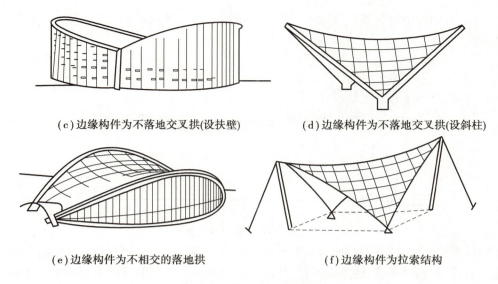

（c）边缘构件为不落地交叉拱（设扶壁）　　　（d）边缘构件为不落地交叉拱（设斜柱）

（e）边缘构件为不相交的落地拱　　　　　　（f）边缘构件为拉索结构

图 14.9　交叉索网结构体系

交叉索网结构刚度大、变形小，具有反向受力能力，结构稳定性好，适用于大跨度建筑的屋盖。交叉索网结构体系可用于圆形、椭圆形、菱形等各种建筑平面，边缘构件形式丰富多变，造型优美，屋面排水容易处理，因而应用广泛。屋面材料一般采用轻屋面（如卷材、铝板、拉力薄膜等），以减轻自重，降低造价。因边缘构件的形式不同交叉索网结构可分为以下几种布置方式：

①边缘构件为闭合曲线形环梁，环梁呈马鞍状，搁置在下部的柱或承重墙上，如图 14.9（a）所示。

②边缘构件为落地交叉拱，倾斜的抛物线两拱在一定的高度相交后落地，拱的水平推力可通过在地下设拉杆平衡，如图 14.9（b）所示。

③边缘构件为不落地交叉拱，倾斜的抛物线两拱在屋面相交，拱的水平推力在一个方向相互抵消，在另一个方向则必须设置拉索或刚劲的竖向构件，如扶壁或斜柱等，以平衡其向外的水平力，如图 14.9（c）、（d）所示。

④边缘构件为一对不相交的落地拱，两落地拱各自独立，以满足建筑造型上的要求。如图 14.9（e）所示。这时落地拱身平面内拱脚水平推力需在地下设拉杆平衡；而拱身平面外的稳定应设置墙或柱支承。

⑤边缘构件为拉索结构，如图 14.9（f）所示。这种索网结构可以根据需要设置立柱，并可做成任意高度，覆盖任意空间，造型活泼，布置灵活。这种结构方案常被用于薄膜帐篷式结构中。

▶ 14.1.4　悬索结构的刚度

悬索结构是悬挂式的柔性索网结构体系，屋盖的刚度及稳定性较差。

首先，风力对屋面的吸力是一个重要问题。图 14.10 所示为某游泳池屋盖的风压分布图，吸力主要分布在向风面的屋盖部分，局部风吸力可能达到风压的 1.6～1.9 倍，因而对比较柔软的悬索结构屋盖有被掀起的危险。屋面还可能在风力、动荷载或不对称荷载的作用下产生很大的变形和波动，以致屋面被撕裂而失去防水效能，或导致结构损坏。

其次，风力或地震作用的动力效应而产生共振现象。其他结构形式中，由于自重较大，在一般外荷载作用下，共振的可能性较小，但是，悬索结构却有由于共振而破坏的实例。例如 1940 年 11 月美国的塔科马大桥，主跨长 853 m，在结构应力远远没有达到设计强度的情况下，在中等风速下便产生共振而破坏。因此，对悬索的共振问题必须予以重视。

为保证悬索结构屋盖的稳定和刚度，可采用的措施有：

①采用双曲面型悬索结构，因为它的刚度和稳定性都优于单曲面型。

②可以对悬索施加预应力，因为柔性的张拉结构在没有施加预应力以前没有刚度，其形状是不确定的，

通过施加适当预应力,利用钢索受预拉后的弹性回缩来张紧索网或减少悬索的竖向变位,赋予一定的形状,才能承受外部荷载。

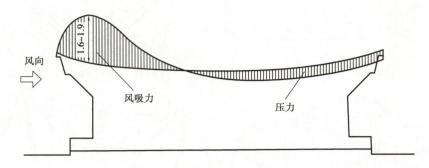

图 14.10　某游泳池屋盖风压分布图

③在铺好的屋面板上加临时荷载,使承重索产生预应力。当屋面板之间缝隙增大时,用水泥砂浆灌缝,待砂浆达到强度后,卸去临时荷载,使屋面回弹,从而屋面受到一个挤紧的预压力而构成一个整体的弹性悬挂薄壳,具有很大的刚性,能较好地承受风吸力和不对称荷载的作用。

► 14.1.5　工程实例及概况

1)美国联邦储备银行

　　一般的悬索结构多用于大跨度屋盖,美国明尼阿波利斯的联邦储备银行大厦(见图 14.11)的结构设计很有特色。此银行为一座 11 层大楼,横跨在一宽阔的广场,跨度达 83.2 m,采用悬索作为主要承重结构,悬索锚固在位于广场两侧的两个立柱(实际上为筒体结构)上,立柱承受大楼的全部竖向荷载,柱顶设有大梁,以平衡悬索在柱顶产生的水平力,整个大楼悬挂在悬索和顶部大梁上。

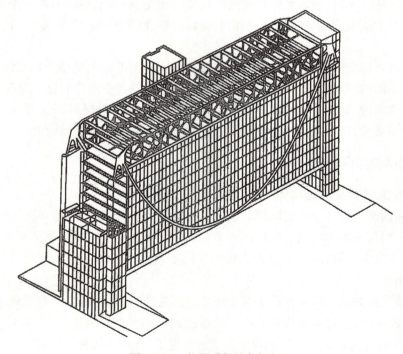

图 14.11　美国联邦储备银行

　　要在 11 层办公楼下创造一个 3 层楼高的空间,意味着通常由地面支撑的柱荷载不得不横向传递。此荷载是由弯矩和剪力传递的。对于这样的跨越结构的选择有 4 种:梁型、桁架型、框架型或悬索型。由于跨越的大楼有 11 层,即使是同一种类型,比如桁架型,也有进一步的选择问题。在两个水平支撑柱上具有悬式楼板或架的屋面架是可能的选择。结构师恰恰相反,选择了一种索状结构,且承载索具有与 11 层办公楼总高相等的垂度,这意味着必须在屋顶层提供水平力以便悬索能够抵抗弯矩。

2)北京工人体育馆

北京工人体育馆建筑平面为圆形,能容纳 15 000 人。比赛大厅直径为 94 m,大厅屋盖采用圆形双层悬索结构,由钢悬索、边缘构件(外环)和内环 3 部分组成,如图 14.12 所示。外环为钢筋混凝土框架结构,框架结构共 4 层,为休息廊和附属用房。内环为钢结构,高 11.0 m,直径 16.0 m。索网采用钢丝束,沿径向呈辐射状布置,索系分上、下两层。下层索为承重索,上层索直接承受屋面荷载,并作为稳定索,它通过内环将荷载传给下索,并使上、下索同时张紧,以增强屋面刚度。

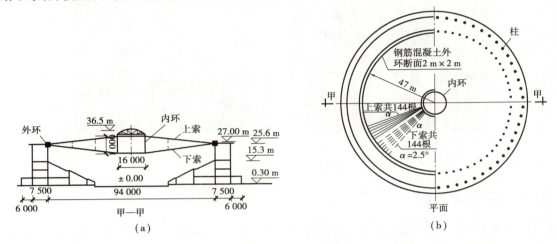

图 14.12 北京工人体育馆

14.2 膜结构

14.2.1 概述

膜结构是 20 世纪中期发展起来的一种新型建筑结构形式,是由优良性能的高强薄膜材料和加强构件(钢索、钢架或钢柱)通过一定方式使其内部产生一定的预张应力以形成具有一定刚度并能承受一定外荷载,能够覆盖大空间的一种空间结构形式。

膜结构的突出特点之一就是它形状的多样性,曲面存在着无限的可能性。对于以索或骨架支承的膜结构,其曲面就可以随着建筑师的想象力而任意变化。富于艺术魅力的钢制节点造型,充满张力,成自然曲线的变幻膜体以及特有的大跨度自由空间,给人强大的艺术感染力和神秘感。20 世纪 70 年代以后,高强、防水、透光且表面光洁、易清洗、抗老化的建筑膜材料的出现,加之当代电子、机械和化工技术的飞速发展,膜建筑结构已大量用于博览会、体育场、收费站、广场景观等公共建筑上,如图 14.13 所示。

膜结构具有造型活泼优美,富有时代气息;自重轻,适合大跨度的建筑,充分利用自然光,减少能源消耗;价格相对低廉,施工速度快;结构抗震性能好等特点。随着现代科技的进一步发展,人类肩负着保护自然环境的使命,而膜结构具有易建、易拆、易搬迁、易更新,充分利用阳光和空气以及与自然环境融合等特点。在全球范围内,无论在工程界还是在科研领域,膜建筑技术的需求有大幅度增长的趋势。它是伴随着当代电子、机械和化工技术的发展而逐步发展的,是现代高科技在建筑领域中的体现。天然材料和传统的古老建筑材料与技术必将被轻而薄且保温隔热性能良好的高强轻质材料所取代,膜建筑技术在这项变革中将扮演重要角色,其在建筑领域内更广泛的应用是可以预见的。

（a）　　　　　　　　　　（b）

（c）　　　　　　　　　　（d）

图 14.13　膜结构的应用

▶ 14.2.2 膜结构的形式

膜建筑的分类方式较多，从结构方式上简单地可概括为张拉式和充气式两大类。在张拉式中采用钢索加强的膜结构又称为索膜结构。

1）张拉式膜结构

张拉膜结构有两种成型方式。

（1）采用钢索张拉成型

其索膜体系富于表现力，建筑造型优美，可塑性好，具有高度的结构灵活性和适应性，应用范围广泛，是索膜建筑结构的代表和精华。但造价稍高，施工精度要求也高。

（2）通过柱和钢架支承成型

这种结构也称为骨架式索膜结构。该类结构体系自平衡，膜体仅为辅助物，膜体本身的强大结构作用发挥不足。骨架式索膜体系建筑表现含蓄，结构性能有一定的局限性，常在某些特定的条件下被采用。造价低于前者。

骨架方式与张拉方式的结合运用，常可取得更富于变化的建筑效果。

2）充气式索膜结构

充气式索膜结构是依靠送风系统向室内充气（超压）顶升膜面，使室内外产生一定压力差（一般在 10～30 mm 汞柱），室内外的压力差使屋盖膜布受到一定的向上浮力，构成较大的屋盖空间和跨度。

充气膜结构有单层、双层、气肋式 3 种形式，充气膜结构一般需要长期不间断的能源供应，在低拱、大跨建筑中的单层膜结构必须是封闭的空间，以保持一定气压差。在气候恶劣的地方，空气膜结构的维护有一定的困难。

充气式索膜体系具有自重小、安装快、造价低及便于拆卸等特点，在特定的条件下有其明显的优势。但因其在使用功能上有明显的局限性，如形象单一、空间要求气闭等，使其应用面较窄。自 20 世纪 80 年代后期至今，充气式膜建筑逐渐受到冷遇，原因为充气膜结构需要不间断的能源供应，运行与维护费用高，室内的超压使人感到不适，空压机与新风机的自动控制系统和融雪热气系统的隐含事故率高。若目前进行的超压环境下人体的排汗、耗氧与舒适性研究得到较好解决，充气式膜建筑仍有广阔的前景。

3)膜结构的预张力

膜结构是一种双向抵抗结构,其厚度相对于它的跨度极小,因此它不能产生明显的平板效应(弯应力和垂直于膜面的剪应力)。薄膜的承载机理类似于双向悬索,表现出同样良好的结构效率,如图 14.14 所示。索膜结构之所以能满足大跨度自由空间的技术要求,主要归功于其有效的空间预张力系统。空间预张力使索膜的索和膜在各种荷载下的内力始终大于零(永远处于拉伸状态),从而使原本为软体材料的索膜成为空间整体工作的结构媒介。预张力既能使索膜建筑富有迷人的张力曲线和变幻莫测的空间,使整体空间结构体系得以协同工作;也能使体系得以覆盖

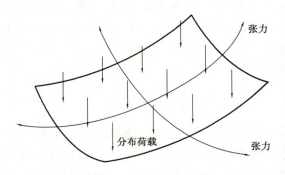

图 14.14　膜的悬索作用

大面积、大跨度的无柱自由空间;还能使体系得以抵抗狂风、大雪等极不利的荷载状况并使膜体减少磨损,延长使用寿命,成为永久的建筑。

应当指出,预张力不是在施工过程中可随意调整的"安装措施",而是在设计初始阶段就需反复调整确定,需要精心设计适当的预张力措施,并贯穿于设计与施工全过程。

▶ 14.2.3　膜结构材料

膜结构只有在材料问题得到解决之后才能大量应用,因此推广膜结构的关键是要生产出实用而经济的膜材。早期用于膜结构的膜材一般为由高强编织物基层和涂层构成的复合材料,如图 14.15 所示。其基层是受力构件,起到承受和传递荷载的作用,而涂层除起到密实、保护基层的作用外,还具备防火、防潮、透光、隔热等性能。一般的织物由直的经线和波状的纬线所组成。很明显,弹簧状的纬线比直线状的经线具有更强的伸缩性。同时,经线与纬线之间的网格是完全没有抗剪刚度的。因此,由于织物在经向、纬向及斜向的工作性能不一致,薄膜应被认为是多向异性的。但当织物被涂以覆盖物后,纤维之间的网眼被涂料所填充,这样可有效地减少织物在不同方向的工作性能的差异。因此,薄膜也可近似地被认为是各向同性的。薄膜的涂层除具备上述功能外,还可使织物具有不透气和防水性能,并增加了织物的耐久性、耐腐蚀性和耐磨损性。此外,涂层的作用还可把几块织物连接起来。因为,薄膜的连接主要是采用加热及加压的方法来实现的,而不是采用缝或胶接的办法。

目前,建筑工程常用的膜材有以下两类。

第一类为聚酯纤性织物基层加聚氯乙烯(PVC)涂层,在膜结构发展早期应用较为广泛。这类膜材的张拉强度较高,加工制作方便,抗折叠性能好,色彩丰富,价格便宜。但弹性模量较低,材料尺寸稳定性较差,易老化,自洁性差,使用寿命一般为 5 ~ 10 年,适用于中小跨度的临时或半临时性的建筑物屋盖。

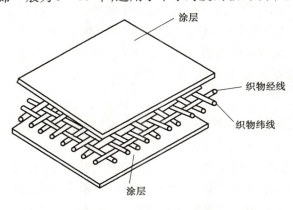

图 14.15　膜结构材料

第二类为无机材料织物加聚四氟乙烯（PTFE，也称特氟隆）涂层，可适用于大跨度永久性建筑屋盖。其主要采用的基材有玻璃纤维、钢纤维，甚至还有碳纤维等。采用聚四氟乙烯作为外涂层，既利用了织物的力学性能好、不燃等特点，又利用了涂料极好的化学稳定性和热稳定性，而且具有优良的耐久性，使用寿命在25年以上，是目前国际上膜结构中应用最为广泛的方法。但其价格较高，涂覆与拼接工艺较为复杂，需要特殊的设备和技术。

▶ 14.2.4　膜结构的设计

膜结构设计与一般结构物设计不同之处在于：一是它的变形要比一般结构变形大；二是它的形状是在施工过程中逐步形成的。从初步设计阶段开始，结构工程师就要和建筑工程师一起确定建筑物的形状并不断进行计算，设计对象的平面，立面、材料类型、结构支撑以及预张力的大小都成为互相制约的因素。同时，一个完美的设计也就是上述矛盾统一的结果。

膜结构的设计主要包括初始平衡形状分析，荷载分析、裁剪分析等。

1）初始平衡形状分析

初始平衡形状分析就是所谓的找形分析。通过找形设计确定建筑平面形状尺寸、三维造型、净空体量，确定各控制点的坐标、结构形式，选用膜材和施工方案。

由于膜材料本身没有抗压和抗弯刚度，抗剪强度也很差，因此其刚度和稳定性需要靠膜曲面的曲率变化和其中的预张应力来提高。确定初始荷载下结构的初始形状，即结构体系在膜自重（有时还有索）与预应力作用下的平衡位置时，可先按建筑要求设定大致的几何外形，然后对膜面施加预应力使之承受张力，其形状也相应改变，经过不断调整预应力，最后就可得到理想的几何外形和应力分布状态。对膜结构而言，任何时候都处在应力状态，因此膜曲面形状最终必须满足在一定边界条件和一定预应力条件下的力学平衡，并以此为基准进行荷载分析和裁剪分析。

早期的膜结构设计在确定形状时，往往借助于缩尺模型来进行，采用的材料有肥皂膜、织物或钢丝等，但由于小比例模型上测量有误差，不能保证曲面几何图形的正确性，故仅对建筑外形起着参考作用，为设计者提供一个直观的形象。

随着计算机技术的不断进步，膜结构的形状更多地依靠计算机来确定。为了寻求合理的几何外形，可通过计算机的迭代方法，确定膜结构的初始形状。

目前膜结构找形分析的方法主要有动力松弛法、力密度法以及有限单元法等。

2）荷载分析

膜结构设计考虑的荷载主要是风荷载和雪荷载。

因为膜材料比较轻柔，自振频率很低，在风荷载作用下极易产生风振，导致膜材料破坏，且随着形状的改变，荷载分布也在改变，材料的变形较大，因此要采用几何非线性的方法精确计算结构的变形和应力。

荷载分析的另一个目的是通过荷载计算确定索膜中的初始预张力，要满足在最不利荷载作用下具有初始预张应力，而此应力不会因为一个方向应力的增大造成另一方向应力减少至零，即不出现皱裙，如果初始预应力施加过高，就会造成膜材徐变加大，易老化，强度储备减少。

3）裁剪分析

经过找形分析而形成的膜结构通常为三维不可展空间曲面，如何通过二维材料的裁剪、张拉形成所需要的三维空间曲面，是整个膜结构工程中最关键的一个问题。

膜结构的裁剪拼接过程总会有误差，这是因为首先用平面膜片拼成空间曲面就会有误差；其次，膜布是各向异性非线性材料，在把它张拉成曲率变化多端的空间形状时，不可避免地与初始设计形状有出入而形成误差。总的来说，布置膜结构表面裁剪缝时要考虑表面曲率、膜材料的幅宽、边界的走向及美观等几个主要因素，尽量减少误差。

现代索膜建筑的设计过程是把建筑功能、内外环境的协调、找形和结构传力体系分析、材料的选择与剪裁等集成一体,借助于计算机的图形和多媒体技术进行统筹规划与方案设计,再用结构找形、体系内力分析与剪裁的软件,完成索与膜的下料与零件的加工图纸。

▶ 14.2.5 工程实例及概况

1)中国国家游泳中心"水立方"

中国国家游泳中心是 2008 年北京奥运会的主要比赛场馆之一,也是奥林匹克公园内的重要建筑。"水立方"的建筑围护结构采用了 ETFE 膜材制作的气枕结构,内外表面覆盖面积达 $12×10^4$ m²,如图 14.16 所示。水立方的 ETFE 围护结构设计寿命为 30 年。气枕结构可以有效地将风荷载、雪荷载等作用力传递到多面体空间刚架结构上。气枕内压设计值为 250 MPa,外凸矢高为气枕形状的内切圆直径的 12% ~ 15%。当屋面积雪较多时,气枕的充气系统将提高屋面气枕的内压至 550 MPa。

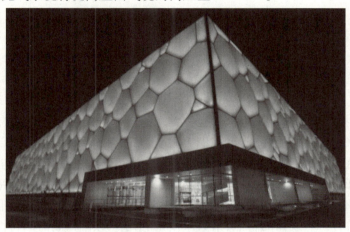

图 14.16 中国国家游泳中心"水立方"

2)上海八万人体育场的屋盖结构

上海八万人体育场的屋盖结构采用大悬挑钢管空间结构,如图 14.17 所示。它是由 64 榀悬挑主桁架和 2 ~ 4 道环向次桁架组成一个马鞍形屋盖,如图 14.18 所示。屋面以薄膜作为覆盖层。屋盖平面投影呈椭圆形,长轴 288.4 m,短轴 274.4 m,中间有敞开椭圆孔(215 m×150 m)。最大悬挑长度为 73.5 m,最短悬挑长度为 21.6 m。薄膜覆盖面积达 36 100 m²。64 榀悬挑主架的两端分别固定在 32 榀钢筋混凝土变截面柱上,每根柱子固定两榀主桁架,两榀主架弦杆之间用横杆相连,形成空间整体结构。

图 14.17 上海八万人体育场

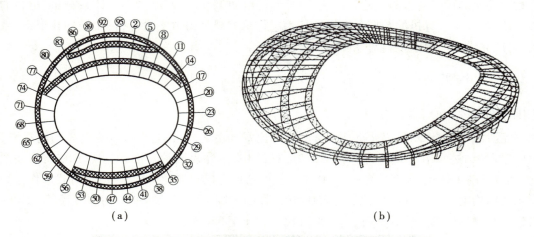

（a）   （b）

图 14.18　上海八万人体育场屋盖钢结构桁架杆件布置示意图

14.3　张拉整体结构

张拉整体结构指"张拉"和"整体"的缩合。这一概念的产生受到了大自然的启发。富勒（R. B. Fuller）认为宇宙的运行是按照张拉一致性原理进行的，即万有引力是一个平衡的张力网，而各个星球是这个网中的一个个孤立点。按照这个思想，张拉整体结构可定义为一组不连续的受压构件与一套连续的受拉单元组成的自支承、自应力的空间网格结构。这种结构的刚度由受拉和受压单元之间的平衡预应力提供，在施加预应力之前，结构几乎没有刚度，并且初始预应力的大小对结构的外形和结构的刚度起着决定性作用。由于张拉整体结构固有的符合自然规律的特点，最大限度地利用了材料和截面的特性，可用尽量少的钢材建造超大跨度建筑。

张拉整体结构的力学分析类似于预应力铰节点索杆网格结构，除了一些特殊的图形外，都含有内部机构，呈现几何柔性。为了实现研究，除了一般的找形和静动力分析过程外，有时还用到一个中间过程：稳定性、机构及预应力状态的研究。张拉整体体系的分析模型必须考虑非线性特性和平衡自复位的存在。莫赫瑞（Mohri）说明了如何保证适当的自应力及单元的刚度，还给出了识别与索提供的刚度相一致的自应力状态的算法。张拉整体结构的静力性能的非线性分析已经完成，关于其模型基于松弛原理或牛顿-拉夫逊型过程的矩阵追赶法原理，有人也做了动力松弛的模型。

图 14.19　张拉整体结构

14.4　张弦梁结构

▶　**14.4.1　概述**

张弦梁结构在近代是由日本大学 M. Saitoh 教授明确提出,是一种区别于传统结构的新型杂交屋盖体系。张弦梁结构是一种由刚性构件上弦、柔性拉索、中间连以撑杆形成的混合结构体系,其结构组成是一种新型自平衡体系,是一种大跨度预应力空间结构体系,也是混合结构体系发展中的一个比较成功的创造。张弦梁结构体系简单、受力明确、结构形式多样,充分发挥了刚、柔两种材料的优势,并且制造、运输、施工简捷方便,因此具有良好的应用前景。

▶　**14.4.2　受力机理**

普遍认为张弦梁结构的受力机理为通过在下弦拉索中施加预应力使上弦压弯构件产生反挠度,结构在荷载作用下的最终挠度得以减少,而撑杆对上弦的压弯构件提供弹性支撑,改善结构的受力性能。一般上弦的压弯构件采用拱梁或桁架拱,在荷载作用下拱的水平推力由下弦的抗拉构件承受,减轻拱对支座产生的负担,减少滑动支座的水平位移。由此可见,张弦梁结构可充分发挥高强索的强抗拉性能,改善整体结构受力性能,使压弯构件和抗拉构件取长补短、协同工作,达到自平衡,充分发挥了每种结构材料的作用。

所以,张弦梁结构在充分发挥索的受拉性能的同时,由于具有抗压抗弯能力的桁架或拱而使体系的刚度和稳定性大为加强。并且由于张弦梁结构是一种自平衡体系,使得支撑结构的受力大为减少。如果在施工过程中适当的分级施加预拉力和分级加载,将有可能使得张弦梁结构对支撑结构的作用力减少到最小限度。

▶　**14.4.3　分类**

张弦梁结构按受力特点可以分为平面张弦梁结构和空间张弦梁结构。

1)平面张弦梁结构

平面张弦梁结构是指其结构构件位于同一平面内,且以平面内受力为主的张弦梁结构。平面张弦梁结构根据上弦构件的形状可以分为 3 种基本形式:直线形张弦梁、拱形张弦梁、人字形张弦梁结构。

直梁形张弦梁结构主要用于楼板结构和小坡度屋面结构;拱形张弦梁结构充分发挥了上弦拱的受力优势,适用于大跨度的屋盖结构;人字形张弦梁结构适用于跨度较小的双坡屋盖结构。

2)空间张弦梁结构

空间张弦梁结构是以平面张弦梁结构为基本组成单元,通过不同形式的空间布置所形成的张弦梁结构。空间张弦梁结构主要有单向张弦梁结构、双向张弦梁结构、多向张弦梁结构、辐射式张弦梁结构。

单向张弦梁结构由于设置了纵向支撑索形成空间受力体系,保证了平面外的稳定性,适用于矩形平面的屋盖结构。双向张弦梁结构由于交叉平面张弦梁相互提供弹性支撑,形成了纵横向的空间受力体系,该结构适用于矩形、圆形、椭圆形等多种平面屋盖结构。多向张弦梁结构是平面张弦梁结构沿多个方向交叉布置而成的空间受力体系,该结构形式适用于圆形和多边形平面的屋盖结构。辐射式张弦梁结构是由中央按辐射状放置上弦梁,梁下设置撑杆用环向索而连接形成的空间受力体系,适用于圆形平面或椭圆形平面的屋盖结构。

图 14.20　张弦梁结构

▶ 14.4.4　工程实例及概况

张弦梁结构在我国的工程应用开始于 20 世纪 90 年代后期,迄今为止主要的代表性工程有以下 3 个,且均采用平面张弦梁结构体系。

1)上海浦东国际机场

上海浦东国际机场航站楼(见图 14.21)是国内首次采用张弦梁结构的工程,而且其进厅、办票大厅、商场和登机廊 4 个单体建筑均采用张弦梁屋盖体系。其中以办票大厅屋盖跨度最大(见图 14.22),水平投影跨度达 82.6 m,每榀张弦梁纵向间距为 9 m。该张弦梁结构上、下弦均为圆弧形,上弦构件由 3 根方钢管组成(其中主弦以短钢管相连),腹杆为 $\phi350$ mm 圆钢管,下弦拉索采用 $241\phi5$ 平行钢丝束。

图 14.21　上海浦东国际机场

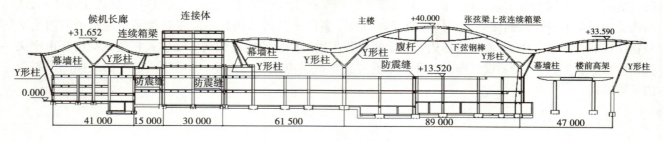

图 14.22　上海浦东国际机场张弦梁屋盖结构

2）广州国际会展中心

第二个代表性工程为 2002 年建成的广州国际会展中心（见图 14.23）的屋盖结构（见图 14.24）。该屋盖张弦梁结构的一个重要特点是其上弦采用倒三角断面的钢管立体桁架，跨度为 126.6 m，纵向间距为 15 m。撑杆截面为 $\phi325$ mm，下弦拉索采用 $337\phi7$ 的高强度低松弛冷拔镀锌钢丝。

图 14.23　广州国际会展中心

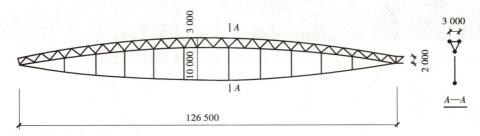

图 14.24　广州国际会展中心张弦梁桁架屋盖结构

3）黑龙江国际会展体育中心

黑龙江国际会展体育中心（见图 14.25）主馆屋盖结构也采用了张弦梁结构（见图 14.26），该建筑中部由相同的 35 榀 128 m 跨的预应力张弦桁架覆盖，桁架间距也为 15 m。该工程张弦梁结构与广州国际会展中心的区别是拉索固定在桁架上弦节点，而没有固定在下弦支座处。张弦梁的低端支座支撑在钢筋混凝土剪力墙上，高端支座下为人字形摇摆柱。下弦拉索采用 $439\phi7$ 的冷拉镀锌钢丝。

张弦梁结构由于其结构形式简洁，赋予建筑表现力，因此是建筑师乐于采用的一种大跨度结构体系。从结构受力特点来看，由于张弦梁结构的下弦采用高强度拉索，其不仅可以承受结构在荷载作用下的拉力，而且可以适当地对结构施加预应力以致改善结构的受力性能，从而提高结构的跨越能力。

图 14.25　黑龙江国际会展体育中心

图 14.26　黑龙江国际会展体育中心张弦梁桁架结构

参考文献

[1] 季天健，Adrian Bell. 感知结构概念[M]. 北京：高等教育出版社，2009.

[2] Andrew W. Charleson. 建筑中的结构思维[M]. 北京：机械工业出版社，2008.

[3] 海诺·恩格尔. 结构体系与建筑造型[M]. 天津：天津大学出版社，2002.

[4] 亚斯明·萨拜娜·汗. 工程结构体系创新——法兹勒·R·汗传[M]. 北京：中国建筑工业出版社，2019.

[5] 萨瑟兰·莱尔. 结构大师[M]. 天津：天津大学出版社，2004.

[6] 马尔科姆·米莱. 建筑结构原理·从概念到设计[M]. 北京：电子工业出版社，2016.

[7] 林同炎，S.D.斯多台斯伯利. 结构概念和体系[M]. 2版. 北京：中国建筑工业出版社，1999.

[8] P. L. 奈尔维. 建筑的艺术与技术[M]. 北京：中国建筑工业出版社，1981.

[9] 川口卫，阿部优，松谷宥彦，等. 建筑结构的奥秘·力的传递与形式[M]. 2版. 北京：清华大学出版社，2004.

[10] 计学闰. 结构概念、体系和选型[M]. 哈尔滨：黑龙江科学技术出版社，2000.

[11] 叶献国. 建筑结构选型概论[M]. 武汉：武汉理工大学出版社，2013.

[12] 徐晟. 建筑结构选型[M]. 北京：机械工业出版社，2009.

[13] 崔钦淑，聂洪达. 建筑结构与选型[M]. 北京：化学工业出版社，2009.

[14] 陈眼云，谢兆鉴，许典斌. 建筑结构选型[M]. 广州：华南理工大学出版社，1995.

[15] 王湛. 建筑结构选型[M]. 广州：华南理工大学出版社，2009.

[16] 张建荣. 建筑结构选型[M]. 2版. 北京：中国建筑工业出版社，2011.

[17] 杨海荣，冯敬涛. 建筑结构选型与实例解析[M]. 郑州：郑州大学出版社，2011.

[18] 杜咏，陈瑜. 建筑结构与选型[M]. 北京：中国建筑工业出版社，2009.

[19] 干惟. 建筑结构选型[M]. 北京：中国水利水电出版社，2012.

[20] 陈保胜. 建筑结构选型[M]. 上海：同济大学出版社，2008.

[21] 朱轶韵. 建筑结构选型[M]. 北京：中国建筑工业出版社，2016.

[22] 樊振和. 建筑结构体系及选型[M]. 北京：中国建筑工业出版社，2011.

[23] 陈朝晖. 建筑力学与结构选型[M]. 2版. 北京：中国建筑工业出版社，2012.

[24] 戚豹. 建筑结构选型[M]. 北京：中国建筑工业出版社，2008.

[25] 李广军. 建筑结构选型[M]. 北京：中国电力出版社，2014.

[26] 郑琪. 基本概念体系·建筑结构基础[M]. 2版. 北京：中国建筑工业出版社，2016.

[27] 郝亚民，江见鲸. 建筑结构概念设计与选型[M]. 2版. 北京：机械工业出版社，2015.

[28] 陈保胜. 建筑结构选型[M]. 上海：同济大学出版社，2008.

[29] 罗福午. 建筑结构概念体系与估算[M]. 北京：清华大学出版社，1996.

[30] 罗福午，张惠英，杨军. 建筑结构概念设计及案例[M]. 北京：清华大学出版社，2003.

[31] 张君,阎培渝,覃维祖. 建筑材料[M]. 北京:清华大学出版社,2008.

[32] 秦荣. 高层与超高层建筑结构[M]. 北京:科学出版社,2007.

[33] 徐培福. 复杂高层建筑结构设计[M]. 北京:中国建筑工业出版社,2005.

[34] 陈基发,沙志国. 建筑结构荷载设计手册[M]. 2版. 北京:中国建筑工业出版社,2004.

[35] 胡聿贤. 地震工程学[M]. 北京:地震出版社,1988.

[36] 陈希哲. 土力学地基基础[M]. 2版. 北京:清华大学出版社,1991.

[37] 龙驭球,包世华. 结构力学教程(上下册)[M]. 北京:高等教育出版社,1988.

[38] 孙训方,方孝淑,关来秦. 材料力学[M]. 北京:高等教育出版社,1986.

[39] 铁摩辛柯. 材料力学[M]. 北京:科学出版社,1979.

[40] 滕智明. 钢筋混凝土基本构件[M]. 北京:清华大学出版社,1988.

[41] 周绪红,郑宏. 钢结构稳定[M]. 北京:中国建筑工业出版社,2004.

[42] 施楚贤. 砌体结构[M]. 北京:中国建筑工业出版社,2004.

[43] 王传志,滕智明. 钢筋混凝土结构理论[M]. 北京:中国建筑工业出版社,1983.

[44] 过镇海. 混凝土的强度和变形[M]. 北京:清华大学出版社,1997.

[45] 吕志涛,孟少平. 现代预应力设计[M]. 北京:中国建筑工业出版社,1998.

[46] 陈绍蕃. 钢结构[M]. 北京:中国建筑工业出版社,2004.

[47] 崔佳,熊刚. 钢结构基本原理[M]. 2版. 北京:中国建筑工业出版社,2019.

[48] 崔佳,程睿. 建筑钢结构设计[M]. 2版. 北京:中国建筑工业出版社,2021.

[49] 涣影. 建构的历程——建筑与结构的分歧与融合[D]. 上海:同济大学出版社,2012.

[50] 和田章,曲哲. 现代建筑材料和结构构件[J]. 建筑结构,2014,44(7):1-8.

[51] 钟善桐. 高层钢管混凝土结构[M]. 哈尔滨:黑龙江科学技术出版社,1999.

[52] 刘大海,杨翠如. 高楼钢结构设计[M]. 北京:中国建筑工业出版社,2003.

[53] 刘锡良. 现代空间结构[M]. 天津:天津大学出版社,2003.

[54] 沈世钊. 悬索结构设计[M]. 2版. 北京:中国建筑工业出版社,2006.

[55] 杨庆山,姜忆南. 张拉悬-膜结构分析与设计[M]. 北京:中国科学技术出版社,2004.

[56] 沈世钊,陈昕. 网壳结构稳定性[M]. 北京:科学出版社,1999.

[57] 董石麟,等. 新型空间结构分析、设计与施工[M]. 北京:人民交通出版社,2006.

[58] 王秀丽. 大跨度空间钢结构分析与概念设计[M]. 北京:机械工业出版社,2008.

[59] 叶书麟,叶观宝. 地基处理[M]. 2版. 北京:中国建筑工业出版社,2004.

[60] 高立人,方鄂华,钱稼茹. 高层建筑结构概念设计[M]. 北京:中国计划出版社,2005.

[61] 杨翠如,徐永基,刘大海,等. 高层建筑钢结构设计[M]. 西安:陕西科学技术出版社,1993.

[62] 李国强,李杰,苏小卒. 建筑结构抗震设计[M]. 北京:中国建筑工业出版社,2002.

[63] 唐九如. 钢筋混凝土框架节点抗震[M]. 南京:东南大学出版社,2002.

[64] 周福霖. 工程结构减震控制[M]. 北京:地震出版社,1997.

[65] 周绪红,刘界鹏. 钢管约束混凝土柱的性能与设计[M]. 北京:科学出版社,2010.

[66] R. 帕克,T. 波利. 钢筋混凝土结构(上下册)[M]. 重庆:重庆大学出版社,1985.

[67] 钱若军,杨联萍. 张力结构的分析、设计、施工[M]. 南京:东南大学出版社,2003.

[68] 胡正宇. 英国滑铁卢国际列车站 TRAIN-SHED 钢结构顶棚设计[J/OL]. 工业建筑,[2020-03-30]. https://www.sohu.com/a/384349874_305341

[69] 胡正宇. 法兹勒. 汗(Fazlur Khan)和他的西尔斯大厦(Sears Tower)[J/OL]. 预制建筑网,http://www.precast.com.cn/index.php/subject_detail-id-14842.html